神州数码网络教学改革合作项目成果教材

神州数码网络认证教材

无线网络技术高级教程

主　编　张　鹏

参　编　杨鹤男　樊　睿　薛晓天

包　楠　闫立国

机　械　工　业　出　版　社

本书是神州数码DCNS（神州数码认证网络专家）认证考试的指定教材，首先简明地介绍了无线网络的理论基础，然后对无线网络的主流案例进行了详细阐述。主要内容包括无线网络基础无线网络结构、无线网络附件介绍、无线网络项目规划与勘测、无线网络项目实施、无线网络维护与优化、一个典型的无线网络实训、无线胖AP配置与管理、无线AC配置与管理。

本书可作为各类职业院校计算机应用技术专业和计算机网络技术专业的教材，也可作为无线网络维护的指导用书和无线工程师岗位培训的教材。

本书配有电子课件，选择本书作为教材的教师可以从机械工业出版社教育服务网（www.cmpedu.com）免费注册下载或联系编辑（010-88379194）咨询。

图书在版编目（CIP）数据

无线网络技术高级教程/张鹏主编．—北京：机械工业出版社，2018.1（2024.1重印）
神州数码网络教学改革合作项目成果教材神州数码网络认证教材
ISBN 978-7-111-58765-1

Ⅰ．①无…　Ⅱ．①张…　Ⅲ．①无线网—教材　Ⅳ．①TN92

中国版本图书馆CIP数据核字（2017）第316563号

机械工业出版社（北京市百万庄大街22号　邮政编码100037）
策划编辑：梁　伟　　责任编辑：梁　伟
责任校对：马立婷　　封面设计：鞠　杨
责任印制：常天培

北京中科印刷有限公司印刷

2024年1月第1版第8次印刷
184mm×260mm・14.5印张・326千字
标准书号：ISBN 978-7-111-58765-1
定价：49.00元

电话服务	网络服务
客服电话：010-88361066	机　工　官　网：www.cmpbook.com
010-88379833	机　工　官　博：weibo.com/cmp1952
010-68326294	金　　书　　网：www.golden-book.com
封底无防伪标均为盗版	机工教育服务网：www.cmpedu.com

序

神州数码网络大学

——专业网络工程师的培训基地

神州数码网络大学是神州数码网络有限公司的网络技术教育机构，是专业网络工程师的培训基地，旨在培训网络管理员（DCNA）、网络设计工程师（DCDE）、网络工程师（DCNE）、高级网络工程师（DCNP）、网络专家（DCNS）、网络互联专家（DCIE）等网络专业人才，帮助企业提升网络应用水平。

神州数码网络大学作为培训业界的中流砥柱，紧跟国际先进技术趋势，引领本土技术发展，拥有完善的认证体系、经验丰富的培训讲师、遍布全国的培训网点和网上标准化考试平台，以及先进的教学和实验设备，为学员提供了良好的实战演练环境。神州数码网络大学秉承"学以致用"的教学宗旨，以由浅入深的标准化、本土化教学课程和正式出版的培训教材，更深入力行于网络教育与普及的领域，满足人们对网络的渴求与梦想，提高全民的网络品质。

神州数码网络大学按照技术应用场合的不同，充分考虑不同层次的学习需求，为客户及学习者提供了技术认证体系、规划认证体系，形成了全方位的网络技术认证体系课程。

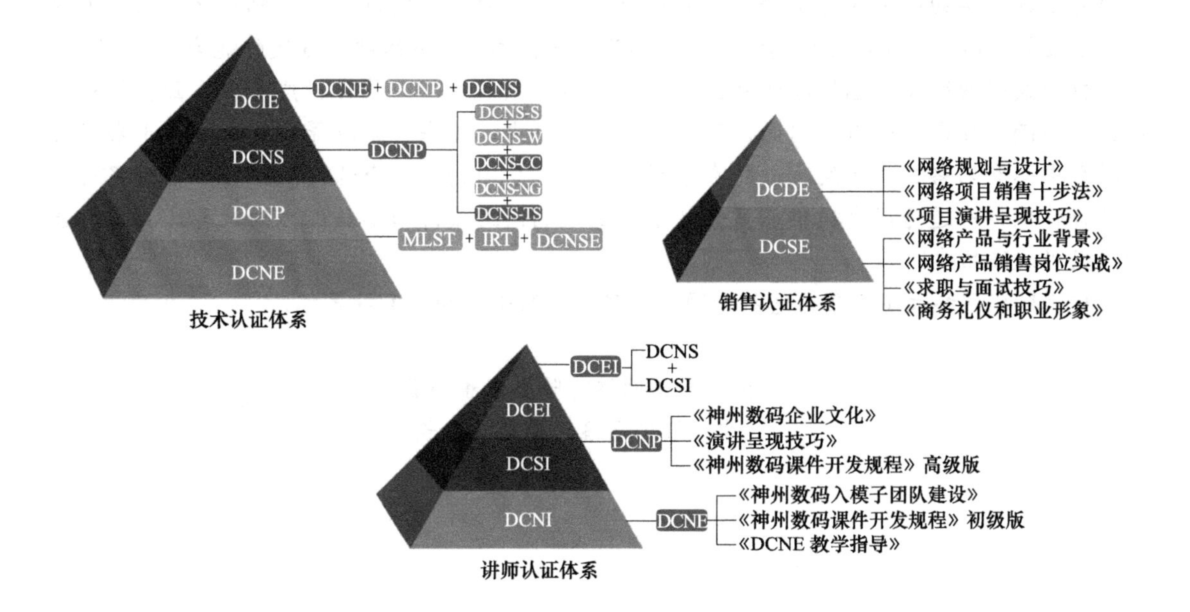

认证体系全家福

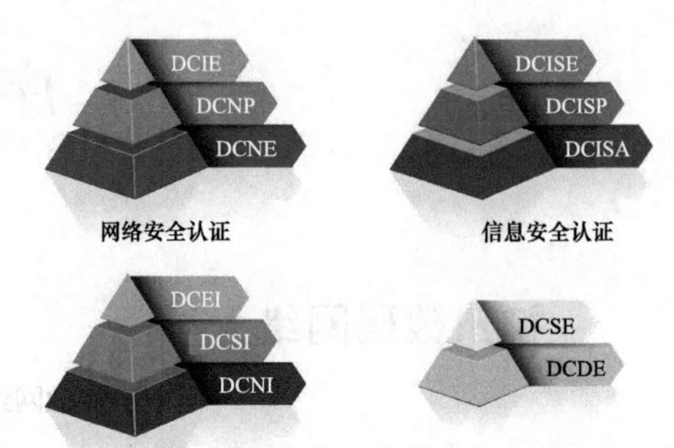

网络安全认证　　信息安全认证

讲师认证　　售前认证

神州数码网络大学根据不同背景的学习者分别建立了具有针对性课程体系的授权教育中心和网络技术学院，为社会学习者和在校学生提供了完整系统的培训服务。同时，网络大学为每一位通过认证培训的学员颁发神州数码认证证书，此证书代表着当今网络界对一名从事网络技术工作人员的专业技术水准所给予的认可。

随着网络的迅速发展，为了更好地推动社会网络教育，神州数码网络大学开发了一系列的培训课程，其主要有以下两个特点。

一是“全”：目的是让初学者对网络有整体的了解，其中包括网络规划、布线系统、设备特性、产品调试、设备集成等网络方面的知识。

二是“精”：主要培养神州数码认证的网络设计工程师（DCDE）、网络管理员（DCNA）、网络工程师（DCNE）、高级网络工程师（DCNP）、网络专家（DCNS）和神州数码网络认证讲师（DCNI）、网络互联专家（DCIE）、高级讲师（DCSI）。全部培训课程完全在真实的网络环境中讲授，并进行成功案例分析。经过神州数码网络认证的工程师完全具备利用神州数码全系列的网络产品为用户提供全面网络解决方案的能力。

神州数码网络大学已经在北京、辽宁、吉林、黑龙江、内蒙古、广东、广西、福建、江苏、河南、安徽、四川、江西、陕西、山西、甘肃、山东、新疆等地建立了五十余家授权教育中心和网络技术学院，并将在今后继续拓展全国的培训合作发展。神州数码将与优秀的合作伙伴一道为用户提供以提升技术为基础的网络设计与实施能力的教育，共同打造神州数码认证品牌！

神州数码网络大学正在为您打开网络这扇门，21世纪的赢家就是您！

神州数码网络有限公司董事长
神州数码网络大学名誉校长

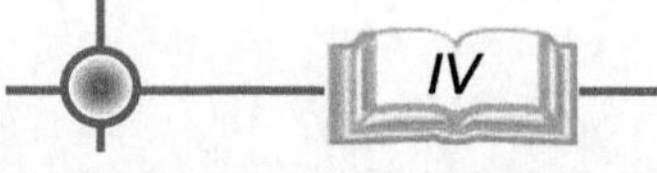

前言

本书是神州数码DCNS（神州数码认证网络专家）认证考试的指定学习教材，首先简明地介绍了无线网络的理论基础，然后对无线网络的主流案例进行了详细的阐述。

本书适用于从事企业网络搭建和技术实施的人员。我们也把这本书推荐给所有对计算机网络交换技术有兴趣的人士。

本书所教授的技术和引用的案例，都是神州数码推荐的设计方案和典型的成功案例。

本书所用的图标：本书图标采用了神州数码图标库标准图标，除真实设备外，所有图标的逻辑示意如下。

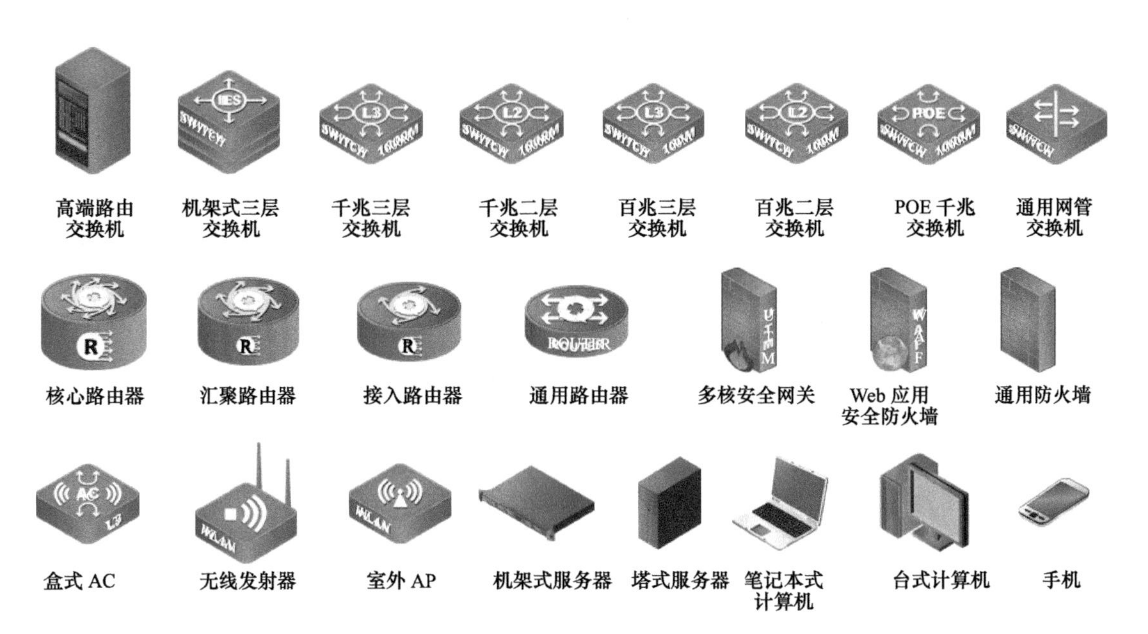

本书由张鹏任主编，参加编写的还有杨鹤男、樊睿、薛晓天、包楠和闫立国。

本书全体编者衷心感谢提供各类资料及项目素材的神州数码网络工程师、产品经理及技术部的同仁，同时也要感谢来自职业教育战线的合作教师们提供的大量需求建议及参与的部分内容的校对和整理工作。

感谢北京市求实学校的老师们为本书配套开发了交互式仿真实训微课，可以很好地帮助教师授课和学生学习。微课平台网址为http://dcn.skillcloud.cn。

由于编者的经验和水平有限，书中不足之处在所难免，欢迎批评指正。编者邮箱：xuext@digitalchina.com ；yanghn@digitalchina.com。

编　者

目　录

第 2 部分 实验案例部分

第3部分 无线网络的配置

第1部分

理论部分

第1章　无线网络基础

1.1　Wi-Fi是什么

1．无线网络是什么

无线网络（Wireless Network）是采用无线通信技术实现的网络。无线网络既包括允许用户建立远距离无线连接的全球语音和数据网络，也包括为近距离无线连接进行优化的红外线技术及射频技术，与有线网络的用途十分类似，最大的不同在于传输媒介不同，利用无线电技术取代网线，可以和有线网络互为备份。

2．为何使用无线网络

如今整个世界逐渐走向移动化。因此，传统的联网方式已经无法应对新生活形式所带来的挑战。如果必须通过实体缆线才能够联网，则使用者的活动范围势必大幅缩小。无线网络便无此限制，使用者可以享有较宽广的活动空间。因此，无线技术正逐渐侵蚀传统固定（Fixed）或有线（Wired）网络所占有的领域。

语音通信的无线化造就了一个全新的产业，为电话注入移动性已经对语音通信事业造成深刻的影响。因为如此一来，人与人之间就可以直接联系，不必受限于设备。在计算机网络领域，人们面临同样深刻的巨变。无线话音之所以如此受到欢迎是因为人们可以丝毫不受地点的影响而彼此沟通。针对计算机网络所发展的种种新技术，让Internet连接得以提供相同的无线功能。到目前为止，802.11算是最成功的无线网络技术协议（详见本章1.2）。

无线网络最明显的优点在于提供给人们移动性（Mobility）。无线网络的使用者可以连接至既有网络，而后随意漫游。无线数据网络（Wireless Data Network）让软件开发人员从此不必再受Ethernet网线的束缚。他们可以在图书馆、会议室、停车场甚至对街的咖啡馆工作。只要使用者不走出基站（Base Station）的覆盖范围，即可使用网络资源。唾手可及的无线网络设备能够轻易涵盖整个公司；只要花些工夫，用一些特殊设备，就可以让采用802.11协议的网络的覆盖范围延伸至想要的地区，距离甚至可以长达几千米。

无线网络通常具备相当大的弹性，也即部署快速。无线网络可以通过基站让使用者连接到既有的网络；在采用802.11协议的网络中，基站又称为接入点（Access Point）。然而不论用户有多少，无线网络基础建设在本质上并没有什么差异。要在某个地区提供无线网络服务，必须先将基站与天线定位。一旦完成基础建设，要在无线网络中加入新用户只需要进行授权（Authorization）。虽然基础建设完工之后，仍须经过设置的步骤才能够辨认用户身份以及提供服务，不过单就授权本身而言，并不需要新增额外的设备。要在无线网络中新增一位用户只须对基础设备进行配置，不必拉线、打洞与配置网络插座。

弹性对服务供应商（Service Provider）而言十分重要。热点（Hot Spot）连接市场是802.11设备厂商必争之地。班机或列车误点时，在机场与车站等候的商务人士或许会有上网的需求。咖啡馆以及其他公众聚集的社交场合亦然。有些咖啡馆已经开始提供Internet访问服务；通过无线网络访问Internet不过是现有服务的自然延伸。虽然Ethernet的插座一样能够提供访问服务，但是通过有线网络的做法也并非全然没有问题。主要是布线既贵且费时，有时甚至需要重新装潢。此外，要辨别哪条线路出现问题非常耗时耗力。如果使用无线网络，则不但可以省下装潢的工夫，也不用费神分析（或瞎猜）损坏在何处。只要基础设施的有线网络可以联上Internet，不论使用人数多少，无线网络都可以满足每个人的需求。虽然无线局域网络的频宽有限，但实际上WAN（广域网络）的频宽成本才是小型热点网络的瓶颈所在。弹性对老旧建筑而言特别重要，因为可以避免大兴土木。一旦建筑物被列为古迹，改建就更加困难。除了满足业主需求，改建工程还必须符合古迹维护单位的限制，以免破坏历史文物。无线网络在类似环境中可以快速部署，因为有线网络的安装通常只占其中一小部分。

另一方面，随着采用802.11协议的设备价格的快速滑落，各式各样的团体开始设置开放给公众使用的无线共享网络。社区无线网络也打破了DSL的限制，让以往不敢如此奢望的社区，也能够高速访问Internet。在传统有线网络难以企及的地方，社区无线网络特别成功。

虽然无线网络呈现爆炸性成长，不过并非全面均衡发展。有些成长较快，因为无线网络对这些市场而言特别有价值。通常，越重视移动性与弹性的市场，对无线局域网络的兴趣就越大。

物流组织（如UPS、FedEx或者航空公司）或许是率先采用802.11协议的使用者。在802.11协议之前，包裹追踪系使用专属的无线局域网络。标准化使得产品价格下滑，也使得网络设备供应商彼此更加竞争，因此以标准化产品取代专属产品，可说是简单不过的决定。医疗产业也是无线网络的早期使用者，因为医疗器材通常需要较大的弹性。技术先进的医疗组织早就采用无线局域网络传递病历，让医生更方便取得病历相关信息，有助于医疗品质的改善。电子化病历可以跨部门传送，无需费神辨认医生的笔迹。在纷扰嘈杂的急诊室，能否快速取得影像数据有时会成为救命的关键。有些医院通过无线局域网络，让具有特殊配备的急救手推车可以即时进行X光成像，这样医师就可以即时诊断，不必等到X光片显影完成。

有些教育机构对于无线局域网络十分狂热。为了吸引学生，他们宣传自己的无线网络很好。能够提供越多高速上网的场所，就能够更吸引学生。如今学生已经是移动网络的重要使用者，可以受惠于课堂间或者“第二个家”（如图书馆、工作室、实验室）中随处可用的网络。

和所有网络一样，无线网络同样是通过网络介质传送数据。无线网络所使用的介质属于某种形式的电磁幅射。为了满足移动网络的使用需求，此介质必须能够涵盖较广的区域，以让使用者能够在其所覆盖的范围内移动。早期无线网络通常使用红外（Infrared）光。不过红外光本身有其限制，容易受到墙壁、隔间以及其他办公室设备阻隔。而无线电波可以穿透大部分办公室设备，提供较广的服务范围。因此，市面上绝大多数的采用802.11协议的产品均采用无线电波作为物理层。

无线局域网（WLAN）能够方便地联网，而不必对网络的用户管理配置进行过多的变动；WLAN 在有线网络布线困难的地方比较容易实施，使用 WLAN 方案，则不必再实施打孔、铺设缆线等作业，因而不会对建筑设施造成任何损害。无线网络不受障碍物限制，用于无线通信的介质为电磁波，速率较高，架设也很方便，组网迅速。

3．Wi-Fi 是什么

Wi-Fi 联盟（Wi-Fi Alliance）是一家非营利性的全球行业协会，拥有 300 多家成员企业，共同致力于推动无线局域网络（WLANs）产业的发展。它以增强移动无线、便携、移动和家用设备的用户体验为目标，Wi-Fi 联盟一直致力于通过其测试和认证方案确保基于 IEEE 802.11 协议的无线局域网产品的可互操作性。Wi-Fi 是 Wi-Fi 联盟制造商的商标，可作为产品的品牌认证，是一个建立于 IEEE 802.11 协议的无线局域网络（WLAN）设备，是目前应用最为普遍的一种短程无线传输技术。基于两套系统密切相关，也常有人把 Wi-Fi 当做 IEEE 802.11 协议的同义词术语，如图 1-1 所示。

图 1-1　Wi-Fi LOGO

1.2　IEEE 802.11 协议

无线技术使用电磁波在设备之间传送信息。802.11 协议是一套 IEEE（国际电子电气工程师协会）标准，该标准定义了如何使用免授权 2.4 GHz 和 5GHz 频带的电磁波进行信号传输。802.11 协议标准介绍见表 1-1。

表 1-1　802.11 协议标准介绍

	802.11a	802.11b	802.11g	802.11n	802.11ac
工作频段	5GHz	2.4GHz	2.4GHz	2.4GHz 和 5GHz	5GHz
信道数	最多 23	3	3	最多 14	最多 23
信道宽度	20MHz，40MHz	20MHz	20MHz	20MHz，40MHz	20MHz，40MHz，80MHz，160MHz
调制技术	OFDM	DSSS	DSSS 和 OFDM	MIMO-OFDM	MIMO-OFDM MU-OFDM
数据流数				4	8
调制技术	64QAM	64QAM	64QAM	64QAM	256QAM
数据传输速度	<54Mbit/s	<11Mbit/s	<54Mbit/s	最高可达 600Mbit/s	可达 3.7Gbit/s
发布时间	1999 年	1999 年	2003 年	2009 年	2013 年 12 月

1．IEEE 802.11

IEEE 在 1997 年最初制定的一个无线局域网标准，主要用于解决办公室局域网和校园网中用户与用户终端的无线接入，业务主要限于数据存取，速率最高只能达到 2Mbit/s。

2．IEEE 802.11b

IEEE 802.11b 无线局域网的带宽最高可达 11Mbit/s，比 1997 年制定的 IEEE 802.11 标准快 5 倍，扩大了无线局域网的应用领域。另外，也可根据实际情况采用 5.5Mbit/s、2 Mbit/s 和 1 Mbit/s 带宽，实际的工作速率在 5Mbit/s 左右，与普通的 10Base-T 规格有线局域网几乎处于同一水平。作为公司内部的设施，可以基本满足使用要求。IEEE 802.11b 使用的是开放的 2.4GHz 频段，不需要申请就可使用。既可作为对有线网络的补充，也可独立组网，从而使网络用户摆脱网线的束缚，实现真正意义上的移动应用。

IEEE 802.11b 无线局域网与 IEEE 802.3 以太网的原理很类似，都是采用载波侦听的方式来控制网络中信息的传送。不同之处是以太网采用的是 CSMA/CD（载波监听多路访问 / 冲突检测）技术，网络上所有工作站都侦听网络中有无信息发送，当发现网络空闲时即发出自己的信息，如同抢答一样，只能有一台工作站抢到发言权，而其余工作站需要继续等待。如果有两台以上的工作站同时发出信息，则网络中会发生冲突，冲突后这些冲突信息都会丢失，各工作站将继续抢夺发言权。而 802.11b 无线局域网引进了 CSMA/CA 技术和 RTS/CTS（请求发送 / 清除发送）技术，从而避免了网络中发生冲突的可能，可以大幅度提高网络数据传输效率。

这里的 CSMA/CA 技术原理与正常情况下的 CSMA/CD 技术原理有所不同，其原理是站点在发送报文后等待来自接入点 AP（基本模式）或来自另外站点（对等模式）的确认帧（ACK）。如果在一定的时间内没有收到确认帧，则假定发生了冲突并重发该数据。如果站点注意到信道上有活动，则不发送数据。RTS/CTS 的工作方式与调制解调器类似，在发送数据之前，站点将一个请求发送帧 RTS 发送到目的站点，如果信道上没有活动，那么目的站点将一个清除发送帧 CTS 发送回源站点。这个过程称为“预热”其他站点，从而防止不必要的冲突。RTS/CTS 只用于特别大的报文和重发数据时可能出现严重带宽问题的场合。

3．IEEE 802.11g

与 IEEE 802.11a 相同的是，IEEE 802.11g 使用了正交频分复用（Orthogonal Frequency Division Multiplexing，OFDM）的模块设计。

OFDM 技术其实是多载波调制（Multi-Carrier Modulation，MCM）的一种。其主要思想是将信道分成许多正交子信道，在每个子信道上进行窄带调制和传输，这样减少了子信道之间的相互干扰。每个子信道上的信号带宽小于信道的相关带宽，因此每个子信道上的频率选择性衰落是平坦的，大大消除了符号间干扰。

无线数据业务一般都存在非对称性，即下行链路中传输的数据量要远远大于上行链路中的数据传输量。因此无论从用户高速数据传输业务的需求，还是从无线通信自身来考虑，都希望物理层支持非对称高速数据传输，而 OFDM 很容易通过使用不同数量的子信道来实现上行和下行链路中不同的传输速率。

由于无线信道存在频率选择性，所有的子信道不会同时处于比较深的衰落情况中，因此可以通过动态比特分配以及动态子信道分配的方法，充分利用信噪比高的子信道，从而提升系统性能。由于窄带干扰只能影响一小部分子载波，因此OFDM系统在某种程度上能抵抗这种干扰。

OFDM技术有非常广阔的发展前景，已成为第四代移动通信的核心技术。IEEE 802.11a/g标准为了支持高速数据传输都采用了OFDM调制技术。目前，OFDM结合时空编码、分集、干扰（包括码间干扰（ISI）和信道间干扰（ICI））抑制以及智能天线技术，最大程度提高了物理层的可靠性。如果再结合自适应调制、自适应编码以及动态子载波分配、动态比特分配算法等技术，则可以使其性能得到进一步优化。

IEEE 802.11g的工作频段和IEEE 802.11b一致，这样一来，IEEE 802.11b使用者所担心的兼容性问题得到了很好的解决。除了具备高传输率以及兼容性上的优势外，IEEE 802.11g所工作的2.4GHz频段的信号衰减程度不像IEEE 802.11a的5.8GHz那么严重，并且IEEE 802.11g还具备更优秀的“穿透”能力，能适应更加复杂的使用环境。但是先天性的不足（2.4GHz工作频段），使得IEEE 802.11g和它的前辈IEEE 802.11b一样极易受到微波、无线电话等设备的干扰。

4．IEEE 802.11a

802.11a协议是IEEE 802.11工作组为5GHz ISM频段定义的WLAN物理层协议，采用OFDM方式。802.11a中定义的OFDM方式支持20MHz、10MHz和5MHz的信道带宽，其中20MHz信道带宽的子载波数为52，数据载波为48，物理层速率最高可达54Mbit/s。由于IEEE 802.11a工作在不同于IEEE 802.11b的5.2GHz频段，避开了当前微波、蓝牙以及大量工业设备广泛采用的2.4GHz频段，因此其产品在无线数据传输过程中所受到的干扰大为降低，抗干扰性较IEEE 802.11b更为出色。

与单个载波系统802.11b不同，802.11a运用了提高频率信道利用率的OFDM多载波调制技术。由于802.11a运用5GHz射频频谱，根据需要，数据速率还可降为48、36、24、18、12、9或者6Mbit/s。802.11a拥有12条不相互重叠的频道，8条用于室内，4条用于点对点传输。因此它与802.11b或最初的802.11WLAN标准均不能进行互操作。

5．IEEE 802.11n

802.11n标准具有高达600Mbit/s的速率，可提供支持对带宽最为敏感的应用所需的速率、范围和可靠性。802.11n结合了多种技术，其中包括Spatial Multiplexing MIMO（Multi-In，Multi-Out）（空间多路复用多入多出）、20MHz和40MHz信道和双频带（2.4GHz和5GHz），以便形成很高的速率，同时又能与以前的IEEE 802.11b/g设备通信。多入多出（MIMO）或多发多收天线（MTMRA）技术是无线移动通信领域智能天线技术的重大突破。该技术能在不增加带宽的情况下成倍地提高通信系统的容量和频谱利用率，是新一代移动通信系统必须采用的关键技术。

802.11n采用智能天线技术，通过多组独立天线组成的天线阵列，可以动态调整波束，保证让WLAN用户接收到稳定的信号，并可以减少其他信号的干扰。因此其覆盖范围可以扩大到好几平方千米，使WLAN移动性得到极大提高。

MIMO是指无线网络信号通过多重天线进行同步收发，所以可以增加数据传输率。

网络资源通过多重切割之后，经过多重天线进行同步传送，由于无线信号在传送的过程当中，为了避免发生干扰，会走不同的反射或穿透路径，因此到达接收端的时间会不一致。为了避免数据不一致而无法重新组合，接收端会同时具备多重天线接收，然后利用 DSP 重新计算的方式，根据时间差的因素将分开的数据重新组合，然后传送出正确且快速的数据流。

MIMO 中有 2 个相对迷惑的名词：MIMO links——描述一个无线设备（例如，无线 AP）传输数据到另外一个设备（例如，笔记本式计算机），决定传输最重要的因素就是无线 AP 的发送天线数量和笔记本式计算机无线网卡接收天线数量：如 2X1，意思就是无线 AP 的 2 个发送天线和笔记本式计算机的 1 个接收天线；MIMO devices——描述一个设备自身的发送和接收天线数量，例如，网络设备厂商的无线 AP 的参数中有 2X3，表示这个 AP 有 2 个发送天线和 3 个接收天线（无线 AP 的天线是都可以收发的，并不是说一共有 5 根天线）。

由于传送的资料经过分割传送，不仅单一资料流量降低，可拉高传送距离，而且增加天线接收范围，因此 MIMO 技术不仅可以增加既有无线网络频谱的资料传输速度，而且又不用额外占用频谱范围，更重要的是，还能增加信号接收距离。所以不少强调资料传输速度与传输距离的无线网络设备，纷纷开始抛开对既有 Wi-Fi 联盟的兼容性要求，而采用 MIMO 的技术，推出高传输率的无线网络产品。

MIMO 技术是在上个世纪末美国的贝尔实验室提出的多天线通信系统，在发射端和接收端均采用多天线（或阵列天线）和多通道。因此今天看到的 MIMO 产品多数都不只一根天线。MIMO 无线通信技术的概念是在任何一个无线通信系统，只要其发射端和接收端均采用了多个天线或者天线阵列，就构成了一个无线 MIMO 系统。MIMO 无线通信技术采用空时处理技术进行信号处理，在多径环境下，无线 MIMO 系统可以极大地提高频谱利用率，增加系统的数据传输速率。MIMO 技术非常适用于室内环境下的无线局域网系统。

OFDM 是一种无线环境下的高速传输技术。无线信道的频率响应曲线大多是非平坦的，而 OFDM 技术的主要思想就是在频域内将给定信道分成许多正交子信道，在每个子信道上使用一个子载波进行调制，并且各子载波并行传输。这样，尽管总的信道是非平坦的，具有频率选择性，但是每个子信道是相对平坦的，在每个子信道上进行的是窄带传输，信号带宽小于信道的相关带宽，因此就可以大大消除信号波形间的干扰。由于在 OFDM 系统中各个子信道的载波相互正交，于是它们的频谱是相互重叠的，这样不但减小了子载波间的相互干扰，也提高了频谱利用率。

6. IEEE 802.11ac

IEEE 802.11ac 是一个 802.11 无线局域网（WLAN）通信标准，它通过 5GHz 频带（也是其得名原因）进行通信。理论上，它能够提供最少 1Gbit/s 带宽进行多站式无线局域网通信，或是最少 500Mbit/s 的单一连接传输带宽。

802.11ac 是 802.11n 的继承者。它采用并扩展了源自 802.11n 的空中接口（Air Interface）概念，包括：更宽的 RF 带宽（提升至 160MHz），更多的 MIMO 空间流（Spatial streams）（增加到 8），多用户的 MIMO，以及更高阶的调制（Modulation）（达到 256QAM）。

802.11ac 工作在 5.0GHz 频段上以保证向下兼容性，但数据传输通道会大大扩充，在当前 20MHz 的基础上增至 40MHz 或者 80MHz，甚至有可能达到 160MHz。再加上大约 10% 的实际频率调制效率提升，新标准的理论传输速度最高有望达到 1Gbit/s，是 802.11n 300Mbit/s 的 3 倍多。

从核心技术来看，802.11ac 是在 802.11n 标准之上建立起来的将使用 802.11n 的 5GHz 频段。不过在通道的设置上，802.11ac 将沿用 802.11n 的 MIMO 技术，为它的传输速率达到 Gbit/s 量级打下基础。

802.11ac 每个通道的工作频宽将由 802.11n 的 40MHz，提升到 80MHz 甚至是 160MHz，再加上大约 10% 的实际频率调制效率提升，最终理论传输速度将由 802.11n 最高的 600Mbit/s 跃升至 1Gbit/s。当然，实际传输率可能在 300Mbit/s ～ 400Mbit/s 之间，接近目前 802.11n 实际传输率的 3 倍（目前 802.11n 无线路由器的实际传输率为 75Mbit/s ～ 150Mbit/s 之间），完全足以在一条信道上同时传输多路压缩视频流。

此外，802.11ac 还将向后兼容 802.11 全系列现有和即将发布的所有标准和规范，包括即将发布的 802.11s 无线网状架构以及 802.11u 等。安全性方面，它将完全遵循 802.11i 安全标准的所有内容，使得无线连接能够在安全性方面达到企业级用户的需求。根据 802.11ac 的实现目标，未来 802.11ac 将可以帮助企业或家庭实现无缝漫游，并且在漫游过程中能支持无线产品相应的安全、管理以及诊断等应用。

802.11ac 提供下列技术来提升网络带宽与更好的使用体验：

1）支持更宽的频宽（RF Bandwidth）：最高 160 MHz（802.11n 上限是 40 MHz）。
2）支持最多 8 个空间流（MIMO Spatial Streams）（802.11n 仅支持 4 个）。
3）多使用者的 MIMO（Multi-user MIMO）（802.11n 无此功能）。
4）传送波束成型正式纳入标准（Beam forming）（802.11n 非标准功能）。
5）支持高密度的解调变（Modulation）：256 QAM（802.11n 最高 64-QAM）。

1.3 信道

无线设备被限定在某个特定频段（Frequency Band）上操作。每个频段都有相应的频宽（bandwidth），亦即该频段可供使用的频率空间总和。频宽是评价链路（link）数据传输能力的基准。种种数学、信息以及信号处理理论均可证明，较大的频宽可以传输更多的信息。

移动电话频道需使用 20kHz 的频宽，电视信号比较复杂，因此需要用到 6MHz 的频宽。无线频谱（Radio Spectrum）的使用受到主管当局严格控管，主要是通过核发使用执照的方式。

在美国，主管机关是联邦通信委员会（Federal Communications Commission，FCC）。美洲有些国家直接采用 FCC 的法规。欧洲主管机关是 CEPT 旗下的欧洲无线通信局（European Radiocommunications Office，ERO）。其他地区，由国际电信联盟（International Telecommunications Union，ITU）把关。

为了防止重复使用无线波，通常以频段（band）来配置频率（frequency）。所谓频段，就是分配给特定应用的频率范围。美国地区采用频段见表 1-2。

表 1-2　美国地区常用频段

频　段	频率范围
UHF ISM	902 ～ 928MHz
S- 频段	2 ～ 4GHz
S- 频段，ISM	2.4 ～ 2.5GHz
C- 频段	4 ～ 8GHz
C- 频段，卫星下行链路	3.7 ～ 4.2GHz
C- 频段，雷达（气象）	5.25 ～ 5.925GHz
C- 频段 ISM	5.725 ～ 5.875GHz
C- 频段，卫星上行链路	5.925 ～ 6.425GHz
X- 频段	8 ～ 12GHz
X- 频段，雷达（警用 / 气象）	8.5 ～ 10.55GHz
Ku- 频段	12 ～ 18GHz
Ku- 频段，雷达（警用）	13.4 ～ 14.5GHz，12 ～ 18GHz，15.7 ～ 17.7GHz

ISM（Industrial Scientific Medical）频段（2.4 ～ 2.4835GHz）主要是开放给工业、科学、医学 3 个主要学科使用，该频段是美国联邦通信委员会（FCC）定义出来的，属于 Free License，并没有所谓使用授权的限制。

ISM 频段在各国的规定并不统一。如在美国有 3 个频段 902 ～ 928 MHz、2400 ～ 2483.5 MHz、5725 ～ 5850MHz，而在欧洲 900 MHz 的频段有部分用在 GSM 通信。ISM 频段如图 1-2 所示。

2.4GHz 为各国共同的 ISM 频段。因此无线局域网、蓝牙、ZigBee 等无线网络，均可工作在 2.4GHz 频段上。

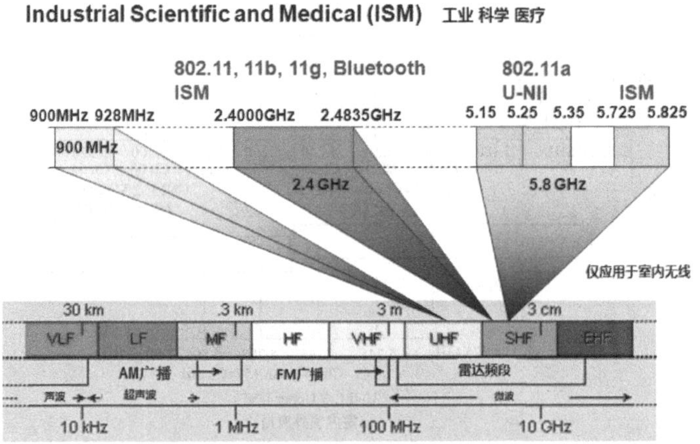

图 1-2　ISM 频段

无线信道也就是常说的无线的“通道（Channel）”，是以无线信号作为传输媒介的数据信号传送通道，工作在 2.4GHz 和 5GHz 频段。每个信道的无线频宽为 20MHz，每两个相邻的信道间有 5MHz 的保护间隔。

2.4GHz 频段为 2.4 ～ 2.4835GHz，共有 14 个信道，美国使用 11 个信道，欧洲使用 13 个信道，日本使用 14 个信道，中国使用 13 个信道，如图 1-3 所示，其中独立信道（非重叠）

有 3 个，分别为 1、6、11。

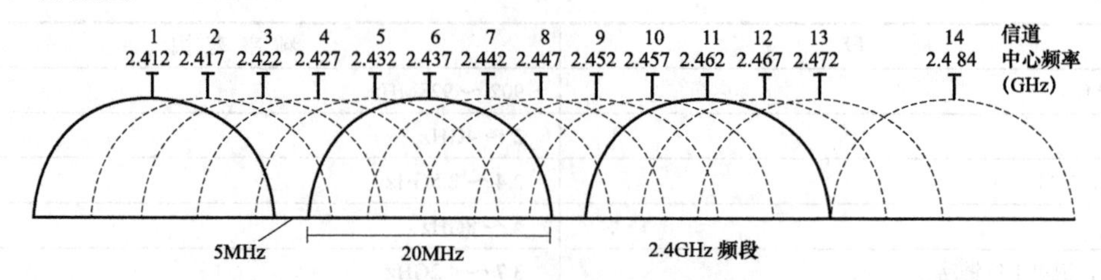

图 1-3　2.4GHz 频段信道图解

以美国为例，2.4GHz 能用的范围仅有 2.4 ～ 2.462GHz，以 5MHz 区分一个信道，共有 11 个信道，见表 1-3。

表 1-3　美国 2.4GHz 信道

信道	1	2	3	4	5	6	7	8	9	10	11
频率 /MHz	2412	2417	2422	2427	2432	2437	2442	2447	2452	2457	2462

以中国为例，2.4GHz 能用的范围仅有 2.4 ～ 2.4835GHz，以 5MHz 区分一个信道，共有 13 个信道见表 1-4。

表 1-4　中国 2.4GHz 信道

信道	1	2	3	4	5	6	7	8	9	10	11	12	13
频率 /MHz	2412	2417	2422	2427	2432	2437	2442	2447	2452	2457	2462	2467	2472

5GHz 频段为 5.15 ～ 5.35GHz、5.470 ～ 5.725GHz、5.725 ～ 5.850GHz，中国 5GHz 频段为 5.725 ～ 5.850GHz 其中独立信道（非重叠）有 5 个，分别为 149、153、157、161、165，如图 1-4 所示。

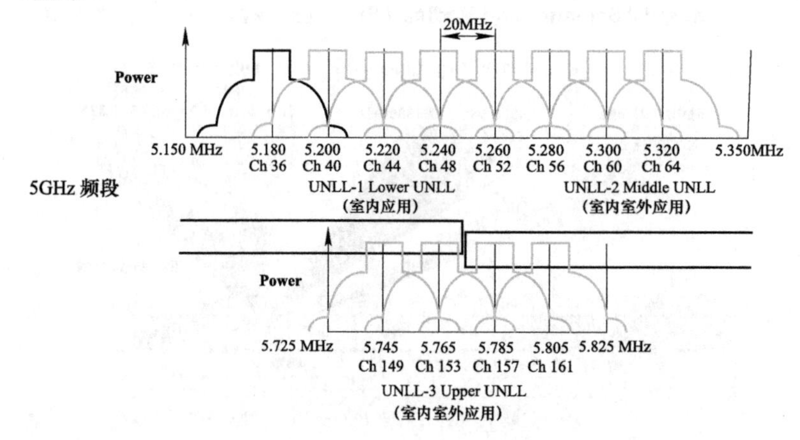

图 1-4　5GHz 频段信道

以中国为例，5GHz 能用的范围仅有 5.725 ～ 5.850GHz，以 5MHz 区分一个频道，共有 5 个频道如见表 1-5。

表 1-5　5GHz 频段中国信道

信道	149	153	157	161	165
频率 /MHz	5745	5765	5785	5805	5825

信道频宽

IEEE 802.11b

采用 2.4GHz 频带，调制方法采用补偿码键控（CKK），共有 3 个不重叠的传输信道。传输速率能够从 11Mbit/s 自动降到 5.5Mbit/s，或者根据直接序列扩频技术调整到 2Mbit/s 和 1Mbit/s，以保证设备正常运行与稳定。

IEEE 802.11a

扩充了标准的物理层，规定该层使用 5GHz 的频带。该标准采用 OFDM 调制技术，共有 5 个非重叠的传输信道，传输速率范围为 6Mbit/s ～ 54Mbit/s。不过此标准与 IEEE 802.11b 标准并不兼容。

IEEE 802.11g

该标准共有 3 个不重叠的传输信道。虽然同样运行于 2.4GHz，但向下兼容 IEEE 802.11b，而由于使用了与 IEEE 802.11a 标准相同的调制方式 OFDM（正交频分），因而能使无线局域网达到 54Mbit/s 的数据传输速率。

IEEE 802.11n

该标准分别工作在 2GHz 和 5GHz 频段上，2GHz 频段有 3 个不重叠的传输信道，5GHz 频段有 5 个不重叠的传输信道。工作在 2.4GHz 时可以向下兼容 IEEE 802.11b/g。使用 MIMO OFDM 技术，提高了无线传输质量，也能使无线局域网达到 600Mbit/s 的数据传输速率。

1.4 调制解调

调制解调是 Modulator（调制器）与 Demodulator（解调器）的简称，调制技术是把基带信号变换成传输信号的技术。Wi-Fi 设备所应用的调制解调技术为 DSSS 和 OFDM。DSSS 仅支持 802.11b 协议，OFDM 支持 802.11g/a/n/ac。

直接序列扩展频谱（Direct Sequence Spread Spectrum，DSSS）技术是一种常用的扩频通信物理层技术，如图 1-5 所示。通信时，发送端利用高速率的扩频序列与发送信号序列进行模 2 加后生成的复合序列去调制载波，从而扩展信号频谱。接收端在收到发射信号后，首先进行同步，然后利用与发送端相同的扩频序列对信号进行解扩，从而恢复出数据。

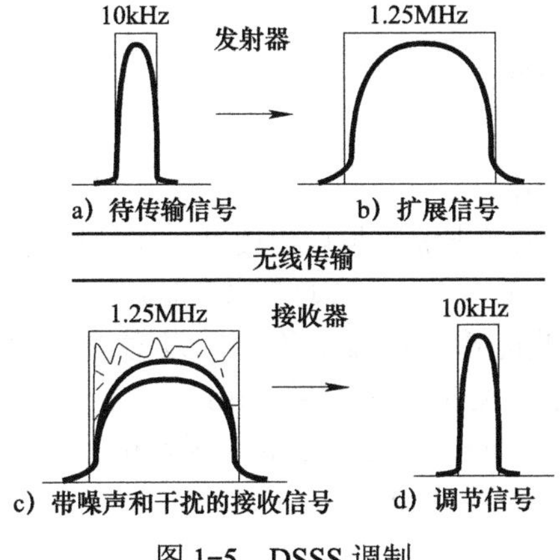

图 1-5　DSSS 调制

正交频分复用（Orthogonal Frequency Division Multiplexing，OFDM）技术是一种多载波发射技术，如图 1-6 所示，它将可用频谱划分为许多载波，每一个载波都用低速率数据流进行调制。它获取高数据传输速率的诀窍就是，把高速数据信息分开为几个交替的、并行的比特流，分别调制到多个分离的子载频上，从而使信道频谱分到几个独立的、非选择的频率子信道上，在 AP 与无线网卡之间进行传送，实现高频谱利用率。

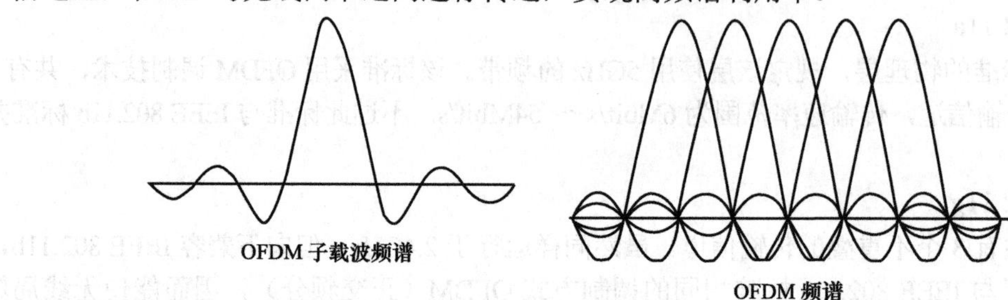

图 1-6　OFDM 调制

1.5　功率

各种射频常用计算单位，是深入理解射频概念的必备基础知识；射频信号的绝对功率常用 dBm、dBW 表示。

无线电发射机输出的射频信号，通过馈线（电缆）输送到天线，由天线以电磁波形式辐射出去。电磁波到达接收点后，由天线接收下来（仅接收很小一部分功率），并通过馈线送到无线电接收机。因此在无线网络工程中，计算发射装置的发射功率与天线的辐射能力非常重要。

功率与增益之间的转换

Tx 是发射（Transmits）的简称。无线电波的发射功率是指在给定频段范围内的能量，通常有两种衡量或测量标准：

1）功率（W）：相对 1W 的线性水准。例如，Wi-Fi 无线网卡的发射功率通常为 0.036W，或者说 36mW。

2）增益（dBm）：相对 1mW 的比例水准。例如，Wi-Fi 无线网卡的发射增益为 15.56dBm。

两种表达方式可以互相转换：

dBm=10log[功率 mW]

mW=10[增益 dBm/10dBm]

在无线系统中，天线被用来把电流转换成电磁波，在转换过程中还可以对发射和接收的信号进行“放大”，这种能量放大的度量称为“增益（Gain）”。天线增益的度量单位为“dBi”。

由于无线系统中的电磁波能量是由发射设备的发射能量和天线的放大叠加作用产生，因此度量发射能量最好使用统一度量——增益（dB）。

例如，发射设备的功率为 100mW 或 20dBm，天线的增益为 10dBi，则：

发射总能量 = 发射功率 + 天线增益

=20dB+10dB=30dB

1.6　接收信号灵敏度

什么是接收信号灵敏度？

Rx 是接收（Receive）的简称。无线电波的传输是“有去无回”的，当接收端的信号能量小于标称的接收灵敏度时，接收端将不会接收任何数据，也就是说接收灵敏度是接收端能够接收信号的最小门限。

接收灵敏度仍然用 dBm 表示，通常 Wi-Fi 无线网络设备所标识的接收灵敏度（如 -83dBm），是指在 11Mbit/s 的速率下，误码率（Bit Error Rate）为 10^{-5}（99.999%）的灵敏度水平。

802.11b/g 要求的接收灵敏度见表 1-6。

表 1-6　接收灵敏度

调制方式	OFDM	OFDM	OFDM	OFDM	OFDM	OFDM	OFDM	OFDM
传输速率	54Mbit/s	48Mbit/s	36Mbit/s	24Mbit/s	11Mbit/s	5.5Mbit/s	2Mbit/s	1Mbit/s
接受灵敏度 dBm（BER=10^{-5}）	–68	–69	–75	–79	–83	–87	–91	–94

无线网络的接收灵敏度非常重要，例如，发射端的发射功率为 100mW 或 20dBm 时，如果 11Mbit/s 速率下接收灵敏度为 –83dBm，则理论上传输的无遮挡视距为 15km，而接收灵敏度为 –77dBm 时，理论上传输的无遮挡视距仅为 15km 的一半（7.5km），或者相当于发射端能量减少了 1/4，即相当于 25mW 或 14dBm。因此在无线网络系统中提高接收端的接收灵敏度，相当于提高发射端的发射能量。

从表 1-6 中看出 802.11b/g 对不同的速率要求不同的接收灵敏度，意味着接收端的信号强度越小速率越低，直至无法接收。

由此可见，在无线网络系统中，提高接收端的接收灵敏度与提高发射端的发射功率同等重要。

第2章　无线网络结构

2.1　网桥

无线网桥是为实现使用无线网络进行远距离传输的网间互联而设计的。它是一种在链路层实现LAN互联的存储转发设备，可用于固定数字设备与其他固定数字设备之间的远距离、高速无线组网。

这些独立的网络段通常位于不同的建筑内，相距几百米到几十千米。所以说它可以广泛应用在不同建筑物间的互联。

同时，根据协议不同，无线网桥又可以分为2.4GHz频段和5.8GHz频段的无线网桥。

无线网桥主要有3种工作方式：点对点、点对多点、中继连接。客户端模式也是点对点和点对多点网桥模式的一个补充。

2.1.1　点对点

无线网桥设备可用来连接分别位于不同建筑物中的两个固定的网络。它们一般由一对桥接器和一对天线组成。两个天线必须相对定向放置，室外的天线与室内的桥接器之间用电缆相连，而桥接器与网络之间则是物理连接。

网络A和网络B通过两台室外网桥连接，网络中的数据通过无线的方式传输，如图2-1所示。

图2-1　点对点桥接示意图

2.1.2　点对多点

无线网桥设备可用来连接位于不同建筑物中3个固定的网络。它们一般由3只桥接器和3只天线组成。一只天线与另外两只天线必须相对定向放置，室外的天线与室内的桥接器之间用电缆相连，而桥接器与网络之间则是物理连接。

网络A和网络B、网络C通过3台室外网桥连接，其中网络A的室外网桥为中心点，网络B和网络C的两台室外网桥为远端点。网络中的数据通过无线的方式传输，如图2-2所示。

图 2-2　点对多点桥接示意图

2.1.3　中继

中继即“间接传输”。AC 两点之间不可视，但两者之间可以通过一座 B 楼间接可视。并且 AC 两点，BA 两点之间满足网桥设备通信的要求。采用中继方式，B 楼作为中继点。AC 各放置网桥和定向天线。B 点可选方式有：

1）放置一台网桥和一面全向天线，这种方式适合对传输带宽要求不高、距离较近的情况。

2）放置 1 台无线网桥分别通过馈线接两部天线，两部天线分别指向 A 网和 C 网。

3）放置两台网桥和两面定向天线，分别对应远端的 A 网和 C 网。

网络 A 和网络 B、网络 C 通过 3 台室外网桥连接，其中网络 B 的室外网桥为中心点，网络 A 和网络 C 的两台室外网桥为远端点，网络 A 到网络 C 的数据通过网络 B 的室外网桥转发，网络 B 同时也与网络 A 和网络 B 连通，如图 2-3 所示。

图 2-3　中继桥接示意图

2.1.4　客户端模式

工作在客户端模式下的无线 AP 相当于一块无线网卡，如果用户的主机没有无线网卡，则可以使用一根网线连接到一台工作在客户端模式下的无线 AP，然后就可以连接到远端的无线 AP。

点对点桥接和点对多点桥接示意图分别如图 2-4 和图 2-5 所示。网络 C、网络 B 的无线网桥应用 CLIENT 模式，它接收网络 A 的无线网桥的信号，与之连通，实现网络 A 与网络 C、网络 B 连通，注：网络 B、网络 C 的设备实际上是一台终端，即无线网卡。

图 2-4　客户端点对点桥接示意图

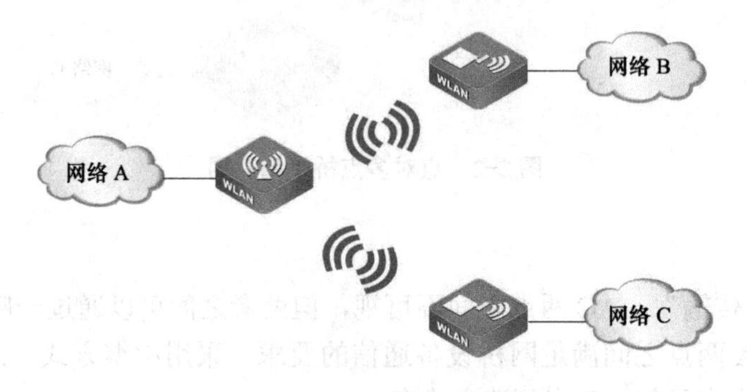

图 2-5　客户端点对多点桥接示意图

2.2　接入网

AP（Access Point）是一个包含很广的名称，它不仅包含单纯性无线接入点，也同样是无线路由器、无线网关等设备的统称。

AP 主要是提供无线终端和有线局域网之间的访问，在接入点覆盖范围内的无线工作站可以通过它进行相互通信。在无线网络中，AP 就相当于有线网络的集线器，它能够把各个无线终端连接起来，无线终端所使用的网卡是无线网卡，传输介质是空气，如图 2-6 所示。

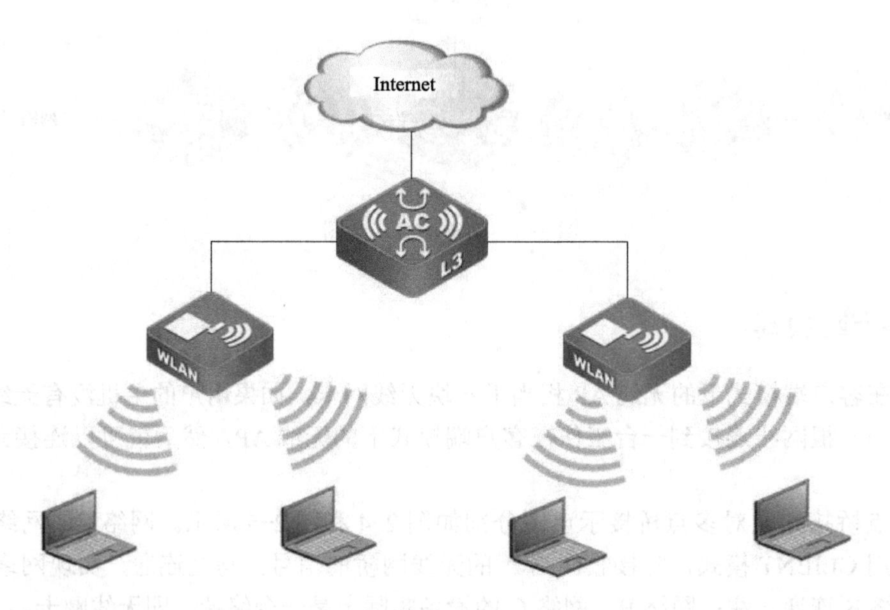

图 2-6　接入网络示意图

SSID（Service Set Identifier，服务集标识），如图2-7所示，用来区分不同的网络，最多可以有32个字符。无线网卡设置了不同的SSID就可以进入不同的网络。SSID通常由AP广播出来，通过终端的无线网卡及相应的控制软件可以搜索并查看当前区域内的SSID。出于安全考虑可以对无线网络设置隐藏SSID，此时用户需要手工设置SSID才能接入相应的网络。简单来说，SSID就是一个局域网的名称。

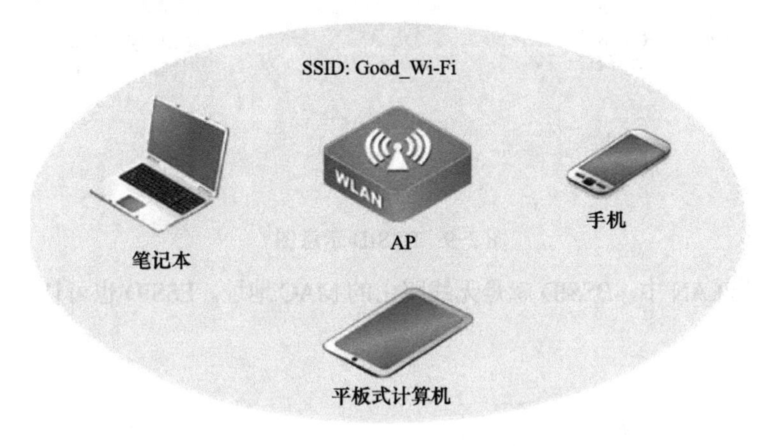

图2-7　SSID示意图

ESSID是基础设施的应用，如图2-8所示，一个扩展的服务装置ESS（Extended Service Set）由2个或多个BSS组成，形成单一的子网。使用者可于ESS上漫游及存取BSS中的任何资料，其中AP必须设定相同的ESSID及信道才能允许漫游。

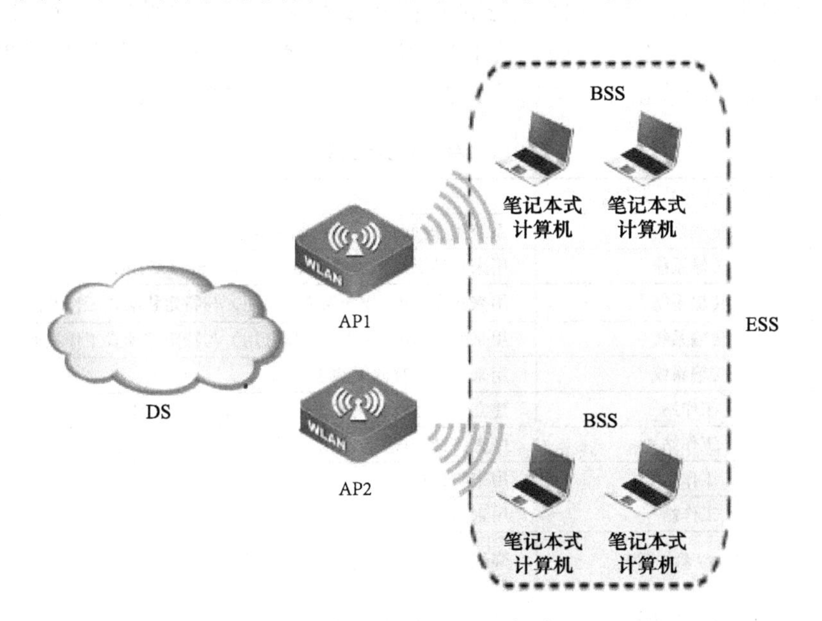

图2-8　ESSID示意图

BSS是一种特殊的Ad-hoc LAN的应用，如图2-9所示。一个无线网络至少由一个连接到有线网络的AP和若干个无线工作站组成，这种配置称为一个基本服务装置BSS。一群计算机设定相同的BSS名称，即可自成一个组，而此BSS名称即为BSSID。

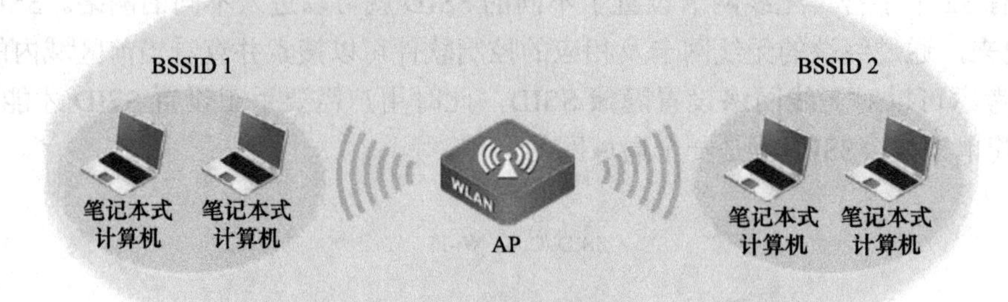

图 2-9 BSSID 示意图

通常，手机 WLAN 中，BSSID 就是无线路由的 MAC 地址。ESSID 也可认为是 SSID、Wi-Fi 网络名。

2.3 接入网的工作方式

802.11 协议在设计之初就是作为另一个链路层，有时也被称为“无线 Ethernet”。

2.3.1 AP 的网络服务

定义网络技术的方式之一，就是看它能够提供哪些服务，不论设备制造商如何实现这些服务。802.11 共可以提供 9 种服务。其中 3 种用来传送数据，其余 6 种均属管理作业，目的是让网络能够追踪行动节点以及传递帧。表 2-1 列出了 AP 的网络服务。

表 2-1 AP 的网络服务

服　务	此服务属于工作站或传输系统	说　明
传输	传输系统	系统递送帧时，可使用此服务来决定目的地位于基础网络上的地址
整合	传输系统	用来将帧递送至无线网络以外的 IEEE 802 LAN
连接	传输系统	用来建立 AP（作为闸道器之用）与特定移动式工作站间的连接
重新连接	传输系统	用来变更 AP（作为闸道器之用）与特定移动式工作站间的连接
解除连接	传输系统	用来从网络移除无线工作站
身份认证	工作站	建立连接之前，用来进行身份认证（利用 MAC 地址）
解除认证	工作站	用来终结一段认证关系，其副作用是终止目前的连线
加密性	工作站	用来防止窃听
MSDU 递送	工作站	用来递送数据至接收端
传输功率控制（TPC）	工作站 / 频谱管理	降低工作站传输功率以减少干扰
动态频率选择（DFS）	工作站 / 频谱管理	避免在 5GHz 频段干扰雷达作业

（1）传输（Distribution）

只要基础型网络里的移动式工作站传送数据，就会使用这项服务。一旦基站接收到帧，就会使用传输服务，将帧送至目的地。任何行经基站的通信都会通过传输服务，包括连接至同一部基站的两部移动式工作站彼此通信时。

（2）整合（Integration）

整合服务由传输系统提供；它让传输系统得以连接至非 IEEE 802.11 网络。整合功能将因所使用的传输系统而异，因此除了必须提供的服务，802.11 并未加以规范。

（3）连接（Association）

之所以能够将帧传递给移动式工作站，是因为移动式工作站会向基站登记，或与基站建立连接。连接之后，传输系统即可根据这些登录信息判定哪部移动式工作站该使用哪部基站。未连接的工作站不算“在网络上”，好比拔掉 Ethernet 网线的工作站。802.11 虽然规范了使用这些连接数据的传输系统必须提供哪些功能，但对于如何实现这些功能并未强制规定。

（4）重新连接（Reassociation）

当移动式工作站在同一个延伸服务区域里的基本服务区域之间移动时，它必须随时评估信号的强度，并在必要时切换所连接的基站。重新连接是由移动式工作站发起的，当信号强度显示最好切换连接对象时便会如此做。基站不可能直接开始重新连接服务（有些 AP 会刻意将工作站剔除，强迫它们进行重新连接；随着更优秀网管标准的发展，重新连接会更密切依赖底层的基础建设）。一旦完成重新连接，传输系统就会更新工作站的位置纪录，以反映出可通过哪个基站连络上工作站。

（5）解除连接（Disassociation）

要结束现有连接，工作站可以利用解除连接服务。当工作站自动解除连接服务时，储存于传输系统的连接数据会随即被移除。一旦解除连接，工作站即不再附接在网络上。在工作站的关机程序中，解除连接是个礼貌性的动作。不过 MAC 在设计时已经考虑到工作站未正式解除连接的情况。

（6）身份认证（Authentication）

实体安全防护在有线局域网络安全解决方案中是不可或缺的一部分。网络的接续点（Attachment Point）受到限制，通常只有位于外围访问控制设备（Perimeter access Controldevice）之后的办公区才能加以访问。网络设备可以通过加锁的交换机（Locked Wiring Closet）加以保护，而办公室与隔间的网络插座只在必要时才连接至网络。无线网络无法提供相同层级的实体保护，因此必须依赖额外的身份认证程序，以保证访问网络的使用者已获得授权。身份认证是连接的必要前提，唯有经过身份辨识的使用者才能使用网络。工作站与无线网络连接的过程中，可能必须经过多次身份认证。在连接之前，工作站会先以本身的 MAC 地址来与基站进行基本的身份辨识。此时的身份认证，通常称为 802.11 身份认证。

（7）解除认证（Deauthentication）

解除认证用来终结一段认证关系。因为获准使用网络之前必须经过身份认证，解除认证的副作用就是终止目前的连接。在安全网络中，解除认证也会清除密钥信息。

（8）机密性（Confidentiality）

在有线局域网络中，坚固的实体控制可以防止刺探数据的绝大部分攻击。攻击者必须能够实际访问网络介质，才有可能窥视往来的内容。在有线网络中，网线与其他计算资源一样，也要受到实体保护。在设计上，访问无线网络相对而言较为容易，只要使用正确的天线与调制方式就办得到。802.11 初次改版时，机密性（Confidentiality）服务原本称为私密性(Privacy)服务，而且是由目前已经毫无可信度的有线信号(Wired Equivalent Privacy，WEP）协议所提供。除了新的加密机制，802.111 协议另外提供了两种 WEP 无法解决的关键服务来加强机密性服务，亦即基于使用者的身份认证（User-Based Authentication）以及密钥管理服务。

（9）MSDU 传递

一个网络如果无法传递数据给接收端，也就没有什么用。工作站所提供的 MSDU（MAC Service Data Unit）递送服务，负责将数据传送给实际的接收端。

（10）传输功率控制（Transmit Power Control，TPC）

TPC 是在 802.11h 协议中所定义的新服务。欧洲标准要求作业于 5GHz 频段的工作站必须能够控制电波的传输功率，避免干扰其他使用 5GHz 频段的用户。传输功率控制也有助于避免干扰其他无线局域网络。传输距离是传输功率的函数；工作站的传输功率愈高，传输距离就愈远，也就愈容易干扰邻近的网络。如果可以将传输功率调到“刚刚好”，就可以避免干扰到邻近的工作站。

（11）动态频率选择（Dynamic Frequency Selection，DFS）

某些雷达系统的作业范围位于 5GHz 频段。因此，有些管理部门强制要求无线局域网络必须能够检测雷达系统，以及选择未被雷达系统所使用的频率。有些地方甚至要求无线局域网络必须能够均衡使用 5GHz 频段，因此网络必须具备重新配置频道（Re-Map Channels）的能力。

2.3.2 工作站服务

每部与 802.11 相容的工作站都必须提供工作站服务，任何宣称符合 802.11 规格的产品也都必须具备这项功能。移动式工作站与基站的无线界面都会提供工作站服务。工作站提供帧传递（Frame Delivery）服务让信息得以传递，为了支持此项任务，工作站还必须以”身份认证”服务来建立连接。工作站或许也希望利用“机密性”功能，在信息经过容易遭受侵害的无线链路时，加以保护。

（1）传输系统服务

传输系统服务负责将基站连接至传输系统。基站的主要功能是将有线网络所提供的服务延伸至无线网络；方法是对无线端提供“传输”与“整合”服务。传输系统另外一项重要的功能是管理移动式工作站的连接。为了维护连接数据以及工作站的位置信息，传输系统还提供了“连接”“重新连接”以及“解除连接”等服务。

（2）机密性、访问控制机密性与访问控制

服务彼此密不可分。除了传输数据的私密性（Secrecy），“机密性”服务也提供帧内容的完整性（Integrity）。私密性与完整性，均依赖共享式加密密钥（Shared Cryptographiceying），因此“机密性”服务必然依赖其他服务提供身份认证与密钥管理（Authentication and key management，AKM）。

如果无法防范未经授权的使用者，密码学上的完整性就没有什么价值可言。“机密性”服务依赖身份认证与密钥管理的配套来确定使用者的身份和建立加密密钥。身份认证也可以通过其他外部协议完成，比如 802.1X 或者预设共享密钥（Pre-Shared Key）。

（3）加密演算法（Cryptographic Algorithm）

帧的保护可以通过传统的 WEP 演算法，使用长度 40 或 104 个位元的密钥，或者 TKIP（临时密钥完整性协议），或者 CCMP（计数器模式 CBC—MAC 协议）。

（4）来源真实性（Origin Authenticity）

TKIP 与 CCMP 让接收端得以验证传送的 MAC 地址，以避免伪装攻击（Spoofing Attack）。来源的真实性，只能保护单点传播数据（Unicast Data）。

（5）重演攻击检测（Replay Detection）

TKIP 与 COMP 会使用序号计数器（Sequence Counter）来验证所接收的帧，以防范重演攻击（Replay Attack）。“太旧”的帧就会被丢弃。

（6）其他外部协议与系统

“机密性”服务非常依赖其他外部协议。密钥管理系由 802.1X 所提供，而 802.1X 则会搭配 EAP 来传递认证数据。802.11 并未限制使用何种协议，不过最普遍的做法是以 EAP 提供身份认证，并以 RADIUS 认证服务器。

（7）频谱管理服务

频谱管理服务是工作站服务的一部分。这项服务让无线网络得以回应环境以及动态变更电波的设置值。为了符合电波管制的要求，802.1h 定义了两种服务。

第一种服务称为传输功率控制（TPC），用来动态调整工作站的传输功率。基站可以利用 TPC 作业，通知工作站最大容许功率，如果工作站所使用的功率不符合电波管制的要求，也可以拒绝连接。工作站可以利用 TPC 调整功率，使传输距离“刚刚好”可以连上基站。数字移动电话系统（Digital Cellular System）也有类似功能，被设计来延长手机电池的使用时间。较低的传输功率也有助于延长电池的使用时间，但是效果取决于手机能够降低多少传输功率。

第二种服务称为动态选频（DFS），开发的目的主要是为了在欧洲地区避免干扰 5GHz 频段的雷达系统。虽然原本是为了符合欧洲管制当局的要求，不过背后所依循的原则，还是与其他管制当局的要求没有区别。DFS 是在美国于 2004 年决定在 5GHz 频段开放更多频谱的基础上设计的。基站可借助 DFS 所提供的功能，让某个频道噤声（Quiet The Channel）后不受干扰地搜索雷达。不过，DFS 最重要的功能在于，可以为基站动态配置频道。切换频道之前，工作站均会接到通知。

（8）移动性的支持

移动性是采用 802.11 网络的主要动机之所在。移动时传送数据，就好比在移动时用手机通话。

802.11 所提供的移动性，存在于链路层的基本服务组合之间。链路层以上究竟发生什么事，它无法理解。部署规划 802.11 时，网络工程师必须特别小心，好让网络层的工作站 IP 地址可以在物理层进行无间隙转换（Seamless Transition）时被保存下来。就 802.11 而言，基站之间可能出现 3 种转换：

1）不转换：如果工作站并未离开目前基站的服务范围，就无须转换。这种状态之所以发生，可能是因为工作站并未移动，或是仍在目前所连接基站的基本服务区域中移动。

2）BSS 转换：工作站持续监控来自所有基站的信号强度与信号品质。在延伸服务区域中，802.11 提供了 MAC 层次的移动性。附接至“传输系统”的工作站，可以将所送出的帧，定位到某部移动式工作站的 MAC 地址，并让基站充当该移动式工作站的最终转运点（Final Hop）。传输系统上的工作站无须知道某部移动式工作站的确切位置，只要该移动式工作站位于同样的服务区域。

图 2-10 展示了 BSS 转换的过程。本图有 3 部基站被赋予相同的 ESS。开始时，以 t=1 表示，配备 802.11 无线网卡的笔记本式计算机，位于 AP1 的基本服务区，并与 AP1 处于连接状态。当该笔记本式计算机离开 AP1 的基本服务区，并于 t=2 进入 AP2 的范围时，就发生所谓的 BSS 转换。该移动式工作站会使用重新连接服务与 AP2 连接，而 AP2 会开始送出帧给该移动工作站。

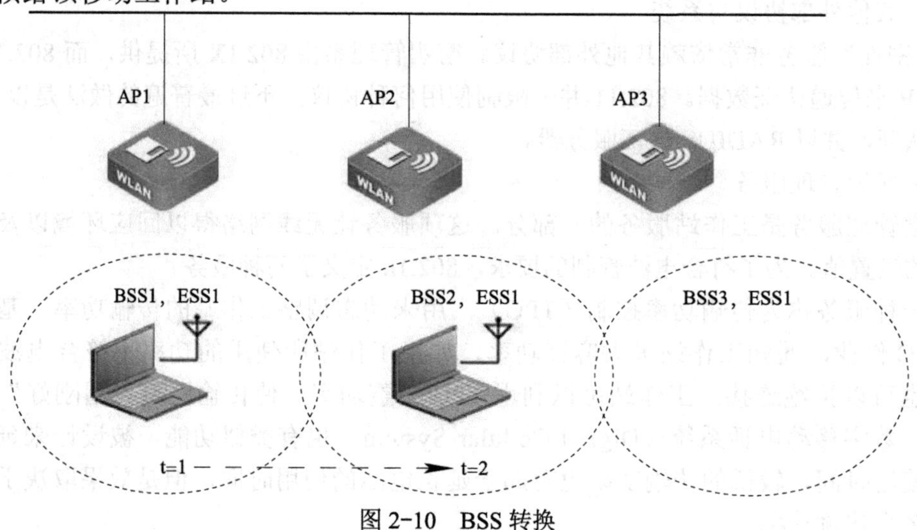

图 2-10　BSS 转换

BSS 转换必须通过基站彼此合作。在上述状况下，AP2 必须通知 AP1 该移动式工作站现在已经与 AP2 连接。802.11 并未规范 BSS 转换过程中基站之间如何通信的细节。值得注意的是，即使这两部基站隶属于同一个延伸组合，它们之间却可能是由一部路由器所连接，即受限于第三层协议。在这种情况下，仅使用 802.11 协议并无法保证可以达到无间隙漫游。

3）ESS 转换：指从某个 ESS 移动至另一个 ESS。802.11 并未支持此类转换，不过允许工作站在离开第一个 ESS 的范围之后，与第二个 ESS 里的基站连接。可以确定的是，较上层的连接必然会因此而断线。比较正确的说法是，802.11 所支持的 ESS 转换，仅能够让工作站比较容易与新的“延伸服务区域”基站连接。要能够维持较高层次的连接，必须得到协议族的支持。以 TCP/IP 为例，要支持无间隙的 ESS 转换，必须使用 Mobile IP。图 2-11 展示了 ESS 的转换过程。图 2-11 中，4 个基本服务区组成了两个延伸服务区。目前尚未支持从左边的 ESS 无间隙地转换至右边的 ESS。之所以支持 ESS 转换，是因为移动式工作站会立即与第二个 ESS 里的基站连接。只要离开第一个 ESS 的范围，任何作用中的网络连接都会随之断线。

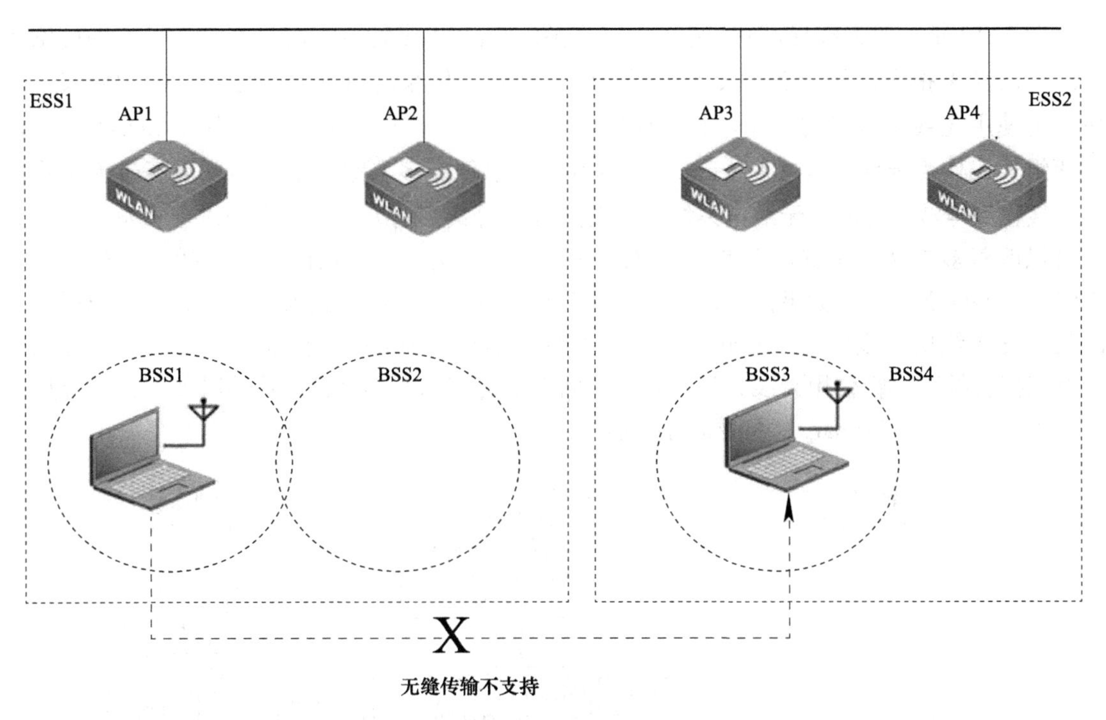

图 2-11 ESS 转换

（9）移动性网络设计

在设计上，绝大多数网络都采用一组基站访问一组资源的方式。同一组管理的所有基站均会被赋予相同的 SSID，使用无线网络时，工作站就以此 SSID 进行连接。

工作站四处移动时，除了持续监视网络连接状态，也会在不同基站间进行切换。802.11 可以确保工作站经过不同基站时维持连接。虽然这些基站属于同一个 SSID，但是网络设计人员在组建网络时必须将移动性纳入考虑。较小的网络通常是由单一的 VLAN、单一的网络所构成，这时就不必担心移动性问题。跨网段的较大网络则必须使用额外技术，能够支持移动性。有些产品仅支持单一的 VLAN，工作站不论身在何处均连接到相同的 VLAN。较新的产品甚至会根据身份认证数据为工作站动态指定 VLAN。因此不论置身何处，只要使用者连接，就会被引到相同的 VLAN；这类交换式网络只会要求无线局域网络设备必须正确标识帧。有些产品支持 Mobile IP 标准，或者自创不同的 VPN 技术。

事实上，ESS 转换相当罕见，通常只发生在使用者离开某个区域，进入另一个区域时（例如，某个 Hot Spot 的公司网络）。此时，两个网络可能使用不同的 IP 地址，两者之间也不存在信赖关系，不足以在不中断网络连接的情况下无间隙地移动工作站。

2.3.3 802.11 的硬件

本部分主要探讨标准中未曾明确规定的事项。例如，标准在硬件上如何实现？在协议的实现上，有哪些地方是标准允许自行斟酌的？对网管人员而言，这又代表什么意义？

图 2-12 是一般无线局域网络接口的方块图。这并不是特定厂商的产品，只作为讨论网卡结构的参考指南。网卡必须实现底层的硬件以及操作系统所需要的链路层控制协议。就像其他使用无线电技术的产品，无线局域网络接口中同样内含天线。大多数 802.11 架构使用两组天线作为天线分集（Antenna Diversity），以便在多重路径干扰的环境下改善接收情况。接收到电波信号时，无线电系统会自动选择信号最强的天线，用它来进行收发。天线分集可以改善多重路径干扰，即使信号微弱是因为多重信号所造成的自相干扰，至少有一支天线可以接收到信号。如果信号微弱是因为距离太远所造成的，则天线分集就不起作用了，因为两支天线所接收到的信号同等微弱。天线分集有各种类型，目前最常见的实现方式是只有在接收帧时才会使用天线分集。几乎市面上所有产品都不会在传输帧时使用天线分集，仅使用“主要”（Primary）天线进行传输。

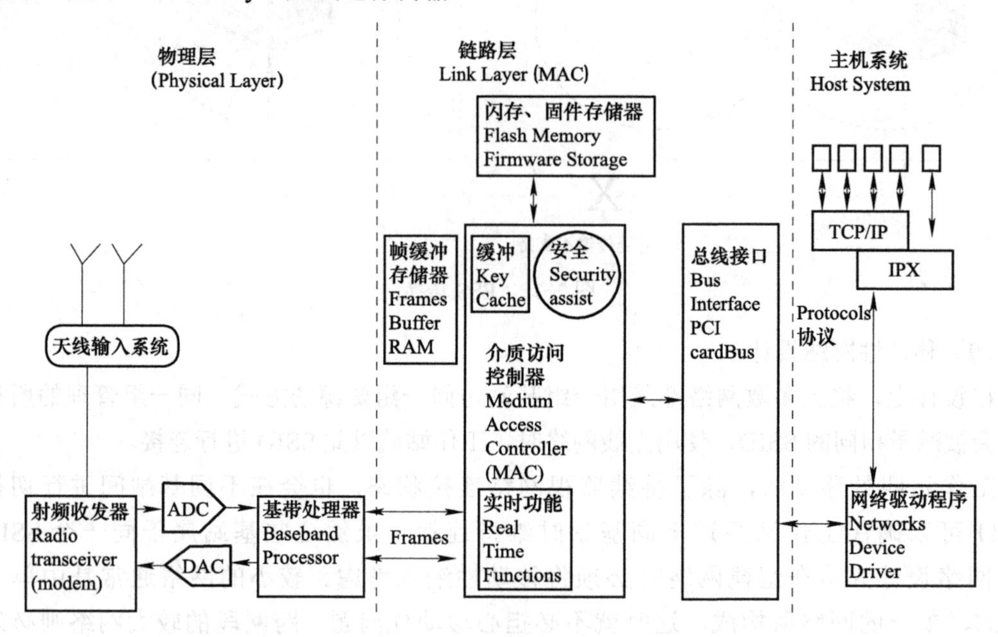

图 2-12　通用网卡结构

天线将电波信号传给收发器。以数据通信常用的调制解调器（Modem）来类比，收发器（Transreceiver）有时也被称为无线电调制解调器（Radio Modem）。收发器使用放大器（Amplifier）来强化对外传送的信号或者将接收到的信号放大，以便进行后续的处理。无线电收发器还会通过从高频载波中取出信元的方式，将高频信号转换成比较容易处理的信号。收发系统通常需要加以屏蔽，防止高频信号干扰其他系统元件。这就是为什么无线硬件表面通常会有一层金属屏蔽，占据整个表面不少面积。

收发器之后是基频处理器（Baseband Processor），它是无线局域网络系统中，数字与模拟器件之间的接口。将位元转换成无线电波称为调制（Modulation）；反之则称为解调（Demodulation）。基频处理器负责处理复杂的展频调制以及检测实体载波。当所接受到的电波能量超过一定的门栏时，基频处理器就会加以解调。目前，无线局域网络可以使用多种不同的解调技术。802.11b 工作站之所以无法察觉 802.11g 的传输状态，原因之一在于其所使用的旧式基频处理器无法解调 OFDM 信号。

介质访问控制器（Medium Access Controller，MAC）是整个界面的核心，负责从主机操作系统的网络协议栈中取出所接收到的数据帧，以及决定何时通过天线将数据帧送出去。MAC 会通过系统接口层从操作系统取得数据帧。大多数无线局域网络接口采用的是 CardBus 标准，有些则是使用 Mini-PCI-MAC 另外一端与基频处理器相连，由它传送数据帧给无线电系统。

MAC 可能必须同时处理许多数据帧，它可以申请少许 RAM 缓冲区，暂存这些正在处理的数据帧。之所以要对数据帧进行处理，最常见的原因是为了让主机操作系统摆脱保安处理作业的负担。具备保安处理功能的 MAC 可以从驱动程序接收准备以特定密钥加密的数据包。不必在传送数据帧之前通过系统的主 CPU 进行加密。MAC 中通常内建密钥块区用来储存密钥。传送之前，驱动程序会将数据帧置于队列中，同时指定以“key1”进行加密，随后操作系统就可以将加密的重担交付给 MAC。旧式的 MAC 芯片有能力处理 WEP 所使用的 RC4 加密，升级后也可以处理 TKIP，新型的 MAC 芯片，可以在硬件中进行 AES 加密。

除了用来暂存数据帧的 RAM 缓冲区，大多数接口还会使用少许的内存来为 MAC 储存软件。供电之后，MAC 就会从闪存中取出程序并加以执行。若要实现类似 TKIP 的新式安全协议，只要将新的软件写入闪存中，然后重新启动 MAC 即可。相较于不易变更的特殊应用集成电路（Application-Specific Integratedcircuits，ASIC），遇到 802.11 这类变动快速的协议时，使用软件只需要搭配一般的通用型处理器就行了，这对开发提供了不少帮助。大部分 802.11 MAC 芯片，实际上就是一般的通用型微处理器。

实现上，有些 MAC 会针对需要立即回应的项目提供一个“即时”（Real-Time）单元。如此一来，这类数据帧就可以由 MAC 自动产生，不需交由主机操作系统回应相关的省电轮询（Power-Save Polling）任务或者传送应答信息。有些系统则是将这类即时功能交付基频处理器处理（目前 MAC 与基频处理器通常已经整合为单芯片，因此这种区别就无关紧要了）。

图 2-12 的方块图只作为参考之用。为了降低成本与复杂度，有些系统会使用将 MAC 与基频处理器整合在一起的单芯片。有些解决方案甚至会将无线电收发器也整合进去。使用 Atheros 芯片组的界面不须再使用额外的闪存来存放软件，因为 Atheros 芯片是在驱动程序启动 MAC 时才载入程序代码。软件通常是指储存于硬件中的程序代码。Atheros 设备可以通过系统软件进行编程。

市场上有 3 家主要芯片组厂商。依字母顺序，分别是：

（1）Atheros

大多数包含 802.11a 的接口均会采用 Atheros 芯片组。有些 802.11g 设备也会采用 Atheros 芯片组。

（2）Broadcom

目前，大多数非 Centrino 的内建 802.11g 接口均会采用 Broadcom 的 802.11g 芯片组。Apple 的 AirPort Extreme 也是这样的。

（3）Intel（Centrino）

许多笔记本式计算机内建的无线局域网络界面均会使用 Intel 的 Centrino。技术上而言，Centrino 乃是泛指一整组 Intel 芯片的行销名词，其中也包含系统 CPU。例如，Intel/PRO2200 网卡即为 Centrino 802.11g 界面。

知道网卡采用何种芯片组十分有用。大多数芯片组厂商均会提供参考设计（俗称公版）给客户。参考设计通常包含软硬件。802.11 网卡制造商拿到参考设计后，只要稍微（或根本不用）修改，为产品贴上新的标签就可以开始销售。很少有网卡厂商会大幅修改驱动程序，通常只是将公版驱动程序重新包装。当然，每家厂商的口碑与评价不一。有些经常更新驱动程序，有些则否。知道网卡的芯片组由谁提供，比较容易取得公版驱动程序，或者使用相同芯片组的网卡所提供的最新驱动程序。当然，要为开放源码操作系统找到可用的正确驱动程序，必定要先知道网卡使用何种芯片组。

（1）进一步认识网卡：FCC 文档

802.11 接口属于主动式辐射设备（Intentional Radiator）。在设计上，802.11 界面本身会主动发射无线电波，因此不能仅符合电磁幅射管制的标准限制。主动式幅射设备必须送测，并且要符合各国的管制规定，因此需要很多文件作业。

在美国，无线电设备是由 FCC 所管辖的，无线电波传输设备必须经过测试并且符合 FCC 法规。在合法销售设备之前，必须取得检验编号。看看各位手上的网卡，就可以找到上面的 FCC ID。FCC ID 分为两个部分：前 3 个字母称为授权单位代码（Grantee Code），之后的字符称为产品码（Product Code），最多可达 14 个字符。每个组织有不同的授权单位代码（授权单位代码也许以空白或破折号分隔，也许没有）。例如，Lucent 金卡的 FCC ID 是 IMR-WLPCE24H。其中，IMR 是 Lucent 的授权单位代码，WLPCE24H 则是该金卡专属的产品代码。

作为测试程序的一部分，厂商必须提出测试报告、产品照片以及其他文件，这些文件将被公开登录建档。要查询网卡的相关信息，可以到 FCC 工程技术局（Office of Engineering Technology）所维护的网站查询。

要知道某张网卡使用何种驱动程序，FCC ID 十分有用。大多数产品均会提供内部照片，可以由此得知该产品使用何种芯片组。譬如你手上有张 Proxim a/b/g 三合一金卡，想知道它采用何种芯片。只要在 FCC 的数据库搜寻它的 ID（HZB-8460），就可以看到该网卡的内部照片，主板上清楚显示该网卡使用的是 Atheros 芯片组。

（2）实现上的差异

802.11 并非严格的标准。标准的某些部分比较宽松，留给实现上相当大的空间。大部分实现的产品都上市不久，有时会有出人意外的行为。曾经有人测试，使用几部相同的计算机、相同的操作系统，也使用完全相同的无线局域网络硬件与相同版本的驱动程序。虽然位于相同的地点，各台计算机的配置设置也完全相同，表现上还是会出现显著的差异。

（3）重新启动网卡

802.11 是个复杂的协议，何况它还附带许多选项。使用最新的协议，通常可以发现最新的软件瑕疵。802.11 接口使用通用型微处理器来执行软件。网卡如果出现问题，就可以通过“重新启动”（Rebooting）来清除储存在 MAC 处理器中任何协议的状态。外接式网卡可以通过插拔（Removing And Re-inserting）加以重置；内建的网卡必须通过系统软件以冷开机（Power Cycling）的方式重新启动。只是重载驱动程序并没有用，因为目的是要清除无线局域网络接口中所有状态。要排除无法正常运作的问题。也许必须重新启动网卡。如果有以下情况发生，首要步骤就是重启网卡。

用户端系统已经连接，但无法收送数据。如果为加密网络，则问题通常出在加密密钥没有同步上。这个问题通常出现在漫游时，因为基站之间的任何变动均会导致密钥重新发送。

看不到扫描结果。如果确定附近有网络存在，但用户端软件却无法显示，则可能是这张网卡正处于无法提供扫描结果的状态。

发生一连串身份认证 / 连接失败的现象。当网络被列在“偏好”（Preferred）连接名单中，但用户端系统软件所处的状态使其无法连接成功时，就会进行一连串的重试动作。

（4）扫描与漫游

在搜寻可连接网络以及判定是否切换基站方面，每张网卡的表现不尽相同。802.11 未限制用户端设备如何决定是否切换基站，而且不允许基站以任何直接的方式影响用户端设备的决定。大多数用户端系统以信号强度或品质作为主要依据，并试图与信号最强的基站进行连接。

大多数网卡会随时监测所收到帧的信噪比，并以目前所使用的数据传输率，判定何时应该漫游到新的基站。如果数据传输率已经很慢且信噪比又低，则用户端系统就会开始寻找其他基站。有些用户端系统会尽量拖延切换的时间，部分是因为寻找其他基站的过程需要转换到其他频道，因此会有连接中断的情况发生。占用某部基站不放的用户端系统，一旦连接到某部基站，它就与之一直连接，就算用户端系统距离基站越来越远，而且信号强度持续滑落，也不会开始进行漫游程序，直到几乎收不到信号为止。

802.11 的漫游机制，完全取决于用户端的决定。何时何地送出联合请求信息帧，完全取决于用户端系统的驱动程序与软件，对此 802.11 完全没有任何限制。就算用户端决定与信号最差的基站连接，虽然是不好的做法，却仍旧符合 802.11 的规范（由此产生的后果，就是为了解决问题而更新驱动程序，也会出乎意料地改变用户端系统的漫游行为）。基站中并没有相关的协议任务可以影响用户端该于何处连接及离开。如何设计出更好的漫游技术将成为 802.11 的首要任务。借用 Milton Friedman 的话：不论何时何地，漫游均属用户端现象（Roaming is always and everywhere a client phenomenon）。

（5）速率的选择

802.11 为各种速率需求制定了基本规则，但是将速率选择算法留给接口上所执行的软件自行决定。一般而言，界面在降速之前会试着以较高的速度传送几次。这部分只能算是普通常识。同样传送 1500 位元组数据的数据帧，以 11Mbit/s 传送比 1Mbit/s 快上 8 倍，就算启动防护机制，以 54Mbit/s 的 802.11g 传送也将快上 20 倍（如果不用防护机制，甚至快上 40 倍）。如果因为偶发状况造成数据帧损毁，在接受降速的惩罚之前当然应该试着重传几次。

降速演算法通常十分类似。重传帧数次仍然失败，则退而使用较低速率。大部分网卡一次只降一级，直至收到回应为止，虽然没有规定必须如此。如果刚开始遇到问题就降至最低速，也算是有效的速率选择算法。升速算法的运作方式刚好相反。如果接收到“些许”数据帧的信噪比优于目前速率所需，接口就可以考虑向上升速一级。

（6）解读规格表

早期有关 802.11 设备的测试通常将焦点放在传输距离（Range）与传输量（Throughput），因为其他没有什么好测量的。在某些环境，传输距离会是一项重要的因素。传输距离多少，部分可以从网卡规格表加以判定。

大致上，传输距离是接收灵敏度（Receiver Sensitivity）的函数。所谓接收灵敏度，是指接收器能够正确将信号转换为数据的最微弱信号。灵敏度愈高，传输距离就愈长（提高灵敏度也有助于改善其他效能，不过传输距离是最便于讨论的一个）。

大多数厂商将焦点摆在改善效能上，成果发表时（如 Atheros 的 XR 与 Broadcom 的

BroadRange）也颇为自豪。

不过，并非所有厂商都会提供完整的规格表。其中，Cisco 就揭露了相当多的信息；对所支持的每个频段，Cisco 提供了各个数据率的接收灵敏度（这张网卡在 5GHz 的效能稍微受到频率的影响）。许多厂商只提供所支持的数据率，完全没有提到灵敏度。

（7）灵敏度比较

以下就以几种常见的 802.11b 网卡为例，比较它们的灵敏度。灵敏度是由 802.11 硬件层所决定的。以直接序列而言，它被定义为：接收 1024 位元组的数据帧时，数据帧错误率（frameerror rate）为 8% 的接收功率。标准要求 11Mbit/s 的灵敏度需为 –76dBm 或者更佳，2Mbit/s 则是 –80dBm，灵敏度的数值愈低愈好，因为这表示网卡可以接收到比规定更微弱的信号。

表 2-2 所显示的灵敏度报告取自各家的规格表与使用手册，其中包括 4 种著名的 802.11b 网卡以及一片较新的 a/b/g 网卡。Cisco 的 Aironet 350 在微弱信号的处理上有不错的评价，这点完全可以从以下数据得到佐证。在 11Mbit/s，它可以接收到比 Orinoco 网卡弱一半比 Microsoft 网卡弱上 3/4 的信号。不过，科技的进展已经使得高位元率的灵敏度有所改善。所有上一代的网卡，均无法与采用 Atheros 芯片的 Cisco 三模（Tri-mode）网卡相比。

表 2-2　不同网卡灵敏度对比

（单位：dBm）

Card	11 Mbit/s	5.5 Mbit/s	2 Mbit/s	1 Mbit/s
Cisco Aironet 350	–85	–89	–91	–94
Orinoco Gold（Hermes）	–82	–87	–91	–94
Linksys WPC11（Prism）	–82	–85	–89	–91
Microsoft MN-520	–80	–83	–83	–83
Cisco CB-21（a/b/g）；802.11b performance only	–90	–92	–93	–94

（8）延迟范围

当无线电波遇到物体时，接收端就会汇聚许多折射或反射波。最早与最后到达的两个波之间的时间差称为延迟范围（Delay Spread）。接收端可以在杂讯中检拾信号，前提是延迟范围不能超过限度。有些厂商会在规格中列出最大迟延范围。表 2-3 列出了 3 种网卡的迟延范围。

表 2-3　不同网卡延迟时间对比（in ns）

（单位：ns）

Card	11 Mbit/s	5.5 Mbit/s	2 Mbit/s	1 Mbit/s
Cisco Aironet 350	140	300	400	500
Orinoco Gold（Hermes）	65	225	400	500
Cisco CB-21（a/b/g）；802.11b performance only	130	200	300	350

迟延范围较大的网卡能够处理较严重的多重路径干扰。相较于采用 Hermes 芯片组的网卡，Cisco Aironet 350 网卡可以容许两倍以上的迟延时间。

2.4　MESH

无线 MESH 网络，由 MESH Routers（路由器）和 MESH Clients（客户端）组成，其中

MESH Routers 构成骨干网络，并和有线的 Internet 相连接，负责为 MESH Clients 提供多跳的无线 Internet 连接。无线 MESH 网络（无线网状网络）也称为“多跳”（multi-hop）网络，它是一种与传统无线网络完全不同的新型无线网络技术。

在传统的无线局域网（WLAN）中，每个客户端均通过一条与 AP（Access Point）相连的无线链路来访问网络，形成一个局部的 BSS（Basic Service Set）。用户如果要进行相互通信，则必须首先访问一个固定的接入点（AP），这种网络结构被称为单跳网络。而在无线 Mesh 网络中，任何无线设备节点都可以同时作为 AP 和路由器，网络中的每个节点都可以发送和接收信号，每个节点都可以与一个或者多个对等节点进行直接通信。这种结构的最大好处在于如果最近的 AP 由于流量过大而导致拥塞，那么数据可以自动重新路由到一个通信流量较小的邻近节点进行传输。以此类推，数据包还可以根据网络的情况，继续路由到与之最近的下一个节点进行传输，直到到达最终目的地为止。这样的访问方式就是多跳访问。

其实人们熟知的 Internet 就是一个 MESH 网络的典型例子。例如，当发送一份 E-mail 时，电子邮件并不是直接到达收件人的信箱中，而是通过路由器从一个服务器转发到另外一个服务器，最后经过多次路由转发才到达用户的信箱。在转发的过程中，路由器一般会选择效率最高的传输路径，以便能够尽快到达用户的信箱。

与传统的交换式网络相比，无线 MESH 网络去掉了节点之间的布线需求，但仍具有分布式网络所提供的冗余机制和重新路由功能。在无线 MESH 网络里，如果要添加新的设备，只需要简单地接上电源就可以了，它可以自动进行自我配置，并确定最佳的多跳传输路径。添加或移动设备时，网络能够自动发现拓扑变化，并自动调整通信路由，以获取最有效的传输路径。

与传统的 WLAN 相比，无线 MESH 网络具有几个无可比拟的优势：

1）安装 MESH 节点非常简单，将设备从包装盒里取出来，接上电源就行了。由于极大地简化了安装，用户可以很容易增加新的节点来扩大无线网络的覆盖范围和网络容量。在无线 MESH 网络中，不是每个 MESH 节点都需要有线电缆连接，这是它与有线 AP 最大的不同。MESH 的设计目标就是将有线设备和有线 AP 的数量降至最低，因此大大降低了总拥有成本和安装时间，仅这一点带来的成本节省就是非常可观的。无线 MESH 网络的配置和其他网管功能与传统的 WLAN 相同，用户使用 WLAN 的经验可以很容易应用到 MESH 网络上。

2）利用无线 MESH 技术可以很容易实现 NLOS 配置，因此在室外和公共场所有着广泛的应用前景。与发射台有直接视距的用户先接收无线信号，然后将接收到的信号转发给非直接视距的用户。按照这种方式，信号能够自动选择最佳路径不断从一个用户跳转到另一个用户，并最终到达无直接视距的目标用户。这样，具有直接视距的用户实际上为没有直接视距的邻近用户提供了无线宽带访问功能。无线 MESH 网络能够非视距传输的特性大大扩展了无线宽带的应用领域和覆盖范围。

3）实现网络稳定性通常的方法是使用多路由器来传输数据。如果某个路由器发生故障，则信息由其他路由器通过备用路径传送。E-mail 就是这样一个例子，邮件信息被分成若干数据包，然后经多个路由器通过 Internet 发送，最后再组装成到达用户收件箱里的信息。MESH 网络比单跳网络更加健壮，因为它不依赖于某一个单一节点的性能。在单跳网络中，如果某一个节点出现故障，整个网络也就随之瘫痪。而在 MESH 网络结构中，由于每个节点都有一条或几条传送数据的路径。如果最近的节点出现故障或者受到干扰，则数据包将自动路由到备用路径继续进行传输，整个网络的运行不会受到影响。

4）在单跳网络中，设备必须共享 AP。如果几个设备要同时访问网络，则可能产生通信拥塞并导致系统的运行速度降低。而在多跳网络中，设备可以通过不同的节点同时连接到网络，因此不会导致系统性能的降低。

MESH 网络还提供了更大的冗余机制和通信负载平衡功能。在无线 MESH 网络中，每个设备都有多个传输路径可用，网络可以根据每个节点的通信负载情况动态地分配通信路由，从而有效地避免了节点的通信拥塞。而单跳网络并不能动态地处理通信干扰和接入点的超载问题。

5）无线通信的物理特性决定了通信传输的距离越短就越容易获得高带宽，因为随着无线传输距离的增加，各种干扰和其他导致数据丢失的因素随之增加。因此选择经多个短跳来传输数据将是获得更高网络带宽的一种有效方法，而这正是 MESH 网络的优势所在。

在 MESH 网络中，一个节点不仅能传送和接收信息，还能充当路由器对其附近节点转发信息，随着更多节点的相互连接和可能的路径数量的增加，总的带宽也大大增加。

此外，因为每个短跳的传输距离短，传输数据所需要的功率也较小。既然多跳网络通常使用较低功率将数据传输到邻近的节点，节点之间的无线信号干扰也较小，网络的信道质量和信道利用率大大提高，因而能够实现更高的网络容量。比如，在高密度的城市网络环境中，MESH 网络能够减少使用无线网络的相邻用户的相互干扰，大大提高信道的利用效率。

6）MESH 无线网络是一把双刃剑。无线 MESH 网络可以延伸无线局域网的基础设施到无法为一个接入点配备电缆的地方，但是这样做也付出了回程链路吞吐量下降的代价，对于连接到 MESH 网状无线网络接入点的客户端也一样。除此之外，在远端还是需要电力支持。例如，公交车站已经有了电力支持，而且对于加热器控制面板的管理几乎不需要带宽。公交车站的接入点将不会给 Wi-Fi 客户端提供服务。相反，它具有自己的 RJ-45 端口，可启用并配置提供加热器所需要的虚拟局域网。

如图 2-13 所示，节点 A 的无线网桥通过无线网络连接节点 C，节点 C 通过无线网络连接节点 D 和节点 E，节点 A 为根 MESH，节点 C、D、E 等为 MESH 点，节点 B 为备用根 MESH，当节点 A 关机时，节点 B 自动接管 MESH 网络，其他的节点 C、D、E 自动与其通信，组成 MESH 网络。

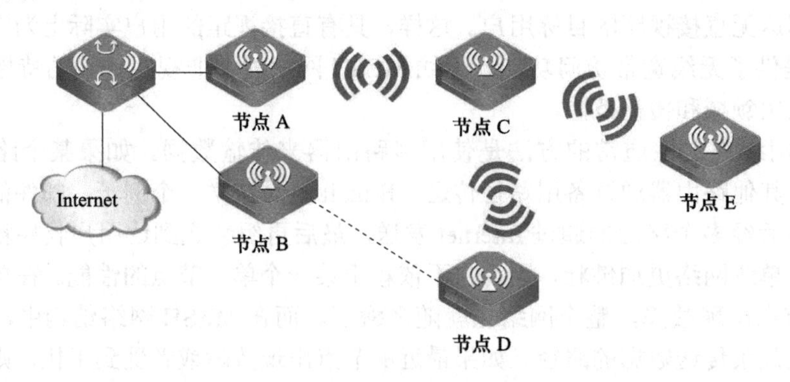

图 2-13　MESH 示意图

第 3 章　无线网络附件介绍

3.1　WLAN 天线

无线电发射机输出的射频信号功率，通过馈线（电缆）输送到天线，由天线以电磁波形式辐射出去。电磁波到达接收点后，由天线接收下来（仅接收很小一部分功率），并通过馈线送到无线电接收机。可见，天线是发射和接收电磁波的一个重要的无线电设备，没有天线也就没有无线电通信。天线工作示意图如图 3-1 所示。

天线品种繁多，以供不同频率、不同用途、不同场合、不同要求等不同情况下使用。

对于众多品种的天线，进行适当的分类是必要的：按用途分类，可分为通信天线、电视天线、雷达天线等；按工作频段分类，可分为短波天线、超短波天线、微波天线等；按方向性分类，可分为全向天线、定向天线等；按外形分类，可分为线状天线、面状天线。

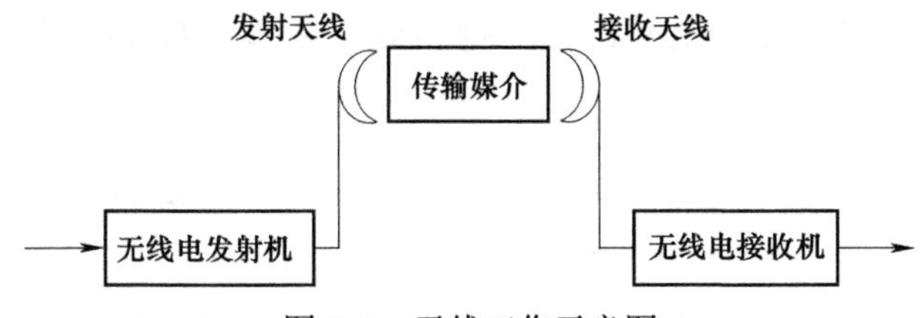

图 3-1　天线工作示意图

3.1.1　天线基础

（1）电磁波的辐射

导线上有交变电流时，就可以发生电磁波的辐射，辐射的能力与导线的长度和形状有关。若两导线的距离很近，电场被束缚在两导线之间，因而辐射很微弱，如图 3-2a 所示；将两导线张开，电场就散播在周围空间，因而辐射增强，如图 3-2b 所示。

必须指出，当导线的长度 L 远小于波长 λ 时，辐射很微弱；导线的长度 L 增大到可与波长相比拟时，导线上的电流将大大增加，因而就能形成较强的辐射。

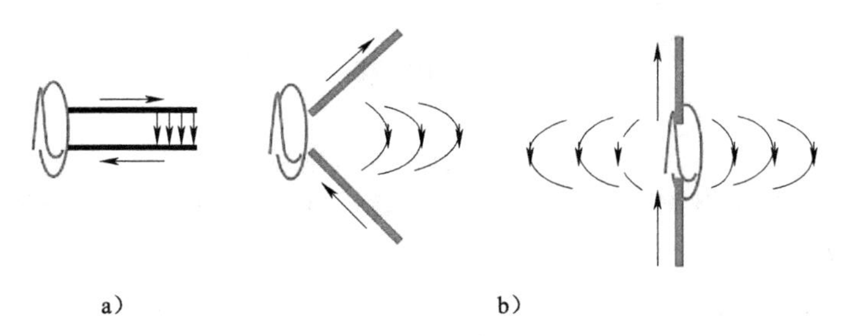

a）　b）

图 3-2　电磁波辐射示意图

（2）天线方向性

发射天线的基本功能之一是把从馈线取得的能量向周围空间辐射出去，基本功能之二是把大部分能量朝所需的方向辐射。垂直放置的半波对称振子具有平放的“面包圈”形的立体方向图（见图 3-3a）。立体方向图虽然立体感强，但绘制困难，图 3-3b 与图 3-3c 给出了它的两个主平面方向图，平面方向图描述天线在某指定平面上的方向性。从图 3-3b 可以看出，在振子的轴线方向上辐射为零，最大辐射方向在水平面上；而从图 3-3c 可以看出，在水平面上各个方向上的辐射一样大。

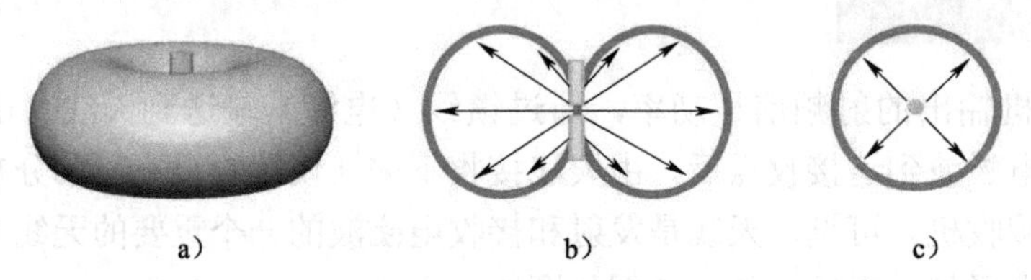

图 3-3　天线方向性示意图

a）立体方向图　b）垂直面方向图　c）水平面方向图

（3）天线方向性增强

若干个对称振子组阵，能够控制辐射，产生“扁平的面包圈”，把信号进一步集中在水平面方向上。

图 3-4 是 4 个半波对称振子沿垂线上下排列成一个垂直四元阵时的立体方向图和垂直面方向图。

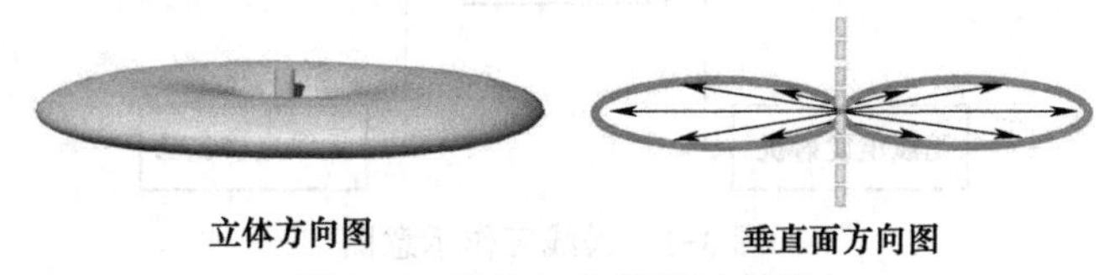

图 3-4　天线方向增强示意图

也可以利用反射板把辐射控制到单侧方向。平面反射板放在阵列的一边构成扇形区覆盖天线。图 3-5 说明了反射面的作用—— 反射面把功率反射到单侧方向，提高了增益。抛物反射面的使用，更能使天线的辐射，像光学中的探照灯那样，把能量集中到一个小立体角内，从而获得很高的增益。不言而喻，抛物面天线的构成包括两个基本要素：抛物反射面和放置在抛物面焦点上的辐射源。

图 3-5　反射板方向增强

a）全向阵（垂直阵列，不带平面发射板）　b）扇形区覆盖（垂直阵列，带平面发射板）

（4）天线的增益

增益是指：在输入功率相等的条件下，实际天线与理想的辐射单元在空间同一点处所产生的信号的功率密度之比。

它定量地描述一个天线把输入功率集中辐射的程度。增益显然与天线方向图有密切的关系，方向图主瓣越窄，副瓣越小，增益越高。可以这样来理解增益的物理含义—— 为在一定的距离上的某点处产生一定大小的信号，如果用理想的无方向性点源作为发射天线，需要 100W 的输入功率，而用增益为 G=13dB=20 的某定向天线作为发射天线时，输入功率只需 100/20=5W。

换言之，某天线的增益，就其最大辐射方向上的辐射效果来说，是与无方向性的理想点源相比把输入功率放大的倍数。

（5）波瓣宽度

方向图通常都有两个或多个瓣，其中辐射强度最大的瓣称为主瓣，其余的瓣称为副瓣或旁瓣。在主瓣最大辐射方向两侧，辐射强度降低 3dB（功率密度降低一半）的两点间的夹角定义为波瓣宽度（又称波束宽度或主瓣宽度或半功率角），如图 3-6a 所示。波瓣宽度越窄，方向性越好，作用距离越远，抗干扰能力越强。

还有一种波瓣宽度，即 10dB 波瓣宽度，顾名思义它是方向图中辐射强度降低 10dB（功率密度降至十分之一）的两个点间的夹角，如图 3-6b 所示。

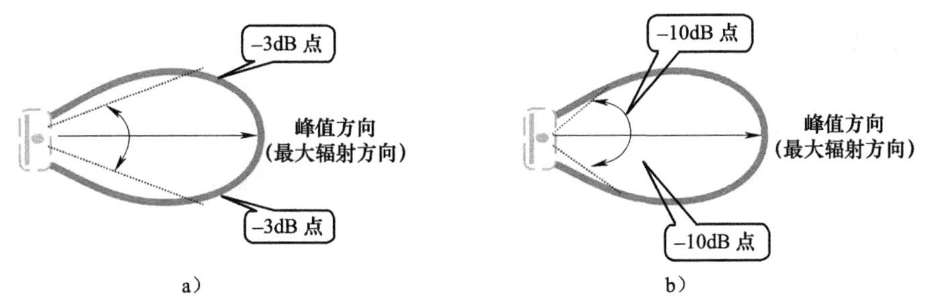

图 3-6　波瓣宽度示意图

a）3dB 波瓣宽度　b）10dB 波瓣宽度

（6）前后比

方向图中，前后瓣最大值之比称为前后比，记为 F/B，如图 3-7 所示。前后比越大，天线的后向辐射（或接收）越小。前后比 F/B 的计算十分简单：F/B=10lg{（前向功率密度）/（后向功率密度）}。对天线的前后比 F/B 有要求时，其典型值为（18 ～ 30）dB，特殊情况下要求达（35 ～ 40）dB。

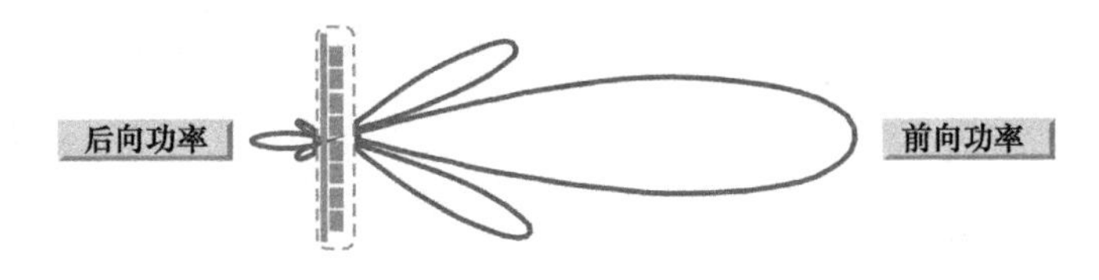

图 3-7　前后比示意图

（7）上旁瓣抑制

对于基站天线，人们常要求它的垂直面（即俯仰面）方向图中，主瓣上方第一旁瓣尽可能弱一些。这就是所谓的上旁瓣抑制，如图 3-8 所示。基站的服务对象是地面上的移动电话用户，指向天空的辐射是毫无意义的。

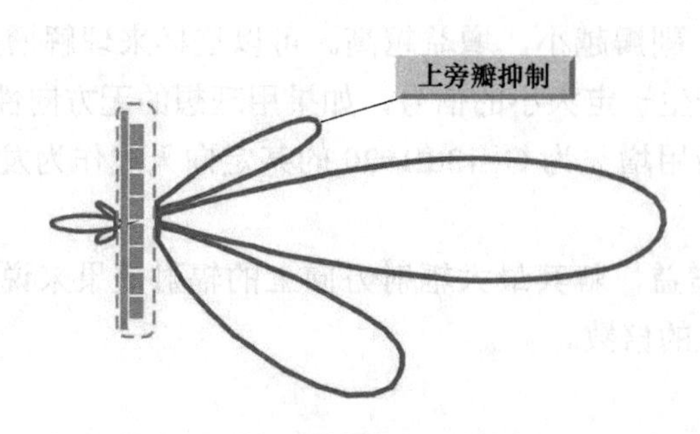

图 3-8　上旁瓣抑制示意图

（8）天线的下倾

为使主波瓣指向地面，安置时需要将天线适度下倾。

（9）天线的极化

天线向周围空间辐射电磁波。电磁波由电场和磁场构成。人们规定：电场的方向就是天线极化方向。一般使用的天线为单极化的。图 3-9 所示为两种基本的单极化的情况：垂直极化和水平极化。

图 3-9　天线极化示意图

（10）双极化天线

图 3-10 所示为另两种单极化的情况：+45° 极化与 -45° 极化，它们仅在特殊场合下使用。

图 3-10　双 45° 极化示意图

这样，共有 4 种单极化。把垂直极化和水平极化两种极化的天线组合在一起，或者把 +45° 极化和 -45° 极化两种极化的天线组合在一起，就构成了一种新的天线—— 双极化天线，如图 3-11 所示。

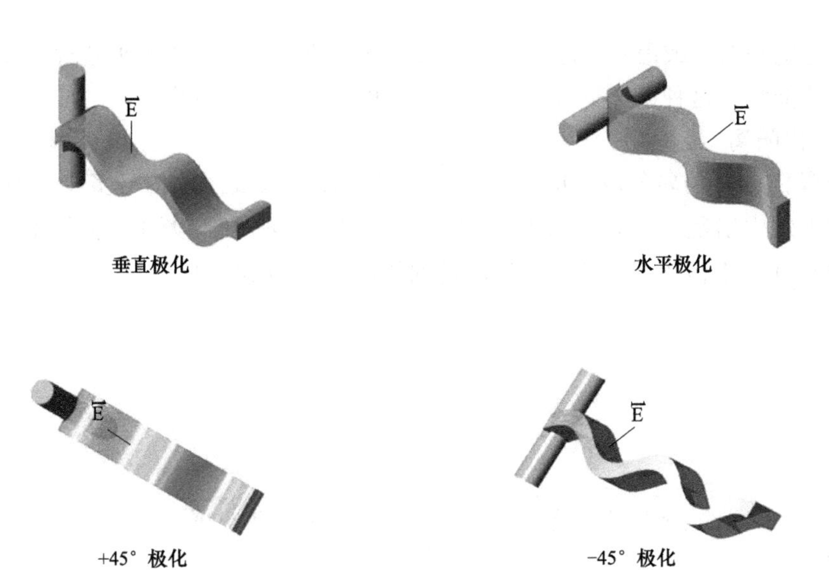

图 3-11　双极化天线

图 3-12 给出了两个单极化天线安装在一起组成一付双极化天线。注意，双极化天线有两个接头。

双极化天线辐射（或接收）两个极化在空间相互正交（垂直）的波。

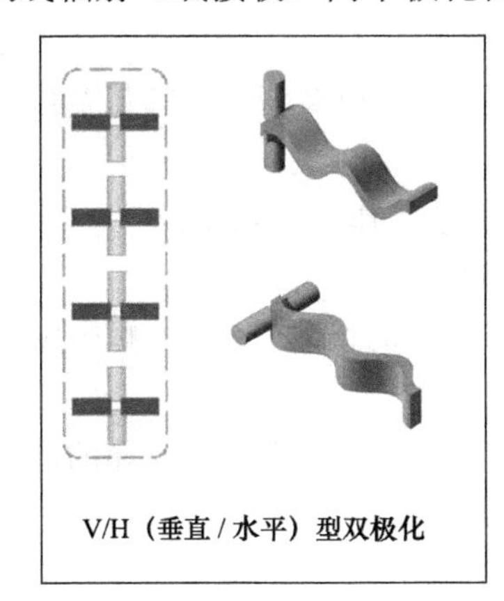

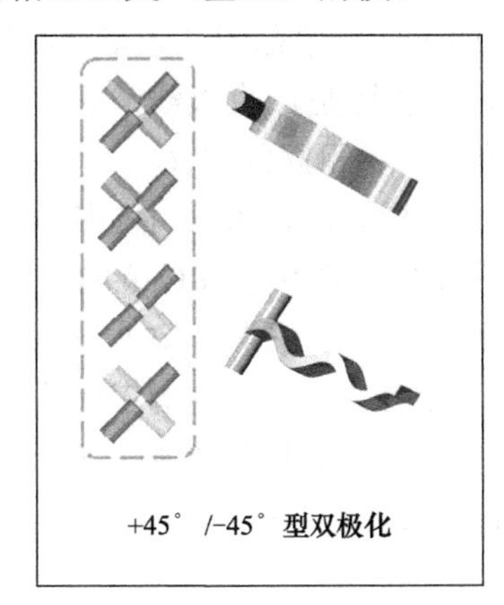

图 3-12　双极化天线示意图

（11）极化损失

垂直极化波要用具有垂直极化特性的天线来接收，水平极化波要用具有水平极化特性的天线来接收。右旋圆极化波要用具有右旋圆极化特性的天线来接收，而左旋圆极化波要用具有左旋圆极化特性的天线来接收。

当来波的极化方向与接收天线的极化方向不一致时，接收到的信号都会变小，也就是说，发生极化损失。例如，当用 +45° 极化天线接收垂直极化或水平极化波时，或者当用垂直极化天线接收 +45° 极化或 -45° 极化波时，都要产生极化损失。用圆极化天线接收任一线极化波，或者用线极化天线接收任一圆极化波等情况下，也必然发生极化损失—— 只能接收到来波的一半能量。

当接收天线的极化方向与来波的极化方向完全正交时，例如，用水平极化的接收天线接收垂直极化的来波，或用右旋圆极化的接收天线接收左旋圆极化的来波时，天线就完全接收不到来波的能量，这种情况下极化损失最大，称为极化完全隔离。

（12）极化隔离

理想的极化完全隔离是没有的。馈送到一种极化的天线中的信号多少会有一些在另外一种极化的天线中出现。例如，图 3-13 所示的双极化天线中，设输入垂直极化天线的功率为 10W，结果在水平极化天线的输出端测得的输出功率为 10mW。

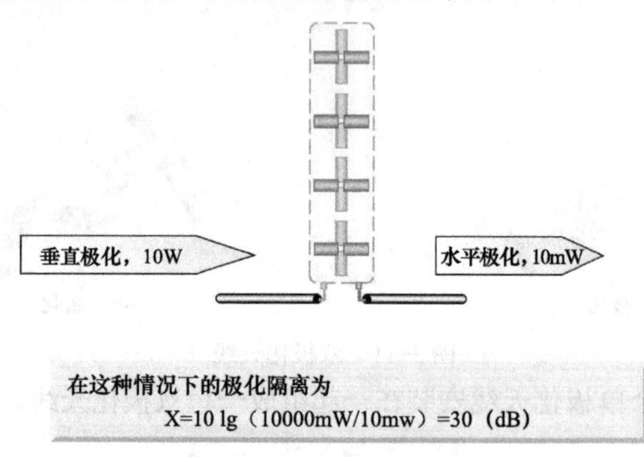

图 3-13　极化隔离示意图

（13）天线的工作频率范围（频带宽度）

无论是发射天线还是接收天线，它们总是在一定的频率范围（频带宽度）内工作的，天线的频带宽度有两种不同的定义：

一种是指：在驻波比 SWR ≤ 1.5 条件下，天线的工作频带宽度。

一种是指：天线增益下降 3dB 范围内的频带宽度。

在移动通信系统中，通常是按前一种定义的，具体地说，天线的频带宽度就是天线的驻波比 SWR 不超过 1.5 时，天线的工作频率范围。

一般说来，在工作频带宽度内的各个频率点上，天线性能是有差异的，但这种差异造成的性能下降是可以接受的。

3.1.2　天线的分类

（1）定向天线

定向天线（Directional Antenna）是指在某一个或某几个特定方向上发射及接收电磁波特别强，而在其他方向上发射及接收电磁波则为零或极小的一种天线，如图 3-14 所示。采用定向发射天线的目的是增加辐射功率的有效利用率，增加保密性；采用定向接收天线的主要目的是增强信号强度增加抗干扰能力。覆盖范围小但距离远，适用于远程点对点连接。

（2）全向天线

即在水平方向图上表现为 360° 都均匀辐射，也就是平常所说的无方向性，在垂直方向图上表现为有一定宽度的波束，一般情况下波瓣宽度越小，增益越大，如图 3-15 所示。全向天线在移动通信系统中一般应用于郊县大区制的站型，覆盖范围大。覆盖范围大但距离较近，适用于无线覆盖。

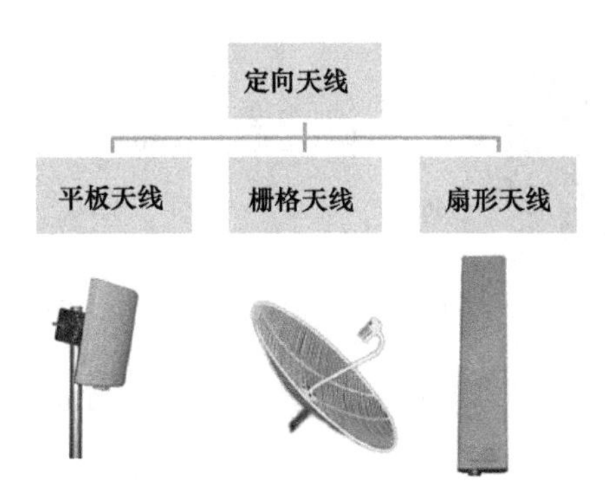

图 3-14　定向天线分类示意图

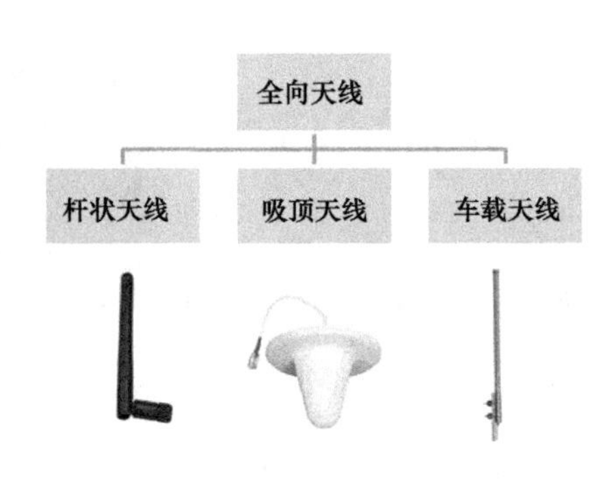

图 3-15　全向天线分类示意图

3.1.3　定向天线

高增益栅状抛物面天线，如图 3-16 所示。

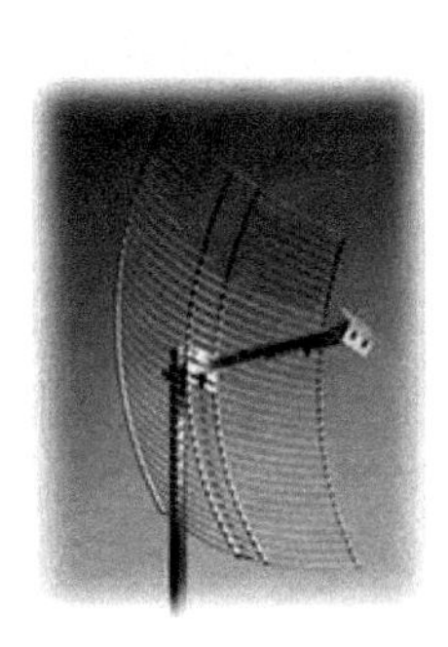

2.4G 栅格天线

电 指 标	
频率范围（Frequency Range）	2400 ～ 2500MHz
增　　益（Gain）	24dBi
驻 波 比（VSWR）	＜ 1.5
水平瓣宽（H-3dB Beam Width）	6.5°
垂直瓣宽（V-3dB Beam Width）	8°
极化（Polarization）	Vertical
功率容量（Max、Power）	100W
接头（Connector）	N-Female（Male）
雷电防护（Lightning Protection）	DC Ground
机 械 指 标	
口径尺寸（Diameter x Hight）	0.62m X 0.98m
重量（Weight）	3kg
抗风速（Wind Load）	241km/h
水平面方向图	垂直面方向图
6.5° −10 −3 0	8° −10 −3 0

图 3-16　栅格天线示意图

从性能价格比出发，人们常选用栅状抛物面天线作为 WLAN 定向型天线。由于抛物面具有良好的聚焦作用，所以抛物面天线集射能力强，直径为 1.6m 的栅状抛物面天线，在 2.4GHz 频段，其增益即可达 24dBi。它特别适用于点对点的通信。栅格定向天线方向图，如图 3-17 所示。

抛物面采用栅状结构，一是为了减轻天线的重量，二是为了减少风的阻力。

抛物面天线一般都能给出不低于 30dB 的前后比，这也正是直放站系统防自激而对接收天线所提出的必须满足的技术指标。

（1）5G 抛物面天线，如图 3-18 所示。

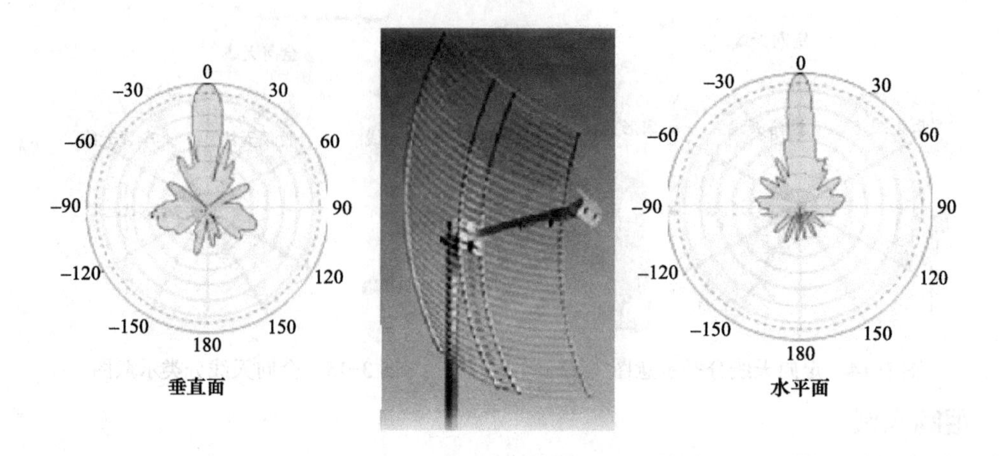

图 3-17　栅格定向天线方向图

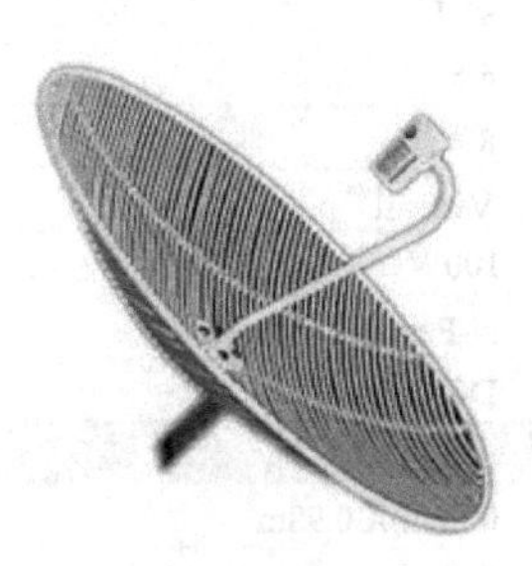

主要技术指标	
频率范围	5.725 ~ 5.825GHz
接口	N-50（F）
增益	30dBi
尺寸	ϕ800mm
波束宽度	5°（H）×8°（E）
防雷方式	直接接地
前后比	38dB
最大输入功率	100W
电压驻波比	≤ 1.4
标称阻抗	50Ω
极化	线极化
重量	3.5kg

水平方向图　　垂直方向图

图 3-18　5G 抛物面天线

（2）板状天线

在 WLAN 桥接中，板状天线是用得最为普遍的一类极为重要的天线。这种天线的优点是：增益高、扇形区方向图好、后瓣小、垂直面方向图俯角控制方便、密封性能可靠以及使用寿命长。

板状天线也常被用作直放站的用户天线，根据作用扇形区的范围大小，应选择相应的天线型号。

定向天线方向（18dBi 平板天线 2.4GHz）如图 3-19 所示。

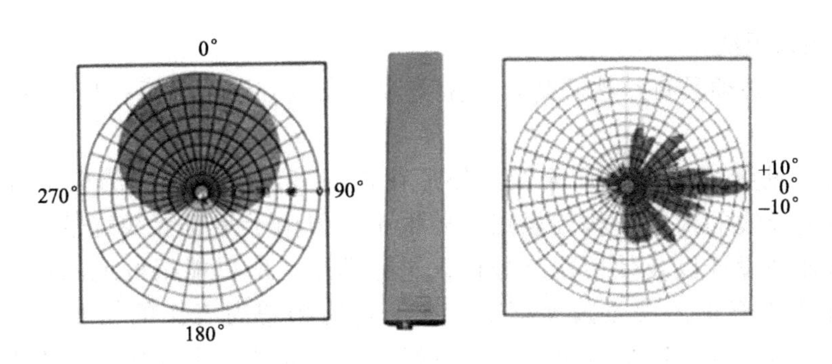

图 3-19　18dBi 平板天线示意图

（3）八木定向天线

八木定向天线，如图 3-20 所示，具有增益较高、结构轻巧、架设方便、价格便宜等优点。因此，它特别适用于点对点的通信。

八木定向天线的单元数越多，其增益越高，通常采用 6 ～ 12 单元的八木定向天线，其增益可达 10 ～ 15dB。

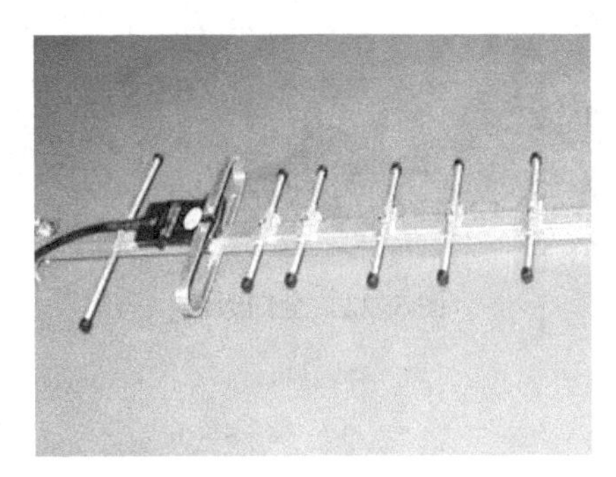

图 3-20　八木天线

3.1.4　全向天线

全向天线方向图 1（杆状、车载天线 2.4GHz），如图 3-21 所示。

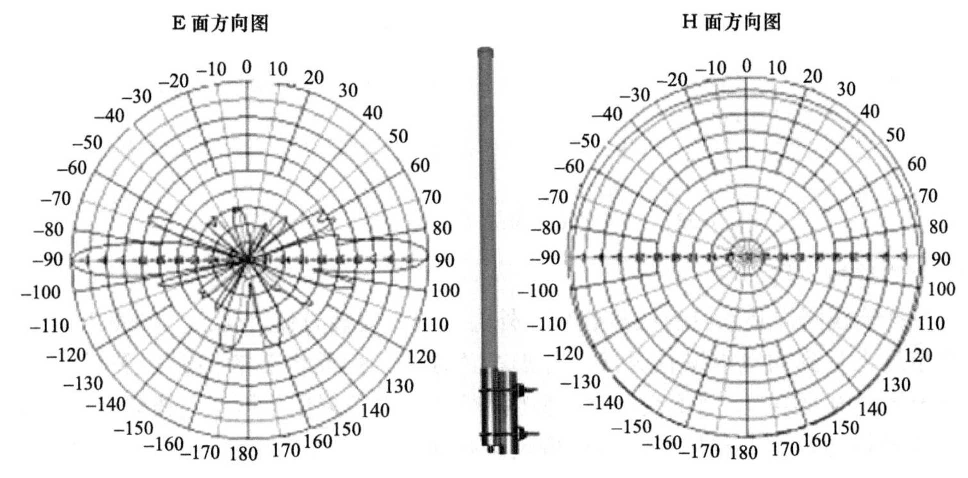

图 3-21　杆状车载天线示意图

（1）室内吸顶天线

室内吸顶天线必须具有结构轻巧、外型美观、安装方便等优点，如图 3-22 和图 3-23 所示。

现今市场上见到的室内吸顶天线，外形花色很多，但其内芯的构造几乎都是一样的。这种吸顶型天线的内部结构，虽然尺寸很小，但由于是在天线宽带理论的基础上，借助计算机的辅助设计以及使用网络分析仪进行调试，所以能很好地满足在非常宽的工作频带内的驻波比要求，按照国家标准，在很宽的频带内工作的天线其驻波比指标为 VSWR ≤ 2。当然，能达到 VSWR ≤ 1.5 更好。室内吸顶型天线属于低增益天线，一般为 2dB。

图 3-22　全向天线

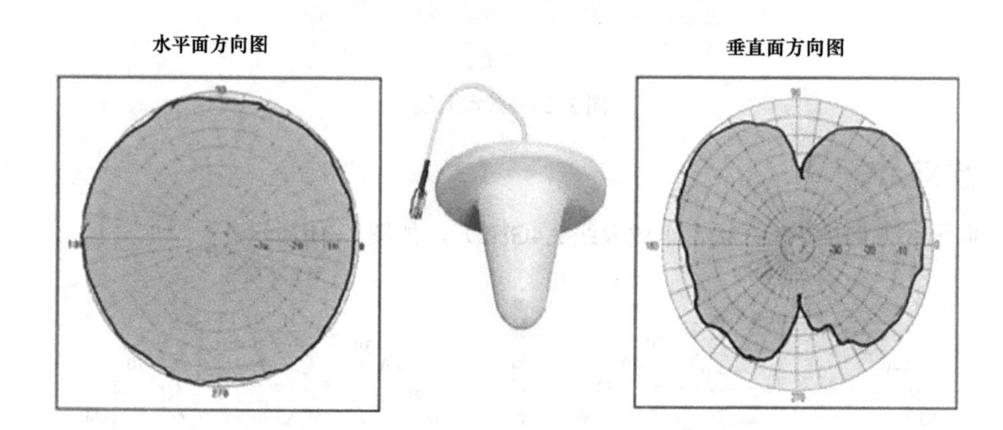

图 3-23　全向天线方向图（吸顶型天线 2.4GHz）

（2）室内壁挂天线

室内壁挂天线同样必须具有结构轻巧、外型美观、安装方便等优点，如图 3-24 所示。

现今市场上见到的室内壁挂天线，外形花色很多，但其内芯的构造几乎都是一样的。这种壁挂天线的内部结构，属于空气介质型微带天线。由于采用了展宽天线频宽的辅助结构，借助计算机的辅助设计以及使用网络分析仪进行调试，所以能较好地满足工作宽频带的要求。顺便指出，室内壁挂天线具有一定的增益，约为 7dB。

图 3-24　壁挂天线

3.1.5　天线的选择

1）频率范围：是应用的前提。

2）辐射方向：P2P 或 PXP。

3）波瓣宽度：影响有效传输范围。

4）天线增益：影响传输的范围和距离。

5）极化方向：影响系统效率。

6）驻波比：影响系统效率。

7）额定风速：影响系统安装。

全向天线——适用于各桥接点距离较近、分布角度范围大且数量较多的情况。

碟形天线——属于全向天线的一种，无波速角度，适用情况同全向天线。

扇形天线——此类型天线具有能量定向和汇聚功能，可以有效地进行水平 180°、120°、90° 范围内的覆盖，当桥接点在某一角度内较集中的情况下，可选用此类型天线。

平板天线—— 平板天线的波速角度可分为 30° 和 15°，能量汇聚能力强，适用于远程连接点相对集中且数量较少的环境下。

弧形网格天线—— 是定向天线中能量汇聚能力最强，信号方向指向性最好的一种类型的天线。在桥接点位置固定，数量少而集中的项目中，此类型天线是最佳选择。

YaGi 天线—— 有多种型号的覆盖角度可供选择，可以视不同情况而定。

3.1.6　天线和距离的关系

（1）电波传播的几个基本概念

目前 802.11b、g、a、n、ac 使用的频段见表 3-1。

表 3-1　802. 11 协议所使用的频段

协议标准	2.4 ～ 2.4835GHz	5.15 ～ 5.25GHz	5.25 ～ 5.35GHz	5.725 ～ 5.85GHz
802.11b	√			
802.11g	√			
802.11a		√	√	√
802.11gn	√			
802.11an		√	√	√
802.11ac		√	√	√

大于 1000MHz 频率范围属微波范围。

电波的频率不同或者说波长不同，其传播特点也不完全相同，甚至差别很大。

（2）自由空间损耗和通信距离方程

自由空间损耗对照见表 3-2。

表 3-2　损耗对照

M/m	2.4GHz	5.8GHz
1	40dB	46dB
5	54dB	60dB
10	60dB	66dB
20	66dB	72dB

以某款 AP 为例，发射功率（pt）为 23dBm，接收灵敏度为 -68dBm/54Mbit/s。

假设电波在无环境干扰时，中间有一层砖墙隔断，收、发天线之间距离为 10m，传播途中的电波损耗 L_0=60dB+20dB=80dB<98dBm。

假设电波在无环境干扰时，中间有二层砖墙隔断，收、发天线之间距离为 10m，传播途中的电波损耗 L_0=60dB+40dB=100dB>98dBm

一般，2.4GHz 电波在穿透一层砖墙时，大约损失 15 ～ 20dB。

自由空间通信链路计算如图 3-25 所示。

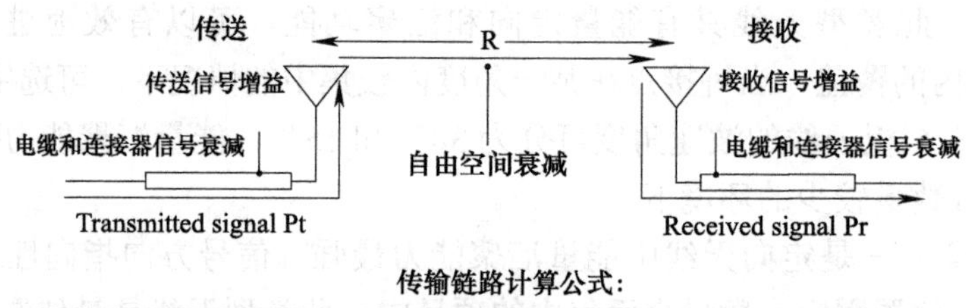

传输链路计算公式：

Pr（dBm）=Pt(dBm) –Ct (dB) +Gt（dB)–FL（dB) –Ls+Gr（dB）–Cr (dB)

where FL（dB）=20 log R（km）+20 log f（GHz）+92.44

Ls：系统损耗（空气、环境），1.5 ～ 2dB/km

图 3-25　链路计算

（3）天线与距离的关系

举例：某 AP 的工作频段为 2.4GHz，RF 输出功率为 23dBm，接收灵敏度为 –83dBm，缆线损耗为 2dB，双方天线增益为 15dBi，

Pr=23（dBm）–2（dB）+15（dB）–FL–Ls+15（dB）–2（dB）>–83（dBm）

FL=20 log R（km）+20 log 2.4（GHz）+92.44

Ls ≈ 20dB

通过公式得出距离在 15km 以内。

（4）影响传输的其他因素

1）气候的影响。

毫米波层的电波传输易受气候影响。降雨对毫米波影响大，如在 2GHz，当降雨强度为 5mm/h 时，吸收损耗为 1.5dB/km；降雨强度为 100mm/h 时，可达 15dB/km。当传送距离为 10km 时，降雨时损耗可达 150dB，再加上自由空间传输损耗，甚至可能中断通信。

2）选择适当的天线

根据无线所要覆盖的对象不同，应选取不同的天线去实现。

无线局域网组网中电磁波覆盖有几种形式，如点对点、一点对多点、区域覆盖（室内和室外）或是几种形式组合等情况。

对于点对点传输，一般应选定向天线。对于一点对多点传输一般中心点选全向天线，外围选定向天线。对于区域覆盖（室内和室外）通常可选低增益全向天线或定向天线。

关键点：区域覆盖时，若全向天线增益较高，垂直面方向图波束变窄，盲区变大，对区域覆盖不利。一般不宜超过 10dBi，通常 5 ～ 8dBi 较为适宜。同理，用定向天线作区域覆盖时，其天线增益也不宜选高，为减小盲区应选 5 ～ 12dBi 增益的天线为宜。

注意：天线增益高，波束窄，距离远，但盲区大。

3.2 无源器件

在建设无线网络时，除了主要的设备外，还有一些无源器件用于配合工作，比如功率放大器、功率分配器、耦合器、合路器等。它们的功能如下：

1）功率分配器，是将无线网络信号的功率分为两路，每路的信号是原来功率的一半。

2）耦合器，是将一路微波功率按比例分成几路，从而实现功率分配的问题。

3）合路器，是将不同的信号混合在一个通道里传输，实现多路信号共用一套天馈系统。

4）射频电缆与连接器，是无线信号的载体，信号在电缆和连接器中传输。

3.2.1 功率分配器

功率分配器是一种将一路输入信号能量分成两路或多路相等或不相等能量输出的器件，也可反过来将多路信号能量合成一路输出，此时也可称为合路器。一个功分器的输出端口之间应保证一定的隔离度。也叫过流分配器，分有源、无源两种，可将一路信号平均分配变为几路输出，一般每分一路就有几 dB 的衰减，信号频率不同，分配器不同衰减也不同，如图 3-26 所示。

图 3-26　功率分配器

（1）技术指标

功率分配器的技术指标包括频率范围、承受功率、主路到支路的分配损耗、输入输出间的插入损耗、支路端口间的隔离度、每个端口的电压驻波比等。

1）频率范围。这是各种射频 / 微波电路的工作前提，功率分配器的设计结构与工作频率密切相关。必须首先明确分配器的工作频率，才能进行下面的设计。

2）承受功率。在大功率分配器 / 合成器中，电路元件所能承受的最大功率是核心指标，它决定了采用什么形式的传输线才能实现设计任务。一般地，传输线承受功率由小到大的次序是微带线、带状线、同轴线、空气带状线、空气同轴线，要根据设计任务来选择用何种线。

3）分配损耗。主路到支路的分配损耗实质上与功率分配器的功率分配比有关。如两等分功率分配器的分配损耗是 3dB，四等分功率分配器的分配损耗是 6dB。

4）插入损耗。输入输出间的插入损耗是由于传输线（如微带线）的介质或导体不理想等因素造成的。

5）隔离度。支路端口间的隔离度是功率分配器的另一个重要指标。如果从每个支路端口输入功率只能从主路端口输出，而不应该从其他支路输出，这就要求支路之间有足够的隔离度。

6）驻波比。每个端口的电压驻波比越小越好。

（2）功能介绍

功率分配器的功能是将一路输入的无线信号平均分成几路输出，通常有二功分、四功分、六功分等。功率分配器的工作频率是 700MHz ～ 2700MHz。

功率分配器主要技术指标见表 3-3。

表 3-3　功率分配器技术指标

技术参数	
类　别	二功分器
型　号	
频率范围 /MHz	700 ～ 2700
插入损耗 /dB	≤ 3.5
隔离度 /dB	≥ 20
标称阻抗 /Q	50
驻波比	≤ 1.3
承载功率 /V	50
接头形式	N 座
环境温度 /℃	–30 ～ +60
相对湿度 /%	5 ～ 95
尺寸 /mm	94×93×20
重量 /g	150

工作频率范围：

1）宽带无线局域网系统所用的工作频段：700 ～ 2700MHz（IEEE 802.11b/g/n）。

2）功率合成 / 分配器路数：一分二。

3）各传输端口间插入损耗：2 路 <3.5dB（一分二）。

4）各隔离端口间隔离度：2 路 >20dB（一分二）。

5）各端口的电压驻波比（VSWR）：≤ 1.3。

功率分配器的应用如图 3-27 所示。

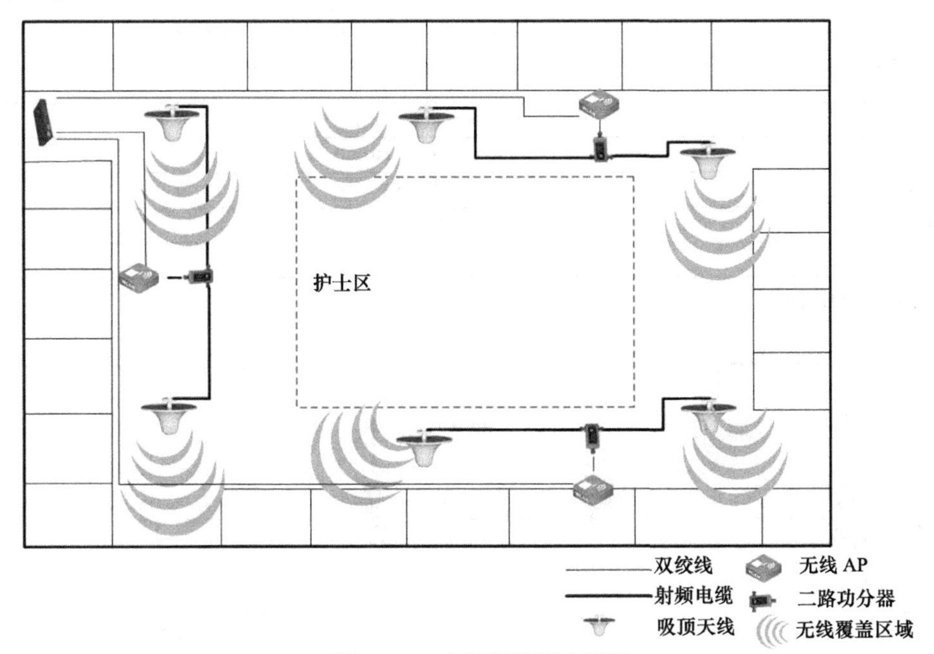

图 3-27　功率分配器示意图

适用于系统中需要进行功率合成或分配的场合。如用一只网桥向两个以上的方向进行无线传输，高楼层的中继和楼层同时覆盖传输等情形。

3.2.2　耦合器

耦合器是把一路输入信号按比例分配多路输出。耦合器有 3 个端子，分别为输入、直通和耦合端。根据输入与耦合端的功率差，分为 5dB、6dB、7dB、10dB、15dB 等多种型号，也可以根据直通和耦合端的比例，分为 1:1、2:1、4:1 等多种型号。

耦合器的作用是将信号不均匀地分散到直通端和耦合端，如图 3-28 所示。从结构上分为微带和腔体两种。

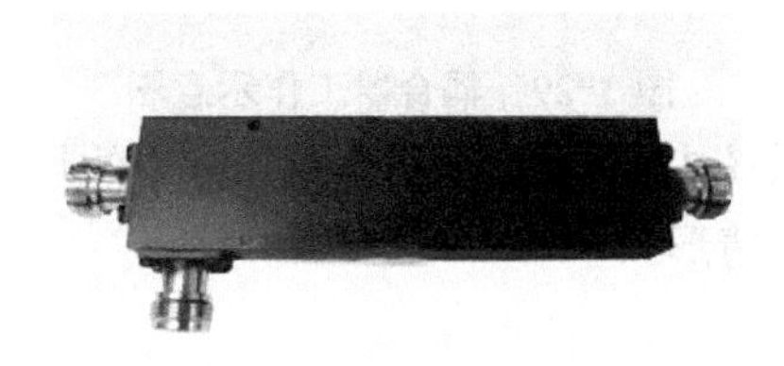

图 3-28　耦合器

耦合器主要技术指标见表 3-4。

表 3-4 耦合器技术指标

技术参数							
型　号	OHQ-5-0825	OHQ-6-0825	OHQ-7-0825	OHQ-8-0825	OHQ-10-0825	OHQ-12-0825	OHQ-15-0825
频率范围 /MHz	800 ～ 2500						
耦合度 /dB	5	6	7	8	10	12	15
插入损耗 /dB	≤ 2.2	≤ 2.0	≤ 2.0	≤ 1.3	≤ 1.12	≤ 1.0	≤ 0.6
隔离度 /dB	≥ 20						
驻波比	≤ 1.4						
标称阻抗 /Ω	50						
最大功率 /W	50						
接头型号	N 座或用户指定						
工作温度 /℃	–30 ～ 60						
相对湿度 /%	5 ～ 95						
天线尺寸 /mm	126×34×16						
重量 /g	210						

耦合器的应用如图 3-29 所示。

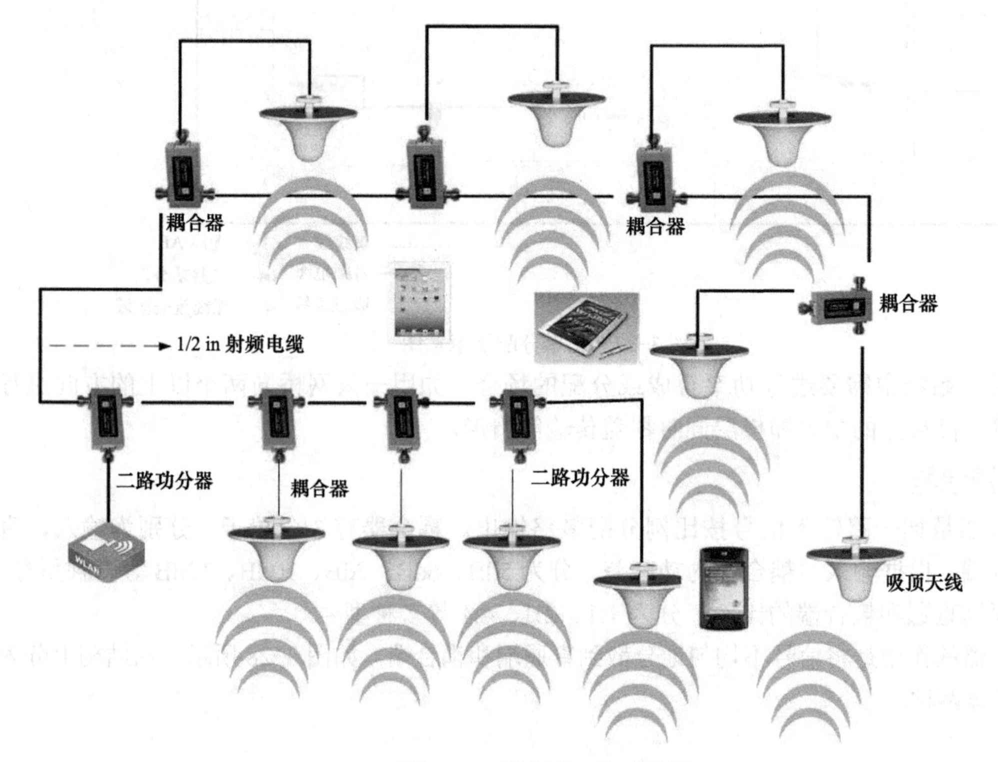

图 3-29　耦合器工作示意图

耦合器适用于室内分布系统中，需要对信号耦合输出的场合。如用一只大功率 AP 向两个以上的方向进行无线传输等情形。

3.2.3　合路器

合路器是把多路输入信号合成一路输入，如图 3-30 所示。在移动通信中，由于多信道的共用，为避免不同信道间的射频耦合引起的互调干扰，并考虑经济、技术及架设场地的因素，发射应使用合路器。

图 3-30　合路器

合路器主要技术指标见表 3-5。

表 3-5　合路器主要技术指标

技 术 参 数	
类　别	双频合路器
频率范围 /MHz	LF：824 ～ 960MHz　HF：1700 ～ 2500MHz
插入损耗 /dB	≤ 0.6
隔离度 /dB	≥ 30
标称阻抗 /Ω	50
驻波比	≤ 1.3
承载功率 /W	20
接头形式	N 座
环境温度 /℃	-30 ～ 60
相对湿度 /%	5 ～ 95
尺寸 /mm	90×85×20
重量 /g	220

合路器也分为同频段合成器和异频段合路器两种。对同频段信号的合路（合成），由于信道间隔很小（250kHz），无法采用谐振腔选频方式来合路，常见的是采用 3dB 电桥。3dB 电桥有两个输入口和两个输出口，两载频合路后，两个输出口均可作信号输出用，若只需要一个输出信号，则另一个输出口需要负载吸收，此时的负载功率根据输入信号的功率来定，不能小于两个信号功率电平和的 1/2，建议将两路信号分别接在不同走线方向的信号传输电缆上，这样可以避免采用过高成本的功率放大器。一般来讲，功分器也可以作合路器使用，区别在于承受的功率不同。

异频段合路器是指两个不同频段的信号功率合成所用。如 CDMA 和 GSM 功率合成、CDMA/GSM 与 DCS 功率合成。由于两个信号频率间隔较大，可以选用谐振腔选频方式对两路信号进行合成，其优点是插损小，带外抑制度高，而带外抑制指标是合路器较重要的指标之一，如带外抑制不够，则会造成 GSM 与 CDMA 之间的相互干扰。

耦合器与合路器作用正好相反。耦合器用于接收端，光电耦合器是以光为媒介传输电信号的一种电——光——电转换器件。光电耦合器由发光源和受光器两部分组成。把发光源和受光器组装在同一密闭的壳体内，彼此间用透明绝缘体隔离。发光源的引脚为输入端，受光器的引脚为输出端，合路器用于发射端。合路器将多系统信号合路到一套室内分布系统。

无线基站在工程应用中，需要将800MHz的C网和900MHz的G网两种频率合路输出。采用合路器可使一套室内分布系统同时工作于CDMA频段和GSM频段。耦合器将接收的信号分为几路给接收机，合路器将从不同发射机过来的射频信号合为一路（天线发射双工器接在天线下面），并将发射和接收用一根天线来实现。

合路器分为同频段合路器和异频段合路器。异频段合路器是指两个不同频段的信号功率进行合成。合路器信号输入如图3-31所示。

同频段合路器一般就是3dB电桥。根据运营商的通信制式选择相应的合路器：

1）移动选用：GSM/DCS/TD-SCDMA/WLAN。

2）电信选用：PHS/CDMA/WLAN。

3）联通选用：GSM/DCS/WCDMA/WLAN。

图3-31 合路器信号输入示意图

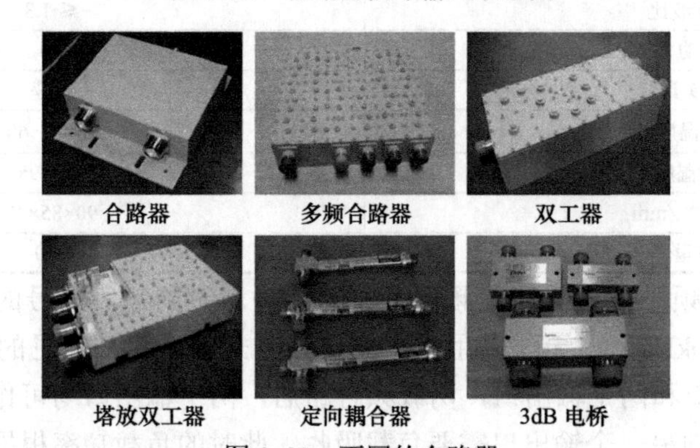

图3-32 不同的合路器

合路器、电桥、功分器三者比较见表3-6。

表3-6 合路器、电桥、功分器对比

合路器（频段合路器）	为选频合路器，以滤波多工方式工作，可实现两路以上信号合成，能实现高隔离合成，主要用于不同频段的合路，可提供不同系统间最小的干扰
3dB电桥（同频合路器）	为同频合路，只能实现两路信号合成，隔离度较低，可实现两路等幅输出
功分器（功率合成器）	为同频合路，可实现多路合成，隔离度较低，只能提供一路输出。受功率容量限制

3.2.4 射频电缆与连接器

射频电缆是传输射频范围内电磁能量的电缆，射频电缆是各种无线电通信系统及电子设备中不可缺少的元件，在无线通信与广播、电视、雷达、导航、计算机及仪表等方面应用广泛。

1．产品分类

射频电缆的结构是多种多样的，可以根据不同的方式来分类。

（1）按结构分类

1）同轴射频电缆。

同轴射频电缆是最常用的结构形式。由于其内外导体处于同心位置，电磁能量局限在内外导体之间的介质内传播，因此具有衰减小，屏蔽性能高，使用频带宽及性能稳定等显著优点。通常用来传输 500kHz ～ 18GHz 的射频能量。

目前，常用的射频同轴电缆有两类：特性阻抗为 50Ω 和 75Ω 的射频同轴电缆。特性阻抗为 75Ω 射频同轴电缆常用于 CATV 网，故称为 CATV 电缆，传输带宽可达 1GHz，目前常用 CATV 电缆的传输带宽为 750MHz。

2）对称射频电缆。

对称射频电缆回路其电磁场是开放型的，由于在高频下有辐射电磁能，因而使衰减增大，并导致屏蔽性能差，再加上大气条件的影响，通常较少采用。对称射频电缆主要用在低射频或对称馈电的情况中。

3）螺旋射频电缆。

同轴或对称电缆中的导体，有时可做成螺旋线圈状，借以增大电缆的电感，从而增大了电缆的波阻抗及延迟电磁能的传输时间。前者称为高阻电缆，后者称为延迟电缆。如果螺旋线圈沿长度方向卷绕的密度不同，则可制成变阻电缆。

（2）按绝缘形式分类

1）实体绝缘电缆。

在这种电缆的内外导体之间全部填满实体高频电介质，大多数软同轴射频电缆都是采用这种绝缘形式。

2）空气绝缘电缆。

电缆的绝缘层中，除了支撑内外导体的一部分固体介质外，其余大部分体积均是空气。其结构特点是从一个导体到另一个导体可以不通过介质层。空气绝缘电缆具有很低的衰减，是超高频下常用的结构形式。

3）半空气绝缘电缆。

这种结构形式是介于上述两种之间的一种绝缘形式，其绝缘也是由空气和固体介质组合而成，但从一个导体到另一个导体需要通过固体介质层。

（3）按绝缘材料分类

按绝缘材料可分为塑料绝缘电缆、橡皮绝缘电缆及无机矿物绝缘电缆。

（4）按柔软性分类

按柔软性可分为柔软电缆、平软电缆及刚性电缆等。

（5）按传输功率大小分类

按传输功率分，0.5kW 以下的为低功率电缆、0.5 ～ 5kW 的为中功率电缆、5kW 以上的为大功率电缆。

（6）按产品用途特点分类

按产品用途特点可分为低衰减、低噪音、微小型及高稳相电缆等。

2．射频电缆的衰减

射频电缆的衰减与导体、介质、结构尺寸、工艺水准和工作的频率都有关。

1）在 50MHz 以下衰减常数偏大或超差，而高频有余量，常常是铝塑复合带中的铝基太薄所致，在频率比较低的时候，铝基的厚度小于或与该频率的透射深度相当，造成了 αR 过大。根据理论计算，f 为 50MHz 时的铝层透射深度为 12.2μm。一般采取 12 ～ 15μm 的铝基可以解决这个问题（当然，如果考虑到屏蔽衰减的要求则可以再适当加厚）。

2）选择的PE在使用频率内的 tan δ 较大，如达到 10^{-3} 级别，则会造成绝缘结构的 tan δ 增大，从而使电缆的衰减增大。所以要注意两个问题，一是 tan δ 要小（如在 400MHz 时的 tan δ 为 2×10^{-4} ～ 4×10^{-4}，越小越好），一是工艺性能（如熔融指数为 0.5 ～ 10）应适应绝缘的要求，不同的熔融指数有不同的温度。

3）外导体编织一般 60% ～ 80% 为宜，偏大则对降低衰减效果不是很明显。

4）绝缘生产用的模具设计和加工也是关键，应该保证产品达到较理想的均匀结构，使等效介点常数达到设计要求。

5）物理发泡 PE 衰减在低频是合格，而高频（如超过 800MHz）时超差，大都与介质损耗角正切值和等效介点常数偏大有关系，或者与外导体编织密度过小、内导体外直径偏小有关系。另外，衰减常数还取决于发泡度的大小。在阻抗和回波允许的范围内适当提高发泡度（可以通过增加发泡度，提高阻抗，降低衰减）对提高电缆的衰减常数有帮助，同时还可以降低成本。

3．匹配概念

什么叫匹配？简单地说，馈线终端所接负载阻抗 ZL 等于馈线特性阻抗 Z0 时，称为馈线终端是匹配连接的。匹配时，馈线上只存在传向终端负载的入射波，而没有由终端负载产生的反射波，因此，当天线作为终端负载时，匹配能保证天线取得全部信号功率。如图 3-33 所示，当天线阻抗为 50Ω 时，与 50Ω 的电缆是匹配的，而当天线阻抗为 80Ω 时，与 50Ω 的电缆是不匹配的。

如果天线振子直径较粗，天线输入阻抗随频率的变化较小，则容易和馈线保持匹配，这时天线的工作频率范围就较宽。反之，则较窄。

在实际工作中，天线的输入阻抗还会受到周围物体的影响。为了使馈线与天线良好匹配，在架设天线时还需要通过测量，适当地调整天线的局部结构或加装匹配装置。

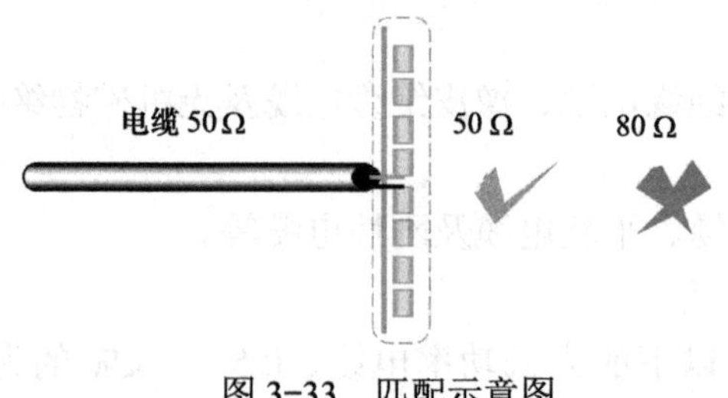

图 3-33　匹配示意图

4．反射损耗

前面已指出，当馈线和天线匹配时，馈线上没有反射波只有入射波，即馈线上传输的只是向天线方向行进的波。这时，馈线上各处的电压幅度与电流幅度都相等，馈线上任意一点的阻抗都等于它的特性阻抗。

而当天线和馈线不匹配时，也就是天线阻抗不等于馈线特性阻抗时，负载就只能吸收馈线上传输的部分高频能量，而不能全部吸收，未被吸收的那部分能量将反射回去形成反射波。

5. 电压驻波比

在不匹配的情况下，馈线上同时存在入射波和反射波。在入射波和反射波相位相同的地方，电压振幅相加为最大电压振幅 V_{max}，形成波腹；而在入射波和反射波相位相反的地方电压振幅相减为最小电压振幅 V_{min}，形成波节。其他各点的振幅值则介于波腹与波节之间。这种合成波称为行驻波。

反射波电压和入射波电压幅度之比叫作反射系数，记为 R：

$$R=\frac{\text{反射波幅度}}{\text{入射波幅度}}=\frac{(Z_L-Z_O)}{(Z_L+Z_O)}$$

波腹电压与波节电压幅度之比称为驻波系数，也叫电压驻波比，记为 $VSWR$：

$$VSWR=\frac{\text{波腹电压幅度}V_{max}}{\text{波节电压辐度}V_{min}}=\frac{(1+R)}{(1-R)}$$

终端负载阻抗 Z_L 和特性阻抗 Z_0 越接近，反射系数 R 越小，驻波比 $VSWR$ 越接近于 1，匹配也就越好。

例如，图 3-34 中，由于天线与馈线的阻抗不同，一个为 75Ω，一个为 50Ω，阻抗不匹配，其结果是：这里的反射损耗为 10lg（10/0.4）=14dB

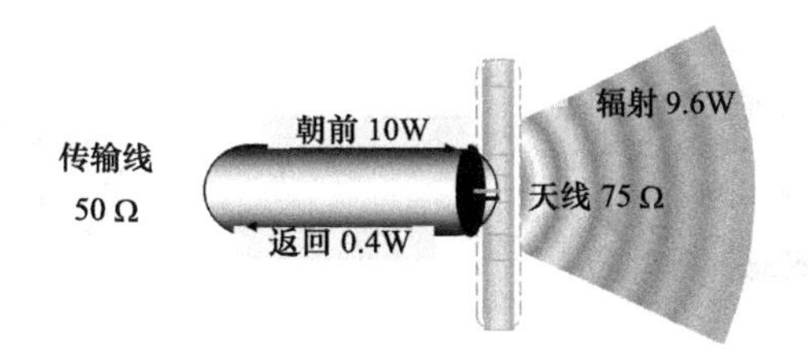

图 3-34　电压驻波比示意图

6. 各种射频接口简介

1）N 型接口，一般为天线或室外 AP 接口，N 型接口分为 F/M 两种，F 为母口（孔），M 为公口（针）。

2）SMA 接口，一般为室内 AP 接口，SMA 接口分为 F/M 两种，F 为母口（孔，座），M 为公口（针）。

3）BNC 接口，一般为室内 AP 接口，BNC 接口分为 F/M 两种，F 为母口（孔，座），M 为公口（针）。

4）MMCX 接口，一般为 MINI PCI 或网卡接口。

7. 天线接口简介

1）N 型接口，一般的室外天线的接口为 N 型母口。

2）SMA 接口，一般的室内天线接口为 SMA 母口，还分为内螺旋和外螺旋两种。

3）BNC 接口，有些室内 AP 的接口是 BNC 接口。

8．射频接口、转换器及接口转换电缆

RF 连接器的定义：通常装接在电缆上或安装在仪器上的一种元件，作为实现传输线电气连接或分离的元件。它属于机电一体化产品。简单地讲，它主要起桥梁作用，如图 3-35 所示。

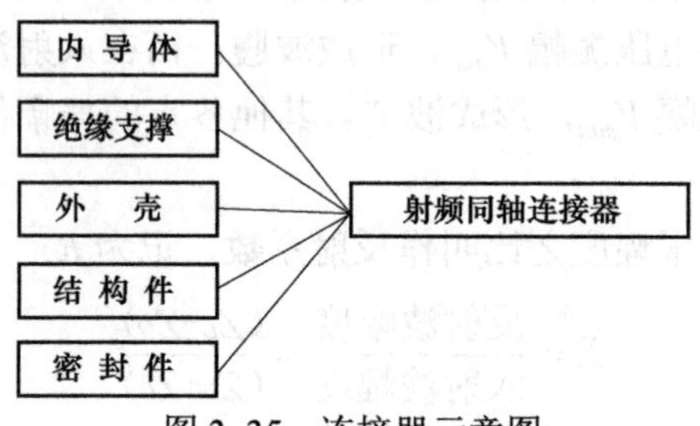

图 3-35　连接器示意图

9．常用射频连接器介绍

（1）N 系列

是为满足二战急需而研制的最早的微波系列。主要归功于 Paul Neil，因此叫“N”系列。它采用螺纹对接互换，工作频率 0 ～ 11GHz，可配接 3 ～ 12mm 软、半柔和半刚性电缆，如图 3-36 所示。

（2）TNC 系列

是 BNC 的螺纹式变形，又称螺纹式 BNC，如图 3-37 所示。其工作频率达 11GHz，抗振性好，军用较多。

图 3-36　N 型连接器（Female 口及 Male 口）

图 3-37　TNC 连接器

（3）SMA 系列（Subminiature A）

SMA 是 1958 年由美国 Bendix 公司的 James Cheal 发明的，如图 3-38 所示。工作频率 0 ～ 18GHz。

图 3-38　SMA 接口

SMA 型公口、SMA 型母口，如图 3-39 所示。

图 3-39　SMA 型公口和母口

N-N 转换电缆，如图 3-40 所示。

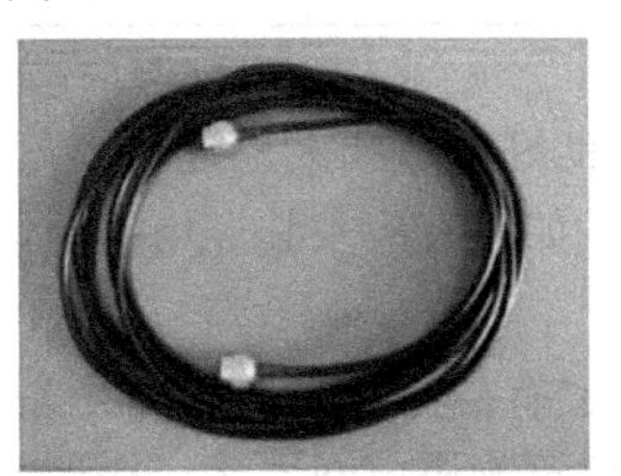

图 3-40　N-N 转换电缆

N-SMA 转换电缆，如图 3-41 所示。

图 3-41　N-SMA 电缆

3.3　避雷与接地

避雷器又称防雷器、浪涌保护器、电涌保护器、过电压保护器等，主要包括电源防雷器和信号防雷器，避雷器是通过现代电学以及其他技术来防止被雷击中的设备损坏。避雷器中的雷电能量吸收，主要是氧化锌压敏电阻和气体放电管，如图 3-42 所示。

图 3-42　避雷器

避雷器的主要指标见表3-7。

表3-7　避雷器指标

型　号	BL-2458N-KK
频率范围/MHz	2000～6000
阻抗/Ω	50
最大功率/W	500
插入损耗/dB	≤0.2
驻波比	≤1.25
雷电保护	螺旋片短路
接头型号	N座/N座
无线尺寸/mm	65×25×23
重量/g	200
操作工作温度/℃	–40～85

避雷器安装注意事项：

除连接牢靠外，关键是接地良好，即和大地连接良好。一般天线防雷多采用直接接地方式。建筑物中应找到其接地端，如没有应安装专用接地线，且保证接地良好。这是避雷器安装的关键。

当天馈线系统受到雷击时（或有高压磁场）所产生浪涌通过接地及时放掉来保障系统设备以及工作的安全。天线杆与建筑物避雷网连接，保证天线杆受雷击时及时放电。馈线的接地线要求每20m做一个接地连接，所以通常接地线到馈线头不超过20m时可以在接地极近处接地。避雷器是保障接地线没有及时把浪涌放掉或没有放干净时，它会及时与设备断开，通过连在避雷器外壳上的接地线把多余的电流放掉后，自动恢复连接。避雷器安装在馈线和设备之间，从避雷器引出接地线接至地极。地极接地，阻抗要求4Ω以下，一定要连接牢固，确保受雷击时可靠放电。不同的避雷器连接方法不同，要看具体的设备。

防雷接地设计中首先要充分考虑和利用现有计算机室的接地系统、供电系统防雷保护装置等的有效利用，还应根据微波天馈线系统的安装高度、安装的环境条件（铁塔、楼顶等的接地条件）馈缆的架设、设备自身的耐压水平，选用防雷装置的特性以及防雷系统的装置装设后对设备的正常工作是否产生影响，雷击发生后的反应和自复能力等复杂的因素进行综合考虑。

防雷工程设计中既要达到技术先进、安全可靠，同时还应考虑经济合理。要使整个网络防雷防护系统达到较高的满意效果，应遵守以下“三条防线”的原则。

1）将绝大部分雷电流直接引入地中泄散。

2）阻塞侵入波沿引入线进入设备的过电压。

3）限制被保护物上雷电过电压的幅值。

三条防线，互相配合，各行其责，缺一不可。

在防雷装置的设置上人们往往比较注意外部防雷装置和内部的电涌保护，容易忽视等电位连接在雷电防护方面的重要作用。

（1）防雷等电位连接

将分开的导电装置各部分用等电位连接导体或电涌保护器（SPD）做等电位连接。它包含在内部防雷装置中，其目的是减小建筑物金属构件与设备之间或设备与设备之间由雷电流产生的电位差。防雷等电位连接区别于电气安全的等电位连接，最主要是将不能直接连接的带电体通过电涌保护器做等电位连接。

（2）等电位连接网络

它是对一个系统的外露各导电部分做等电位连接的各导体所组成的网络。

（3）共用接地系统

它是一个建筑物接至接地装置的所有互相连接的金属装置（包括外部防雷装置），并且是一个低电感的网形接地系统。

根据国际电工委员会的标准：对信息系统（包括计算机、通信设备、控制系统等）的外露导电部分应建立等电位连接网络，原则上一个等电位连接网络不需要连到大地，但通常所考虑的所有等电位连接网络都会有通大地的连接。

功能性地与保护性地的分离已越来越困难，同时使用多个接地系统必然在建筑内引进不同的电位导致设备出现功能故障或损坏。因此采用等电位连接和共用接地系统后，使信号接地不形成闭合回路，共模型态的噪声易产生，同时可消除静电和电场的干扰，不易受磁场干扰。共用接地系统已为国际标准采用，并逐步在我国国家标准中推广。

防雷设计

综合防雷是以保护建筑物和建筑物内各设备不受雷电损害或将损害降到最低程度为目的的一种防雷工程设计方案。因此，综合防雷的工程设计，应包括对直击雷、侧击雷和感应雷的预防措施（过去人们通常使用的雷电波侵入、雷电二次效应和雷电静电感应等专业术语所表达的，是雷电感应的一种表现形式，统称为感应雷）。

相对于综合防雷的概念，如果只对建筑物或建筑物内的电气设备采取预防某一种雷害的措施，便叫做局部防雷。因此，在防雷工程设计中，便形成了两种最基本的设计方案——综合防雷和局部防雷。

防雷设计依据、目的、步骤及所需的图标如下。

（1）设计依据

1）GB 50057—2010《建筑物防雷设计规范》。

2）IEC 61024-1《建筑物防雷设计》。

3）IEC 61312-1、2、3《雷电电磁脉冲》。

（2）设计目的

1）直接雷防护——避免或减轻直击雷对建筑物本身的损害，同时为建筑物内部空间提供一个良好的电磁环境。

2）感应雷防护——避免或减轻感应雷对建筑物内部空间所安装的弱电设备的损害。

（3）设计、施工

防雷设计是一项独立的专业技术设计，按严格的要求设计非常复杂，涉及的客观条件也较多，考虑设计的内容面广；除此之外，按要求设计还需有国家防雷设计、施工的资质，方能取得防雷接地工程的合格证书。

设计中以天馈线系统和相关的无线网桥为保护对象进行局部防雷设计，这样可变得简单一些，但应尽可能的和机房已有的防雷接地系统有效融合，建议进行等电位连接和共用接地。

根据工程经验提供一个设计方案图以供参考，如图 3-43 所示。

几种可能发生的情况：

1）微波天线安装在铁塔上，可省去接地引下线和做地极。

2）微波天线安装在高楼上，楼上有防雷带，要求将天线支架与防雷带进行有效连接。

3）微波天线安装在楼上，楼上无防雷带，机房内或楼内有接地，可将接地引下线与已有的地进行有效连接。

4）楼上无防雷带，机房内或楼内也无接地，建议参考图 3-43 进行有关设计施工。

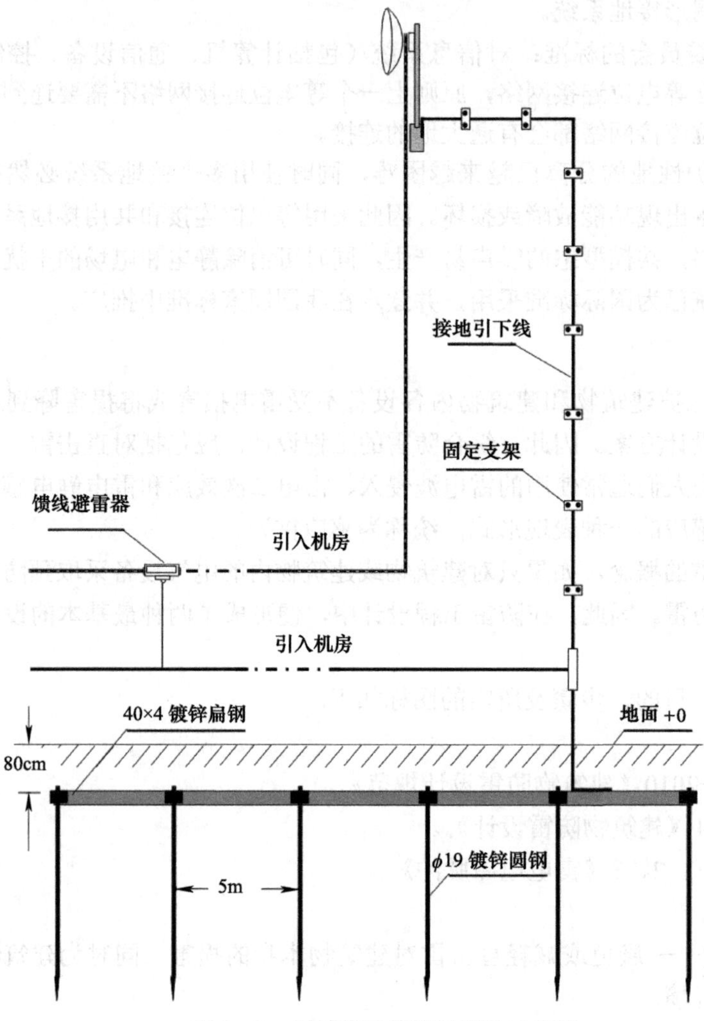

图 3-43　天馈线系统防雷接地示意图

第 4 章　无线网络项目规划与勘测

4.1　无线网络项目规划

在无线网络项目中，分为几个阶段，项目初期、项目实施和项目交付。项目前期的规划是一个项目的基础，需要对项目做好规划，并对项目的现场环境做好勘测，通过勘测结果，得出可实施的建设方案。

在项目开始前，需要了解如下问题：

1）项目中 AP 的数量、选型从何而来？

2）交给用户的技术方案、测试报告从何而来？

3）设计方案通过什么依据来准确执行？

为了解决上述问题，需要对项目作出前期规划，才能实现下列需求：

1）为设备选型提供准确依据。

2）准确确定设备型号及数量，为销售人员报价和产品采购提供依据。

3）为技术方案设计提供准确依据。

4）为售前设计合理的网络结构及技术方案提供依据。

5）为工程实施提供准确依据。

6）准确确定设备具体安装位置，为后期工程实施提供依据。

项目需要做的规划如下：

1）无线网络现场规划。

2）无线网络资源规划。

3）无线网络产品规划。

4.1.1　无线网络现场规划

1）了解覆盖区域的面积、信号覆盖质量要求，不同的地点有不同的覆盖要求。

2）考察覆盖区域的现有信号分布情况，了解信号的盲点、热点和信号碰撞区域。

3）考察覆盖区域建筑物的构成、对信号的阻挡情况。

4）信号的接入位置与方式。

5）考察设备可以安装的位置。

4.1.2　无线网络资源规划

1）对于高密度无线用户接入区域的面积，需要考虑在同一区域内布放多个 AP。

2）尽量保证单个 AP 的接入用户不超过 60 个。

3）无线信道的使用应考虑蜂窝式覆盖的方式。

4）适当调整 AP 的发射功率。

4.1.3 无线网络产品规划

1）根据无线网络现场规划、资源规划，确定 AP 型号、数量、外配天线型号及馈线等。

2）根据实际情况确定数据线连线方式、供电方式等。

3）根据实际环境确定无线网络附属设备，如交换机或认证服务器等。

4）输出 AP 物理布放示意图、逻辑连接网络图及设备清单等。

4.2 无线网络项目勘测

在无线局域网部署前，并不能明确知道设备的部署数量和安装方式。只有在对覆盖地点进行勘测和指标计算后，才能确定出 AP、天线及其他器件的型号和数量，同时通过勘测和指标计算，才能确定 AP 布放的位置、天线的方位角等工程设计参数，作为工程安装的指导资料。

在准备部署无线网络前，对有无线网络覆盖需求的区域进行现场实地勘察测试是非常必要的一个环节。现场勘测人员使用安装了专业 Survey 工具的笔记本式计算机或者 PDA，搭配与计划部署的类型相同的 AP，在用户现场的关键区域和可能存在部署问题区域，对现场环境进行实地勘察测试并记录整个实际移动中所经过的各采样点的实时的参数信息如 RSSI（接收信号强度指标）、SNR（信噪比）及 Transmit Data Rate（传输速率）等。依据现场勘测所收集的数据信息，结合现场环境的实际情况最终确定 AP 较合理的部署位置。

（1）勘测的主要目的

勘测的一般流程如图 4-1 所示。

图 4-1 勘测流程图

需求分析主要是针对客户的需求，包括应用场景和客户在使用过程中的主要业务类型等。

前期设计主要是根据客户需求确定初步的 WLAN 总体组网构架和能够满足客户业务需求的产品选型等。

站点勘测是全方位来了解客户需求覆盖区域的相关情况，包括建筑结构、部署方式、设备取电等，同时站点勘测的过程也是与客户不断沟通，深化理解客户需求，调整和完善前期设计的过程。

最终设计主要是为工程实际部署输出相关文档。

部署和优化主要是工程实施完成后实地进行相关测试，对不合理或未能达到设计预期的地方进行整改，使其效果达到最优。

总而言之，勘测的主要目的是全面了解项目场景，使设计方案最大限度满足客户需求，同时对后续工程实施部署提供最优实施方案。

（2）勘测的重要意义

布置无线网络和有线网络有着很明显的区别。有线网络关注网络的拓扑结构，实施工程时只需要将各种网络设备连接起来，调试通过就算完成了大部分的工作。这些网络设备大部分都安装在机房内，可以统一方便管理。而对于无线网络来说，大部分设备是安装在不同的地方，有室内的，有室外的。除了将各种网络设备连接起来进行调试以外，这些网络设备放在什么地方，安装工艺是怎样的，对于最后无线网络的使用效果有着决定性作用。

如果脱离项目实施的现场环境，仅凭一般经验和对产品性能的了解确定设计方案，必然缺乏有效的方法来直观判断无线网络在实际环境中的覆盖范围、信号强度、信号质量、连接速率等关键因素。同时，实际环境中很多潜在的干扰源不易被发现、障碍物容易被忽略，不能准确判断实际环境中的物体对无线信号的影响程度。

因此，勘测的重要意义在于使设计方案最大限度符合实际环境，让客户获得最优的使用效果。

勘测的主要内容一般涵盖以下几个方面：

1）覆盖区域平面情况，包括覆盖区域的大小、平面图。

2）信号覆盖范围内的吞吐量测试（2min），以确定边界。

3）覆盖区域障碍物的分布情况，以分析对信号的阻挡。

4）需要接入的用户数量和带宽要求。

5）设备可以安装的位置。

6）现有网络情况，出口资源等。

7）特殊功能需求。

4.2.1　前期准备

勘测实施阶段会先与客户沟通，结合了解到的客户要部署的应用和相关需求，以及要部署区域的情况，确定项目实施要采用的协议和技术，确定项目实施要采用的无线设备、天线的型号，确定项目实施要采用的对应网络设备型号。

需要了解如下内容：

1）获取并熟悉覆盖区域平面图，室内项目可要求业主提供平面图。

2）室外项目还可通过“Google Earth”或百度地图获取。

3）初步了解用户接入需求。

4）用户接入速率（覆盖效果）要求。

5）用户的无线应用类型（无线终端类型）。

6）初步了解用户的网络情况，用户现有网络（包括有线和无线）应用及组网情况。

7）确定用户方的项目接口人，取得项目接口人的联系方式，包括电话（最好是手机号）、邮箱，还可获取 QQ 等联系方式。

4.2.2　链路计算

（1）室内环境传播模型

采用衰减因子模型计算：就电波空间传播损耗来说，2.4GHz 频段的电磁波有近似的路径传播损耗。公式为：

$$Ls=46+10\times n\times\log D$$

式中 n——衰减因子；

D——传播路径。

针对不同的无线环境，衰减因子 n 的取值有所不同。在自由空间中，路径衰减与距离的平方成正比，即衰减因子为2。在建筑物内，距离对路径损耗的影响将明显大于自由空间。一般来说，对于全开放环境下 n 的取值为2.0～2.5；对于半开放环境下 n 的取值为2.5～3.0；对于较封闭环境下 n 的取值为3.0～3.5；穿过一层建筑物 n 的取值为4.2。

（2）室内链路计算

接收电平估算公式为：

$$Pr=Pt+Gt+Gr-Pl$$

式中 Pr——最小接收电平，以 −75dBm 为边缘场强的覆盖要求；

Pt——最大发射功率；

Gt——发射天线增益；

Gr——接收天线增益；

Pl——路径损耗。

假设天线发射和接收增益为零，AP 发射功率为 20dBm 时，网卡发射功率为 50mW（17dBm），理论室内传播最大距离计算值为：

$$46+10n\log d=17-(-75)=92\ (\text{dBm})。$$

当 n 分别取值为 2.5、3.0、3.5、4.2 时，覆盖距离分别为 69m、33m、20m、12m。结合模拟测试经验，一个室内放装型 AP 的覆盖半径根据环境的不一样，在 20～40m 之间。

（3）自由空间衰减模型

在室外环境下，采用自由空间传播模型。2.4GHz 自由空间电磁波的传播路径损耗符合：

$$L0=92.4+20\log d+20\log f$$

式中 L0——自由空间损耗；

d——传输距离，单位是 km；

f——工作频率，单位是 GHz。

2.4GHz 室外设备最大发射功率为 27dBm，而网卡发射功率为 50mW（17dBm）。无线网卡的接收灵敏度与 AP 的接收灵敏度基本一样，为反向覆盖受限。根据设备接收灵敏度，以 −75dBm 为边缘场强覆盖要求。天线增益为 15dBi，衰落余量为 10dB，人体、地物损耗为 4dB。则反向链路预算为：

$$L1=17+15-10-4-(-75)=93\ (\text{dB})。$$

（4）室外覆盖链路预算

如用室外 AP 对室内进行覆盖，现阶段可提供的 2.4GHz 电磁波对于各种建筑材质的穿透损耗的经验值如下：隔墙的阻挡（砖墙厚度 100～300mm）：20～40dB；楼层的阻挡：30dB 以上；木制家具、门和其他木板隔墙阻挡 2～15dB；厚玻璃（12mm）：10dB（2450MHz）。以厚玻璃（12mm）：10dB 来计算：

$$L_1=17+15-10-10-4-(-75)=83\ (\text{dB})$$

由 L_1=92.4+20log d+20log f，代入可计算得 d=140m。

（5）容量计算

每位用户得到的速率 =（每 AP 最大连接速率 × 效率）/（2× 用户数量 × 用户使用率）

每 AP 最大连接速率：对于 802.11g 或 802.11a 来说，每个 AP 的最大连接速率为 54Mbit/s；每 AP 最大连接速率 × 效率为实际吞吐量，802.11g 的实际吞吐率大于 20Mbit/s，因此效率为 40% 左右。

用户数量 × 用户使用率为同时使用 AP 的实际用户数量。因 802.11 空口上下行共用同一信道，在计算每个用户的双向速率时，应为单向用户速率再除以 2。以保证每个用户以不低于 300kbit/s 的速度上网为要求。最大支持的在线用户数 =20Mbit/s/（2×0.3Mbit/s）=33.3Mbit/s。

一般每个 AP 同时接入用户数以不高于 20 个用户为宜。

4.2.3　对干扰的回避

以 802.11b/g 而言，理论上工作频率带宽为 83.5MHz，划分为 13 个子频道，每个子频道带宽为 22MHz；互不干扰的子信道有 3 个。尽管 AP 所使用的信道互不干扰，但由于 WLAN 的杂散发射为 −9.6dBm/22MHz，相互间也存在一定的影响。设置两个子信道 AP 重叠覆盖，每个 AP 可以达到的最高传输速率只能达到 13Mbit/s 左右，总速率只有 26Mbit/s，比非重叠覆盖的总速率 40Mbit/s 下降了不少。因此，多 AP 情况下，首先相邻 AP 所使用的信道要相隔 5 个以上，以保证中心频率相隔 25MHz。同时，相邻 AP 的覆盖重叠要较少，避免总体容量的下降。

干扰规避的方法有：

1）充分利用天然隔断（如建筑物、墙体等）。

2）多使用 5GHz 频段。

3）降低 AP 发射功率。

4）使用极化天线。

5）采用“多天线、小功率”的覆盖方式。

4.2.4　室内勘测

室内勘测过程是建立在充分准备基础上进行的，需要对目标覆盖场景进行细分，对其作出高效、细致有针对性的测试，测试信号强度及周边信道使用情况，使用 NetStumbler 等软件测试信号情况，通过测试吞吐量（NetIQ Chariot）来判断链路稳定程度，模拟多 AP 覆盖效果，记录测试点位置及相关测试数据，最后输出室内勘测报告，作为建设方案的依据。

（1）室内覆盖注意事项

在勘测实施过程中，对于用户及应用服务要考虑到用户密度和应用服务的差异性，对于覆盖区域要明确覆盖范围、AP 频点的布局兼顾好特殊场景，解决好以下几点问题：

1）哪些无线覆盖区域需要考虑接入用户密度？

办公区、休息区、会议室、大堂等可能出现人员聚集情况的区域；需要考虑高密度部署；走廊、楼梯间等需要考虑实际使用需求。

2）在勘点的时候将平面图画下来，保证设计的准确性。

3）勘点时候要注意测试选点是否已经有 WLAN 覆盖。

4）个别重点保障区域容量问题，如会议室、报告厅、教室。

5）网线路由走向，需要隐蔽、美观，能否保证 24h 供电。

6）AP 放置要考虑 AP 的安全性，尽量将 AP 放置于顾客不能接触的地方，以防 AP 丢失的情况发生。

7）垂直范围内 AP 的合理规划，包括错开不同楼层间的 AP 规划。

8）如何考虑应用服务的差异性？

数据应用——认证、加密。

语音应用——低时延、快速漫游、同一 AP 下的并发用户数。

视频应用——带宽要求高、上行流量较多、组播。

定位应用——精准定位、位置追踪。

安全应用——无线射频威胁的监控、压制。

802.11n——对 802.11a/b/g 的兼容。

9）如何确定无线覆盖区域？

全部覆盖或者部分覆盖。

10）AP 覆盖重叠区多大合适？

15% 左右重叠区域，保证更好的无缝漫游。

11）频点布局？

同频最小化重叠，同一平面以及不同楼层间频点分配。

12）特定场景下的需求？

温度、防水、防盗、防爆、防雷等。

13）勘测穿透性的建议。

对于钢筋混凝土墙不建议隔墙覆盖，对于普通砖墙建议 AP 覆盖不超过 2 堵墙的穿射，对于玻璃墙建议 AP 覆盖不超过 4 堵墙的穿射，对于木质墙体建议 AP 覆盖不超过 6 堵墙的穿射。

14）对于单独覆盖隔间较多的场所，建议将 AP 放于隔间门口的吊顶处安装位置。独立布放的 AP 位置最好高一些，以便在较高地方向下辐射，减少障碍物的阻拦，尽量减少信号盲区。

15）吸顶型天线到 AP 的距离不要超长。控制在 30 ～ 60cm 为宜。

（2）WLAN 室内覆盖勘测的基本要求

1）依据站点选址、设计规范确定，结合现场情况初步确定站点的分布方式。

2）现场勘选 AP 设备的可用安装位置，输出示意图。

3）对照建筑示意图，标明楼宇的内部结构、材质等信息。

4）根据现场情况确定天线类型、增益、安装位置、安装方式以及天线覆盖方向，并输出天线安装位置示意图。天线安装位置选择时应充分考虑目标覆盖区域，减少信号传播阻挡、避开干扰源。

5）现场确定连接 AP 设备的各类缆线（超五类线、电源线、馈线）的路由。

6）勘查人员需要与业主沟通，确认业主对设备安装是否有特殊要求（如明装、暗装、隐蔽安装等）。

（3）勘测完结阶段工作内容

勘测完结阶段的工作内容主要是勘测结果的输出，一般包括 AP、天线及其他无线系统附件的型号、数量，提供给商务人员作为商务报价的基础数据；输出结果包括 AP、天线及其他无线系统应用器件的安装位置和安装参数，作为无线系统工程的设计资料，提供给工程安装人员作为工程实施初步依据。

（4）勘测的实施方法

勘测的实施方法一般要经历如图 4-2 所示的 3 个步骤。

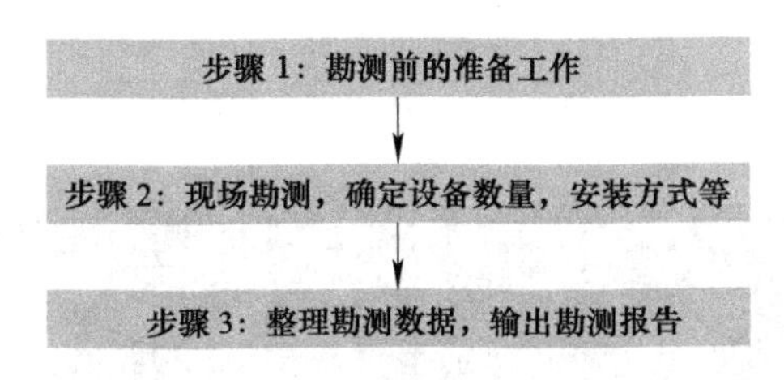

图 4-2　勘测的 3 个步骤

步骤 1：准备相关软硬件设备，最重要的是与用户一同协商并确定覆盖的区域、明确覆盖的要求。

步骤 2：了解现场环境，确定设备数量、安装方式、供电方式、覆盖范围。在条件允许的情况下，进行现场测试。

步骤 3：整理勘测过程中的相关数据，输出勘测报告。

（5）勘测需要准备的资料与工具

作为一个合格的勘测人员，在实施无线网络勘测前，需要准备以下工具包。

硬件包含：

携带企业级无线网卡 1 块。推荐使用能够和无线抓包软件 WildPackets AiroPeek 兼容的无线网卡，以便于空口抓包分析。

建议使用客户实际会使用到的无线客户端，如 PDA、Wi-Fi Phone 等。

瘦 AP 及无线控制器（瘦 AP 勘测方案）。

胖 AP 及电源适配器（胖 AP 勘测方案）。

照相机或带照相功能的手机。

长网线 +POE 模块（瘦 AP 勘测方案）。

步话机 / 对讲机（可选）。

软件包含：

吞吐量测试软件：NetIQ IxChariot。

信号强度测试软件：WirelessMon、inSSIDer、NetSurveyor、AirMagnet WiFi Analyzer PRO、Network Stumbler。

无线分析 / 抓包软件：WildPackets OmniPeek。

（6）勘测位置的选取

根据勘测位置的选取一般可以分为 WLAN 室内覆盖勘测和 WLAN 室外覆盖勘测。

（7）AP 信号覆盖能力测试

在目标覆盖区域使用信号强度测试软件对 AP 拟部署的位置进行信号强度的测试可以估计 AP 在该部署位置的信号覆盖能力是否符合客户需求。图 4-3 所示为 NetSurveyor 软件测试 AP 的信号强度情况，红框所示为 AP 的信号强度，建议 AP 信号强度以达到 −75dBm 以上为达标，±5dBm 为可接受范围。

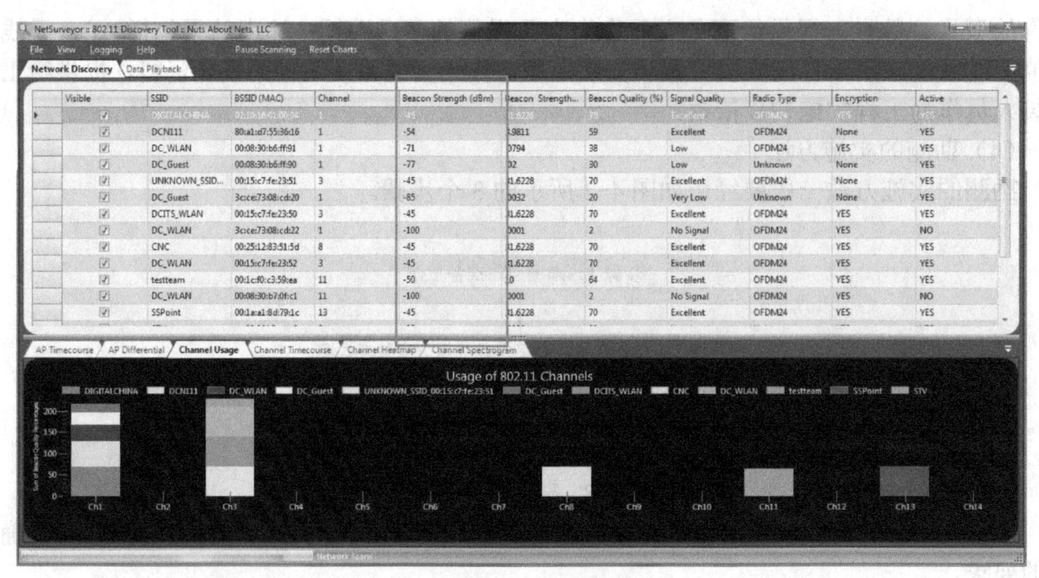

图 4-3 AP 信号图

（8）AP 吞吐量测试

吞吐量理论上是指在没有帧丢失的情况下，设备能够接受的最大速率。其测试方法是：在测试中以一定速率发送一定数量的帧，并计算待测设备传输的帧，如果发送的帧与接收的帧数量相等，那么就将发送速率提高并重新测试；如果接收帧少于发送帧则降低发送速率重新测试，直至得出最终结果。吞吐量测试结果以 bit/s 或 Byte/s 表示。不同协议及无线协商速率下 AP 吞吐量情况见表 4-1。

表 4-1 AP 吞吐量

标准配置	频宽	数据流数	调制速率	保护间隔	速率 Mbit/s	吞吐量 Mbit/s
			802.11a			
全部	20	1	64QAM 3/4	Long	54	24
			802.11n			
最小	20	1	64QAM 5/6	Long	65	46
低端产品	20	1	64QAM 5/6	Short	72	51
中端产品	40	2	64QAM 5/6	Short	300	210
高端产品	40	3	64QAM 5/6	Short	400	320
最大修正	40	4	64QAM 5/6	Short	600	420
			802.11ac wave1			
最小	80	1	64QAM 5/6	Long	293	210
低端产品	80	1	64QAM 5/6	Short	433	300
中端产品	80	2	64QAM 5/6	Short	867	610
高端产品	80	3	64QAM 5/6	Short	1300	910
80M 最大修正	80	8	64QAM 5/6	Short	3470	2400
			802.11ac wave2			
低端产品	160	1	64QAM 5/6	Short	867	610
中端产品	160	2	64QAM 5/6	Short	1730	1200
高端产品	160	3	64QAM 5/6	Short	2600	1800
超高端产品	160	4	64QAM 5/6	Short	3470	2400
最大修正	160	8	64QAM 5/6	Short	6930	4900

（9）勘测报告

勘测报告是现场勘测完成后的主要输出文档。

勘测报告的主要内容参考如下：

1）工勘区域特征说明。

2）工勘区域平面图。

3）工勘区域内覆盖单元划分说明。

4）无线系统规划图。

5）各覆盖单元的覆盖说明。

6）组网拓扑图。

7）AP 位置及连接信息说明。

8）设备及材料汇总表。

9）工勘网络规划备忘录。

（10）AP 点位图及设计文档输出

经过现场勘测将 AP 的部署位置标记在覆盖区域平面图上，并能体现各 AP 自身所覆盖的区域，这就是 AP 的点位图，如图 4-4 所示。

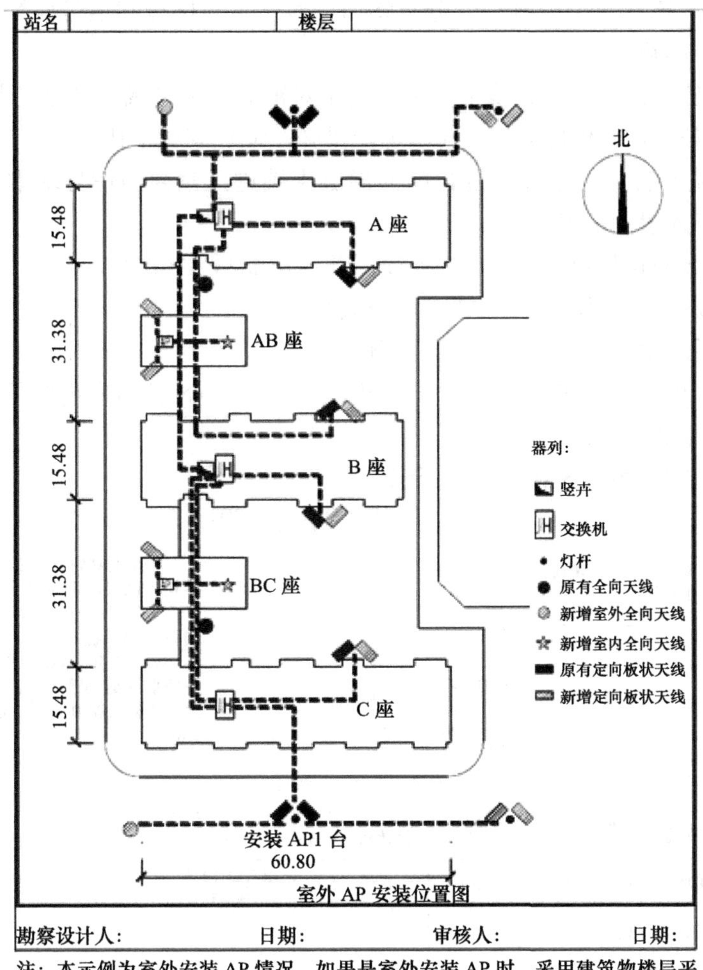

图 4-4　AP 点位图

除了 AP 的点位图，还应有其他的设计文档输出，如组网拓扑图等。

4.2.5　室外勘测

（1）设计原则

1）如需新建站点，则在现场勘察的过程中，需要确定在天线安装所要求的位置与高度上，是否有安装条件。

2）如果需要新建天线抱杆、桅杆、铁架等各类支撑，需在现场确定其安装位置和高度等，并将架设方案做绘制记录。

3）室外安装天线时，应考虑到 AP 设备与天线的距离不能过远的原则，落实好 AP 设备的安装位置。

4）由于室外天线一般都距离建筑物有一定的距离，因此需要在勘察时考虑到如何保障室外设备、缆线等的安全。

5）AP 与无线终端间的信号交互，保证用户可有效接入网络。

6）天线选择：需尽量考虑到信号分布均匀，对于重点区域和信号碰撞点，需要考虑调整天线方位角和下倾角。

7）天线安装位置：应确保天线主波束方向正对覆盖目标区域，以保证良好的覆盖效果。

8）使用相同信道的 AP 其覆盖方向尽可能错开，避免同频干扰。

对于小区覆盖而言，从室外透过封闭的混凝土墙进入室内的信号基本不可用，一般只考虑利用从门、窗入射的信号。

9）被覆盖区域应该尽可能靠近 AP 天线，并尽可能与 AP 直视。

室外覆盖组成： 室外型大功率 AP，增益天线。

应用场景：通过室外信号覆盖室内，兼顾室外覆盖。

适用场景：室外信号覆盖需求的地方； 无法建设 WLAN 信号室内覆盖的地方；要快速实现 WLAN 信号覆盖的地方。

室外覆盖示意图如图 4-5 和图 4-6 所示。

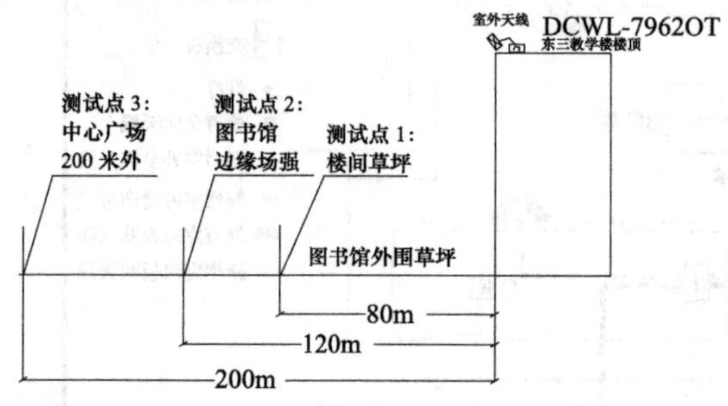

测试位置	Ping /ms	丢包率	场强 / dBm	吞吐量 /MB/s	备注
测试点 1	2.5	0%	−47	1.5 ～ 2.2	草坪上树丛遮挡
测试点 2	3.5	0%	−45 ～−50	2.5	
测试点 3	4.8	0%	−50	2.2	

图 4-5　室外覆盖示意图 1

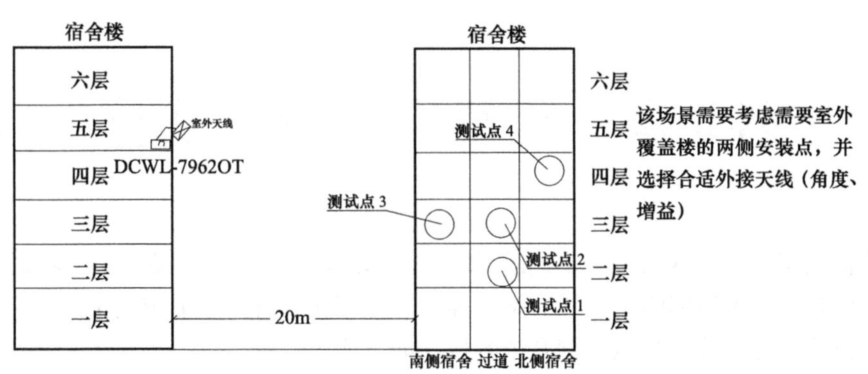

测试位置	Ping/ms	丢包率	场强 /dBm	吞吐量 /MB/s	备注
测试点 1	9	5%	–72	0.05 ～ 0.09	
测试点 2	7	0.1%	–63	0.1 ～ 1.0	电信 WLAN 信号干扰
测试点 3	4	0%	–54	3.5	
测试点 4			–71		信号干扰经常断网，无法正常测试

图 4-6　室外覆盖示意图 2

（2）室外覆盖的问题

1）室外覆盖的 AP 功率及天线增益与 STA 的功率相差较大，容易造成上下行不均等，导致能收到信号，却无法上网。

2）室外覆盖由于信号发射较远，在射频干扰上，容易干扰别的信号也同时容易被别的信号干扰。

3）同比室内覆盖，室外覆盖在覆盖效率上有一定欠缺，对于处于天线主波瓣边缘及旁瓣的房间，信号会有明显的弱化。

4）室外覆盖主要还是适用于特殊场景的覆盖，目前尚不建议全网大规模部署。

第5章　无线网络项目实施

通过上面的学习，了解了无线网络的基础知识以及其他相关产品。下面将进入无线网络的实际操作阶段。无线网络与有线网络一样，同样存在了解用户需求、指定建设方案以及商务部分，去除商务部分，分为下列几个阶段，如下所示：

1）项目实施前的准备。

2）项目实施。

3）项目交付。

5.1　项目实施前的准备

在项目实施前，会有1～2周的准备时间，期间流程如下（见图5-1）：

1）甲方准备指定设备存放地点，即库房。

2）甲方指定监理公司，监理公司派遣监理经理。

3）甲方、乙方、施工方、监理方组成实施小组。

4）甲方指定关键总协调人。

5）设备入场。

6）辅材入场及点验，如双绞线、光纤、线材等。

7）施工人员入场。

8）网络拓扑准备。

9）VLAN及地址规划。

10）信道规划。

11）认证规划。

12）制订里程碑计划，并严格按计划的时间点完成项目进度。

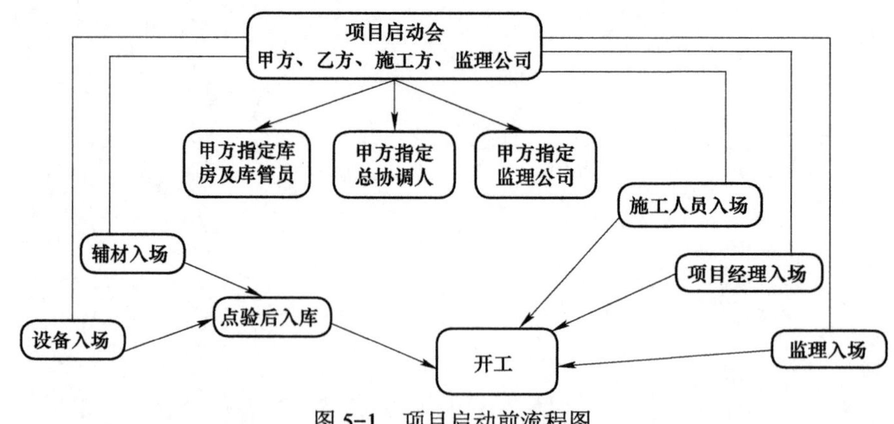

图5-1　项目启动前流程图

其中 8）、9）、10）、11）项应该在项目实施之前的建设方案中已经存在，只需要和甲方再一次商讨，达成最终的实施计划。

除了上述所讲，在项目中，还需要和业主建立良好的关系，才能确保项目良好、稳定、有序的进行。在项目实施前，业主、监理、物业管理人、项目承包商、施工方一起努力配合，做好全方位施工工作，实行对现场质量、安全、进度、文明施工的管理，具体措施如下：

（1）协调方式

1）按总进度计划制定控制节点，组织协调工作会议，检查本节点的实施情况，制定修正、调整下一个节点的实施要求。

2）保持与业主、监理、施工方等单位的联系，项目组将定期（每周）负责主持施工协调会和施工例会。对工程节点的进度、总计划进度、工程质量、现场标准化、安全生产、计量状况、工程技术资料、原材料及设备等的检查，并制定必要的奖罚制度和措施、奖优罚劣。总结上周工作情况和存在问题，安排下周工作。

3）以项目组为主，及时向业主、监理反映工程进度情况和需要解决的问题，使有关各方了解工程的进行情况，及时解决施工中出现的困难和问题。

（2）与业主的配合、协调措施

在实施本项目的过程中，绝对服从业主在进度、质量、文明施工等各方面和环节进行的项目管理，通过良好的合作，全面履行合同。

1）明确与业主的关系：就是服从与服务，发挥自身的主观能动性，确保总进度计划、总质量目标的实现。

2）对于业主所提出的工程总进度、工程质量目标、现场文明施工管理、施工力量配备、机具设备材料的管理、精神文明建设和安全管理等方面的要求，我方均将不折不扣的予以执行，并制定相应措施予以保证落实。

3）对于业主在设备材料选型、采购、仓储、运输及对系统承包商进行招标等各方面提出配合的要求时，我方要积极主动地提出建议、方法，订立实施方案，其目标是一切服从工程、服从业主、保障到位。

在项目初期，需要制订项目施工进度计划。通过细分流水段、合理组织人力资源、调动公司及合作资源，确保投入充足的人力和工具，确保工期目标的实现。项目的施工前期根据设计要求进一步完成施工设计，同时快速完成采购备货工作，待工程具备作业条件时全面展开施工。

5.1.1　设备的点验

一个项目的实施，不能缺少最重要的物料，设备。

在无线网络项目中，最重要的设备有：无线 AP、无线控制器、接入 POE 交换机、汇聚交换机、认证服务器、DHCP 服务器、双绞线、光纤等。

每个项目根据其规模，大小不一，设备有多有少，项目的实施时间也有长又短，故需要一个安全的地点作为库房，存放上述设备，并指定专人作为保管员，直到项目实施完毕。在项目实施中，严格实行出入库管理。设备的进出都需要责任人签字，以保证设备的安全，确保每个设备达到物尽其用。

一个好的项目，在实施前，严格对设备进行管理，是实现成功的关键一步。

设备进场前，需要注意以下几个关键点。

1）甲方指定的库房及其位置。

2）甲方指定的库房管理员。

3）库房管理员提前准备好验货单。

4）库房管理员提前准备好设备出入库单。

设备进场前的点验，包括如下几个环节。

1）确认数量，是否与合同中标定的数量一致。

2）设备的外观是否破损。

3）开箱验货，检验设备是否在运输过程中发生磕碰而损坏。

5.1.2 辅材点验

每个项目在实施时，除了关键的设备外，还需要很多辅材，没有辅材，一个项目是无法完成的。辅材分为几类，如下：

1）双绞线，如五类线、六类线等。

2）网络电缆的水晶头。

3）光纤。

4）光纤的 ODF 盒。

5）PVC 线槽、PVC 管。

6）金属线槽、金属管。

7）扎带等。

8）机柜。

9）配线架。

10）工具，网线钳等。

如果甲方有条件，则可以为辅材单独设置库房，也可与主料一同放置，但是等级入账后的辅材的出入库管理单列账目，可以两个库管员管理，也可同时委托一人管理，视项目的大小和材料的多寡来定。

辅材进场前的点验，包括如下几个环节：

1）确认数量，是否与合同中标定的数量一致。

2）辅材的外观是否破损。

3）开箱验货，检验设备是否在运输过程中发生磕碰而损坏。

5.1.3　施工人员入场

在项目实施时，关键的一个阶段，即施工工人，非常重要，需要在项目实施前做好准备，分别如下：

1）甲方指定总协调人，负责整个项目中甲方需要的支持，如电力支援、人员的出入、门禁的打开等工作。

2）乙方，即厂家或厂家指定的代理商的人员，负责设备的全程管理，如设备及辅材进场、协调管理施工人员、设备调试、设备试运行等工作。

3）施工人员，需要确认数量，做到安全、高效、可管理、可控制的良好运行。

4）监理公司制定的监理经理，一般 1 ～ 2 名，全程参与项目的实施。

施工人员视项目大小，人员数量不定，必须遵循如下规定，才能确保工程实施。

1）安全，即人身安全，用电安全，高空作业安全等。

2）可管理，听从项目经理安排，按照实施方案，有序进行施工，不能随意地施工以及外出等。

5.1.4　工程质量管理

为保证工程施工的质量，就是要按照设计要求选择合格的材料，经过优化的工序或工作，按照一定的投资额，在预定的工期内，完成各子系统工程建设。

工程质量必须全方位来保证，图 5-2 所示为工程质量全方位保证的关系图。

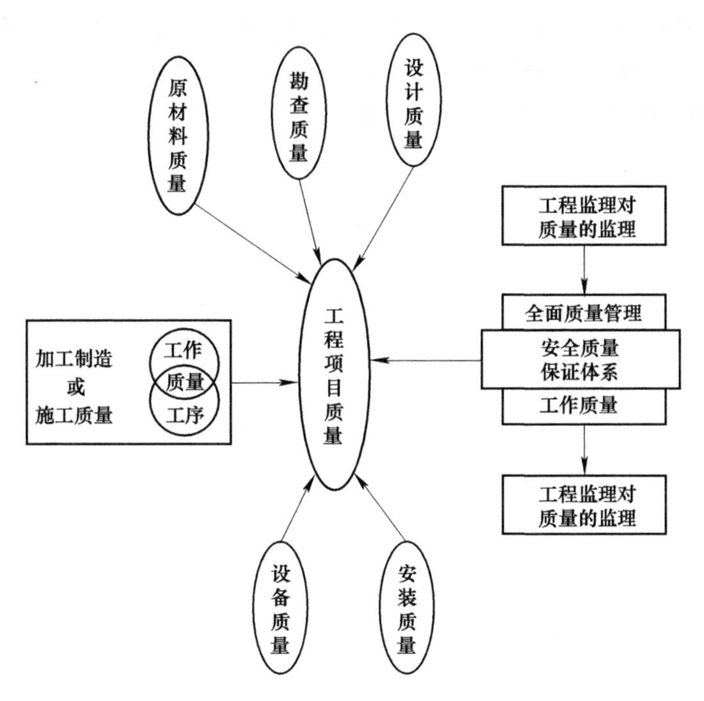

图 5-2　工程质量流程图

从图 5-2 中可以看出质量全方位保证取决于设计、设备、安装和安全等多个环节，工程质量的全方位保证必须从以下几个方面控制。

1）明确质量标准，严格按照质量标准交付项目。

2）严格按照产品质量交付标准以及设备安装规范进行设备安装。

3）建立质量控制，检查和验收制度。

1．建立实施组织自检互检制度

严格质量检查验收，实施组织完成分项工程后，必须进行自检，自检合格后，报请项目部质量检查，下道工序施工前必须对上道工序的分项工程再次进行质量检查验收。

2．建立工程质量检查验收档案管理制度

工程质量检查验收工作一定要有文字记录，填写相关的表格资料并经有关责任人签字认可，存档备案。

3．建立工程质量例会制度

召开质量例会，由质量监督工程师主持，各技术管理人员参加，分析一周来施工中有关的质量问题。

5.2 项目实施前网络拓扑的规划

5.2.1 无线控制器

无线控制器在整个无线网络当中，所实现的作用相当于人的大脑，所有的无线 AP 的工作、数据流的走向、用户的数据等均由其控制，所有有关无线的种种都由它来控制和实现。

从无线控制器所处的位置来讲，分别如下：

1．无线控制器直接连接路由出口设备，如图 5-3 所示。

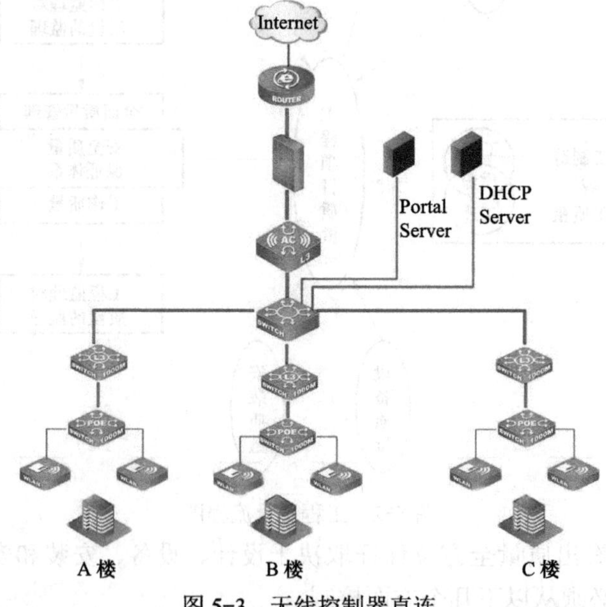

图 5-3 无线控制器直连

2．无线控制器旁挂在网络中，如图 5-4 所示。

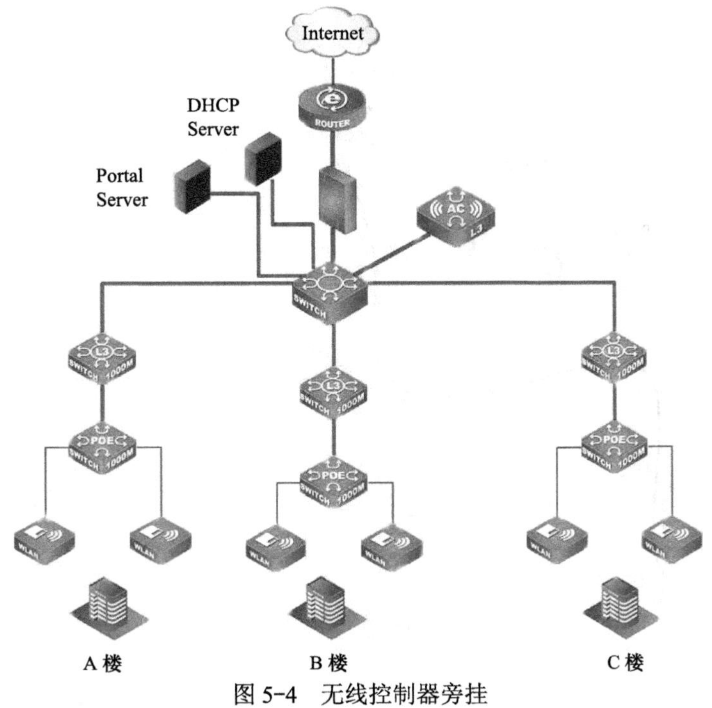

图 5-4　无线控制器旁挂

从无线控制器的数据流向来讲，分别如下：

1．集中转发，如图 5-5 所示。

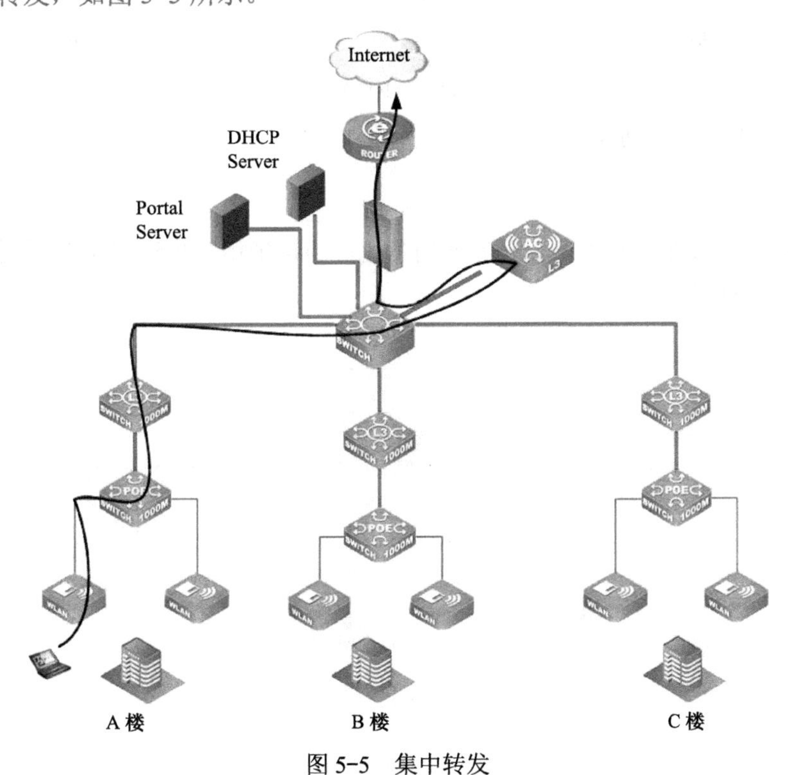

图 5-5　集中转发

2. 本地转发，如图 5-6 所示。

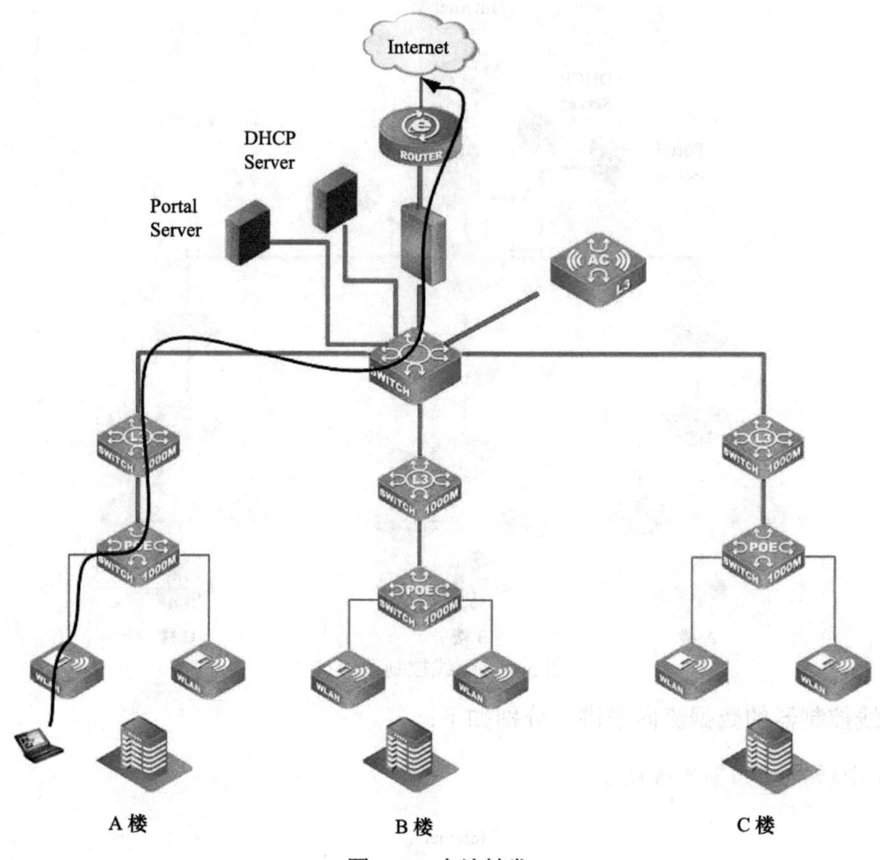

图 5-6　本地转发

从用户认证来讲，分别如下：

1. 本地认证，如图 5-7 所示。

在组网中，AC 设备担任 Portal 服务器的角色，用认证用户推送重定向页面、认证成功 / 失败页面、下线页面等。

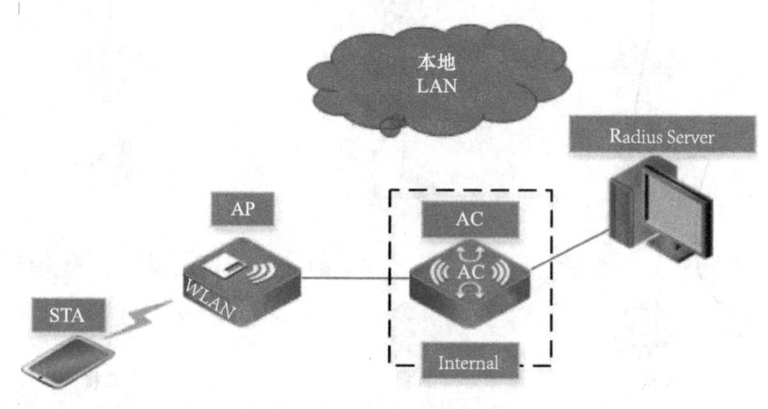

图 5-7　Portal 本地认证

2．外部认证，如图 5-8 所示。

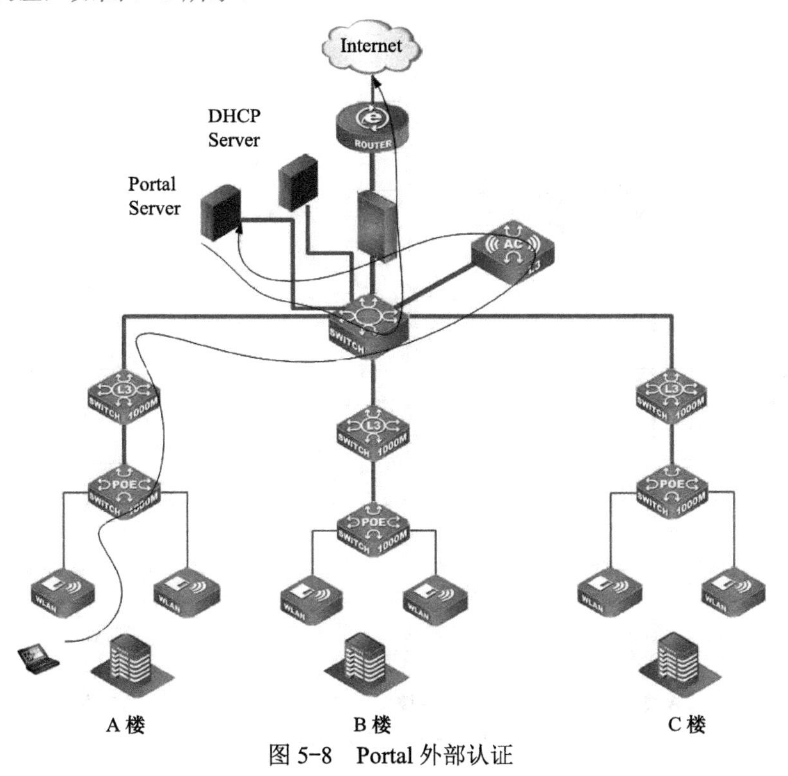

图 5-8 Portal 外部认证

Portal 认证流程如图 5-9 所示。

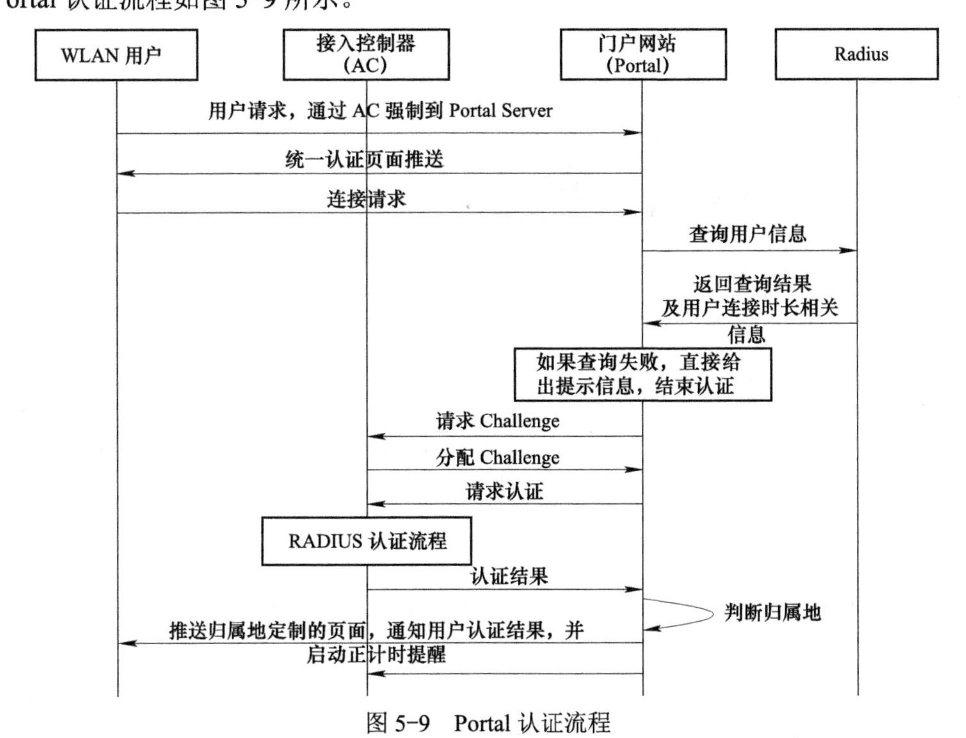

图 5-9 Portal 认证流程

从管理 AP 方面来讲，分别如下：

1．二层部署，如图 5-10 所示。

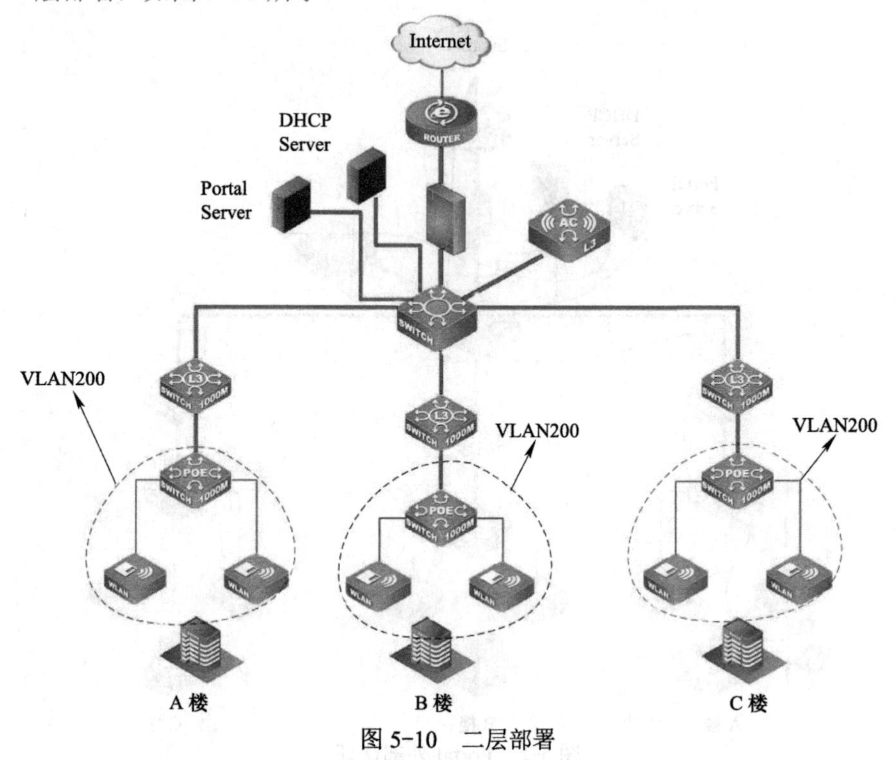

图 5-10　二层部署

2．三层部署，如图 5-11 所示。

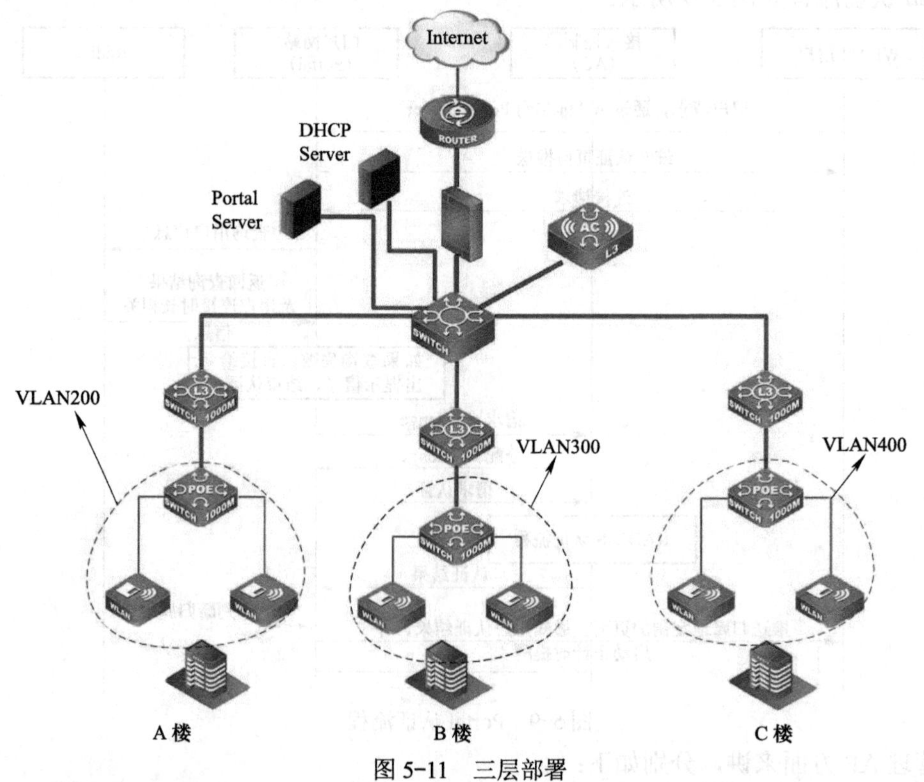

图 5-11　三层部署

3．跨 NAT 部署，如图 5-12 所示。

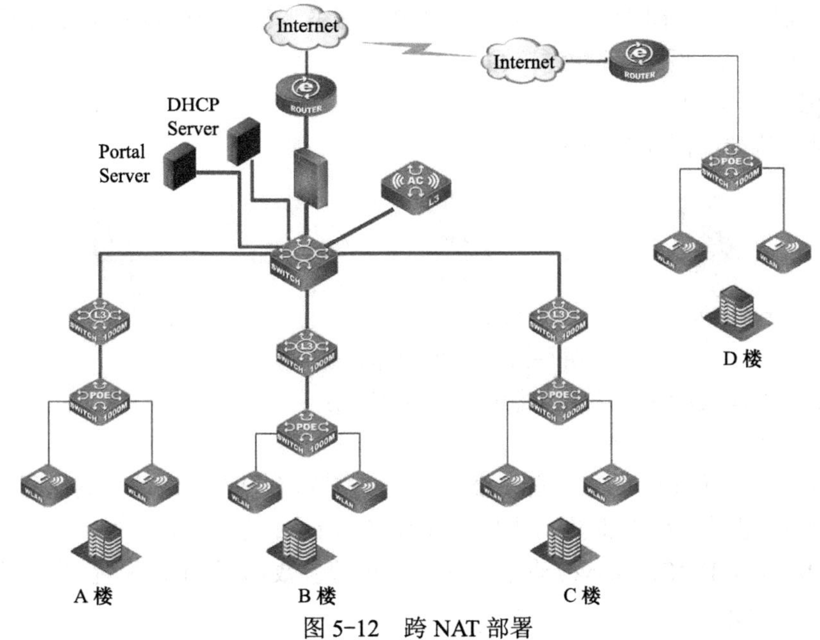

图 5-12　跨 NAT 部署

4．云端部署，如图 5-13 所示。

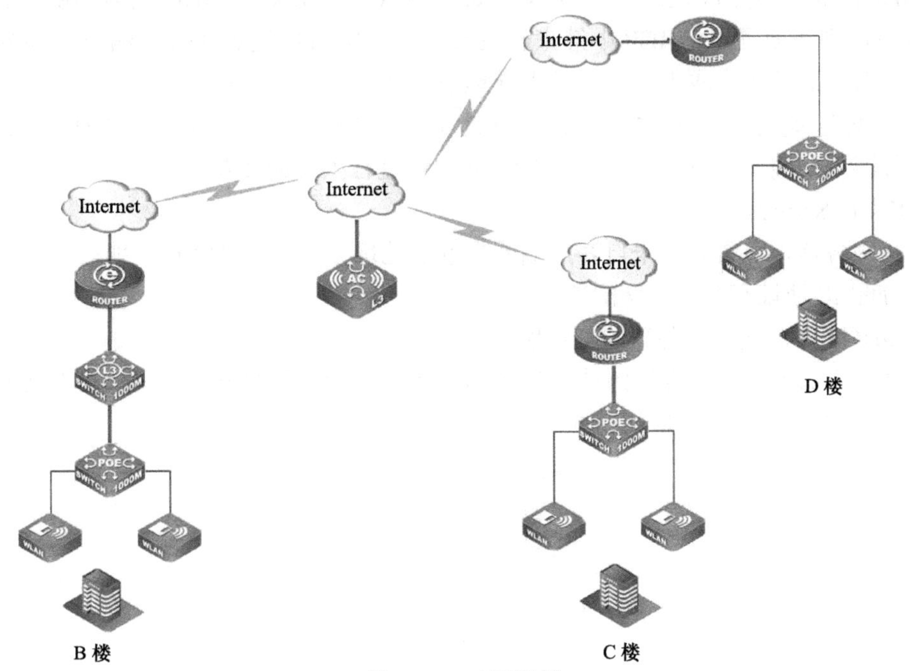

图 5-13　云端部署

5.2.2 DHCP 服务

（1）DHCP 简介

DHCP（Dynamic Host Configuration Protocol，动态主机配置协议）是一种用于集中对

用户 IP 地址进行动态管理和配置的技术。DHCP 采用客户端 / 服务器模式，DHCP 客户端向 DHCP 服务器动态地请求网络配置信息，DHCP 服务器根据策略返回相应的配置信息（IP 地址、子网掩码、默认网关等网络参数）。

（2）DHCP 基本架构

DHCP 基本构架如图 5-14 所示。

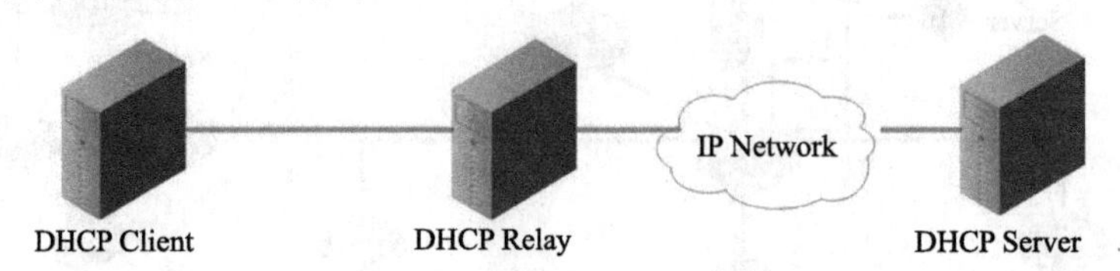

图 5-14　DHCP 基本构架示意图

DHCP 基本协议架构中，主要包括以下 3 种角色：

1）DHCP Client。

DHCP 客户端，通过与 DHCP 服务器进行报文交互，获取 IP 地址和其他网络配置信息，完成自身的地址配置。在设备接口上配置 DHCP Client 功能，这样接口可以作为 DHCP Client，使用 DHCP 从 DHCP Server 动态获得 IP 地址等参数，方便用户配置，也便于集中管理。

2）DHCP Relay。

DHCP 中继，负责转发来自客户端方向或服务器方向的 DHCP 报文，协助 DHCP 客户端和 DHCP 服务器完成地址配置功能。如果 DHCP 服务器和 DHCP 客户端不在同一个网段范围内，则需要通过 DHCP 中继来转发报文，这样可以避免在每个网段范围内都部署 DHCP 服务器，既节省了成本，又便于进行集中管理。

在 DHCP 基本协议架构中，DHCP 中继不是必须的角色。只有当 DHCP 客户端和 DHCP 服务器不在同一网段内，才需要 DHCP 中继进行报文的转发。

3）DHCP Server。

DHCP 服务器，负责处理来自客户端或中继的地址分配、地址续租、地址释放等请求，为客户端分配 IP 地址和其他网络配置信息。

（3）DHCP 客户端与服务器的交互模式

DHCP 客户端为了获取合法的动态 IP 地址，在不同阶段与服务器之间交互不同的信息。DHCP 客户端动态获取 IP 地址如图 5-15 所示。

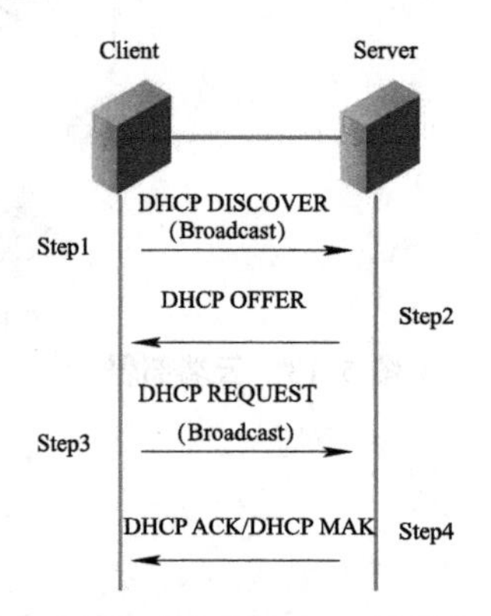

图 5-15　DHCP 客户端动态获取 IP 地址的 4 步交互过程

如图 5-15 所示，DHCP 客户端首次登录网络时，主要通过 4 个阶段与 DHCP 服务器建立联系。

1）发现阶段，即 DHCP 客户端寻找 DHCP 服务器的阶段。

在发现阶段，DHCP 客户端通过发送 DHCP DISCOVER 报文来寻找 DHCP 服务器。由于 DHCP 服务器的 IP 地址对于客户端来说是未知的，所以 DHCP 客户端以广播方式发送 DHCP DISCOVER 报文。所有收到 DHCP DISCOVER 报文的 DHCP 服务器都会发送回应报文，DHCP 客户端据此可以知道网络中存在的 DHCP 服务器的位置。

2）提供阶段，即 DHCP 服务器提供 IP 地址的阶段。

网络中接收到 DHCP DISCOVER 报文的 DHCP 服务器，会从地址池选择一个合适的 IP 地址，连同 IP 地址租约期限和其他配置信息（如网关地址、域名服务器地址等）通过 DHCP OFFER 报文发送给 DHCP 客户端。

3）选择阶段，即 DHCP 客户端选择 IP 地址的阶段。

如果有多台 DHCP 服务器向 DHCP 客户端回应 DHCP OFFER 报文，则 DHCP 客户端只接收第一个收到的 DHCP OFFER 报文。然后以广播方式发送 DHCP REQUEST 请求报文，该报文中包含服务器标识选项（Option54），即它选择的 DHCP 服务器的 IP 地址信息。

以广播方式发送 DHCP REQUEST 请求报文，是为了通知所有的 DHCP 服务器，它将选择 Option54 中标识的 DHCP 服务器提供的 IP 地址，其他 DHCP 服务器可以重新使用曾提供的 IP 地址。

4）确认阶段，即 DHCP 服务器确认所提供 IP 地址的阶段。

当 DHCP 服务器收到 DHCP 客户端回答的 DHCP REQUEST 报文后，DHCP 服务器会根据 DHCP REQUEST 报文中携带的 MAC 地址来查找有没有相应的租约记录。如果有，则向客户端发送包含它所提供的 IP 地址和其他设置的 DHCP ACK 确认报文。DHCP 客户端收到该确认报文后，会以广播的方式发送免费 ARP 报文，探测是否有主机使用服务器分配的 IP 地址，如果在规定的时间内没有收到回应，则客户端才使用此地址。

如果 DHCP 服务器收到 DHCP REQUEST 报文后，没有找到相应的租约记录，或者由于某些原因无法正常分配 IP 地址，则发送 DHCP NAK 报文作为应答，通知 DHCP 客户端无法分配合适 IP 地址。DHCP 客户端需要重新发送 DHCP DISCOVER 报文来申请新的 IP 地址。

DHCP Client 获得 IP 地址后，上线之前会检测正在使用的网关的状态，如果网关地址错误或网关设备故障，则 DHCP 客户端将重新使用 4 步交互方式请求新的 IP 地址

在无线网络项目中，存在 3 种地址的分配，分别如下：

1）AP 的管理地址。

2）汇聚交换机以及 POE 交换机的管理地址。

3）用户的地址。

AP 的管理地址可以由 AC 分配，也可由外置的 DHCP 服务器分配，也可由交换机分配，视项目情况定。

汇聚及接入交换机的地址一般内部指定其地址。

用户的地址可以由 AC、路由器或外置 DHCP 服务器分配，一般建议使用单独的外置 DHCP 服务器分配地址，以减轻 AC 或路由器的压力。

(4) IP 地址分配规则

IP 地址规划原则需要考虑规范性、标准性、可扩展性、连续性和灵活性，在进行 IP 地址规划设计时，必须考虑如下基本原则：

1）规范性：网络地址空间划分和分配是基于对全局的应用部署、数据流向和用户访问的全面理解，结合业界最佳实践对全局规划、分配、使用 IP 地址具有指导和强制作用。

2）标准性：IP 地址的分配空间需要符合 RFC 1918 的标准规定。

3）可扩展性：网络地址在功能、容量、覆盖能力等各方面具有易扩展能力，以适应快速的业务发展对基础架构的要求。

4）连续性：在网络规模扩展时能保证地址汇总所需的连续性。网络地址空间划分采用分层、分级结构化方法，按职能划分连续地址，易于进行路由汇总。

5）灵活性：地址分配应具有灵活性，借助可变长子网掩码技术，支持多种路由策略的优化和充分利用地址空间。

从国际IP地址规划标准(IEEE RFC1918)来看，国际标准私有网络地址分配的规划如下:

10.0.0.0 ～ 10.255.255.255

172.16.0.0 ～ 172.31.255.255

192.168.0.0 ～ 192.168.255.255

1）网关（含 VRRP）：从最高位开始，由高到低，VRRP 浮动地址选用最小的地址。

2）网络设备互联和网络设备的 LOOPBACK 管理地址采用单独的地址段。

3）设备互联地址使用 30 位掩码，地址从低到高分配。

4）同类设备互联，编号小的设备取奇地址，编号大的设备取偶地址。

5）不同层次的设备互联，靠近网络核心的设备选取奇地址，远离网络核心的设备选取偶地址。

6）网络设备的 LOOPBACK 管理地址，使用 32 位掩码，地址从高到低分配；设备的 LOOPBACK 地址使用 X.X.X.1 ～ X.X.X.254/32。

7）设备管理地址使用 LOOPBACK 地址作为带内管理地址。

(5) DHCP 参数设计

在无线网的网络规划中，无线网终端 IP 地址是通过 DHCP 服务器作为地址池动态获取的，所以预先需要在 DHCP 服务器上配置相应的地址池，保证用户能够顺利获取地址。

在无线网 DHCP 服务器上面，需要配置两类地址池：

1）用户终端地址池。

2）AP 终端地址池。

顾名思义，用户终端地址池就是给用户终端提供 IP 地址的地址池，用户获取到 IP 地址后，通过准入认证，就可以访问 Internet；AP 终端地址池就是分配给下挂无线 AP 的地址池，AP 获取到 IP 地址后，就可以与 AC 进行通信，交互 CAPWAP 报文，保证 WLAN 网络正常使用。

用户地址池配置：需要指明用户地址的网关 IP 地址；配置用户可获取 IP 地址的网段；配置 IP 地址租期；配置 DNS 地址。

AP 地址池配置：需要指明 AP 地址网关 IP 地址；配置 AP 可获取 IP 地址的网段；配置 IP 地址租期；配置 Option43，用来指明 AC 的地址，保证 AP 获取地址后能够找到 AC，从而进行 CAPWAP 交互。

（6）IP 地址规划

IP 地址的规划需要综合考虑全网 AC、AP 和终端用户。

1）AC 的 IP 地址：用于 AC 设备的管理以及 AP 与 AC 之间的通信，通过静态手工配置。

2）AP 的 IP 地址：只用于接收 AC 的管理，一般通过 DHCP Server 动态分配，在 AC 上能够看到 AP 与 IP 地址的对应关系。

3）终端用户的 IP 地址：一般通过 DHCP Server 提供，DHCP Server 可集成于 AC，也可以独立架设。根据不同的楼层和 SSID 进行划分子网，一个 SSID 的不同楼层用户划分到不同的子网，实现广播的隔离。

5.2.3 认证服务器

在无线网络项目中，认证服务器的位置分为两类，一类是旁挂在网络侧，一类是认证服务器兼带 BASE 和 NAT 功能的，这时可以放在网关侧，一般建议认证服务器旁挂。

认证方式分为如下几种：

1）WEP 加密。

2）WPA/WPA2 加密。

3）802.1X。

4）Portal 认证。

1. WEP 加密方式

WEP（Wired Equivalent Privacy，有线等效保密）是 1999 年 9 月通过的 IEEE 802.11 标准的一部分，是对在两台设备间无线传输的数据进行加密的方式，用以防止非法用户窃听或侵入无线网络，如图 5-16 所示。不过 WEP 先天不足，存在诸多弱点，因此在 2003 年被 WPA（Wi-Fi Protected Access，Wi-Fi 网络安全接入）淘汰，后来又在 2004 年由完整的 IEEE 802.11i 标准中所定义的 WPA2 所取代。

（1）WEP 加密方式介绍

WEP 主要用于无线局域网中链路层信息数据的保密。WEP 采用对称加密原理，数据的加密和解密采用相同的密钥和加密算法。启用加密后，WEP 使用加密密钥（也称为 WEP 密钥）对 802.11 网络上交换的每个数据包的数据部分进行加密，两个 802.11 设备要进行通信，必须具有相同的加密密钥，并且均配置为使用加密。如果配置一个设备使用加密而另一个设备没有，则即使两个设备具有相同的加密密钥也无法通信。

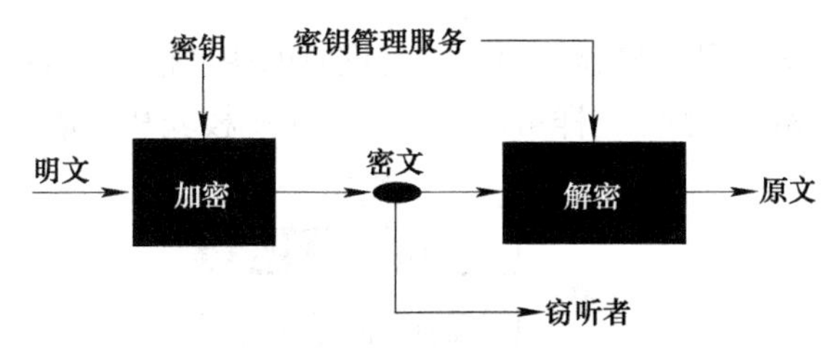

图 5-16　WEP 加密示意图

WEP 支持 64 位和 128 位加密，对于 64 位加密，加密密钥为 10 个十六进制字符（0 ～ 9 和 A ～ F）或 5 个 ASCII 字符；对于 128 位加密，加密密钥为 26 个十六进制字符或 13 个 ASCII 字符。64 位加密有时称为 40 位加密；128 位加密有时称为 104 位加密。152 位加密不是标准的 WEP，没有受到客户端设备的广泛支持。

WEP 依赖通信双方共享的密钥来保护所传的加密数据帧，如图 5-17 所示，其数据的加密过程如下：

1）计算校验和（Check Summing）。

①对输入数据进行完整性校验和计算。

②把输入数据和计算得到的校验和组合起来得到新的加密数据，也称为明文，明文作为下一步加密过程的输入。

2）加密。

在这个过程中，将第一步得到的数据明文采用算法加密。对明文的加密有两层含义：明文数据的加密和保护未经认证的数据。

①将 24 位的初始化向量和 40 位的密钥连接进行校验和计算，得到 64 位的数据。

②将这个 64 位的数据输入虚拟随机数产生器中，它对初始化向量和密钥的校验和计算值进行加密计算。

③经过校验和计算的明文与虚拟随机数产生器的输出密钥流进行按位异或运算得到加密后的信息，即密文。

3）传输。

将初始化向量和密文串接起来，得到要传输的加密数据帧，在无线链路上传输。

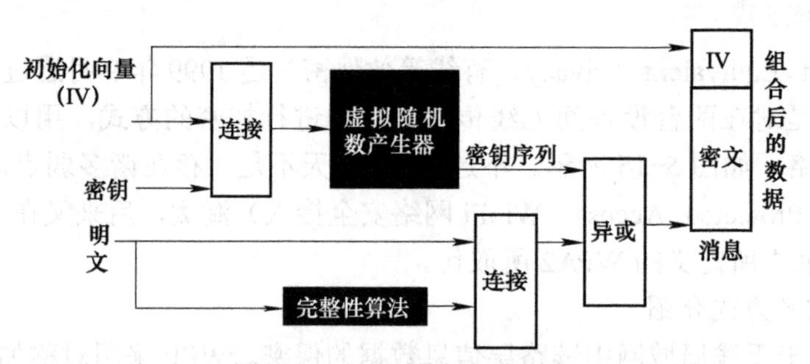

图 5-17　WEP 数据加密过程

WEP 对加密数据帧的解密过程只是加密过程的简单取反，如图 5-18 所示，解密过程如下：

①恢复初始明文

重新产生密钥流，将其与接收到的密文信息进行异或运算，以恢复初始明文信息。

②检验校验和

接收方根据恢复的明文信息来校验校验和，将恢复的明文信息分离，重新计算校验和并检查它是否与接收到的校验和相匹配。这样可以保证只有正确校验和的数据帧才会被接收方接受。

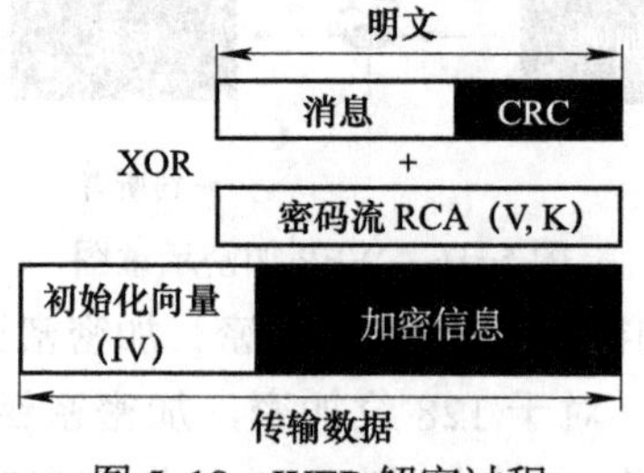

图 5-18　WEP 解密过程

（2）WEP 加密方式配置方法。

WEP 有 2 种认证方式：OSA 认证（Open System Authentication，开放式系统认证）和 Shared-Key 认证（Shared Key Authentication，共有键认证）。对于 OSA 认证，客户端不需要密钥验证就可以连接；对于 Shared-Key 认证，客户端需要发送与接收点预存密钥匹配的密钥。具体差异如图 5-19 所示。

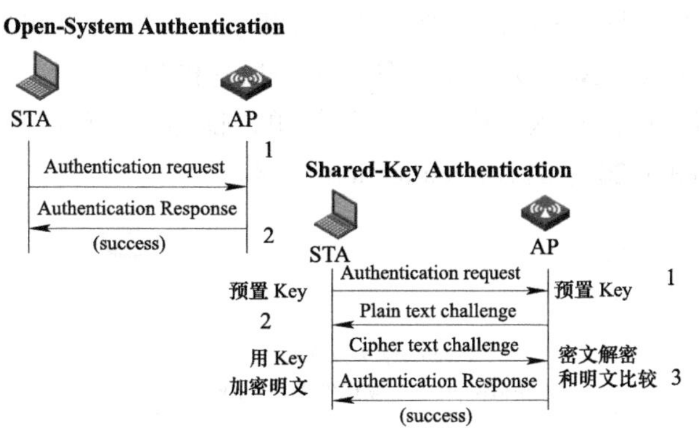

图 5-19　WEP 的 2 种认证方式

Shared-Key 认证与 OSA 认证相比多出了对明文的加解密对比来验证客户端所预制密钥的正确性。可见 Shared-Key 认证的安全性高于 OSA 认证，但是就目前的技术而言，完全可以无视这种认证。

2．WPA/WPA2

无线网络具有安装便捷、使用灵活、经济节约、易于扩展等有线网络无法比拟的优点，但是由于无线网络信道始终处于开放的特点，如果传输链路未采取适当的加密保护，则使用无线网络时的风险就会大幅增加，只要拥有或使用适当的设备，任何人均可窥视未经保护的数据，因此安全性成为阻碍无线网络发展的重要因素之一。然而，这种担忧随着 IEEE 802.11i 协议的正式发布得到了很大缓解，为 WLAN（Wireless Local Area Networks，无线局域网）广泛应用提供了必要条件。WPA/WPA2 比较见表 5-1。

表 5-1　WPA/WPA2

应 用 模 式	WPA	WPA2
企业应用模式	身份认证：IEEE 802.1x/EAP	身份认证：IEEE 802.1x/EAP
	加密：TKIP /MIC	加密：AES-CCMP
SOHO/ 个人应用模式	身份认证：PSK	身份认证：PSK
	加密：TKIP /MIC	加密：AES-CCMP

IEEE 802.11i 协议为了增强 WLAN 数据加密和认证性能，定义了 RSN（Robust Security Network，强健安全网络）的概念，并针对无线局域网早期所使用的 WEP（Wired Equivalent Privacy，有线等效保密）加密机制所存在的各种缺陷做了多方面的改进，是整个 IEEE 802.11 协议族中关于 WLAN 网络安全方面的重要协议。

IEEE 802.11i 协议实现了 WLAN 的 802.1x 认证框架，增强了密钥产生及分配方式，在数据加密方面，定义了 TKIP（Temporal Key Integrity Protocol）、CCMP（Counter-

Mode/CBC-MAC Protocol）和 WRAP（Wireless Robust Authenticated Protocol）3 种加密机制。其中，TKIP 采用 WEP 机制里的 RC4 作为核心加密算法，可以通过在现有的设备上升级固件和驱动程序的方法达到提高 WLAN 安全的目的。CCMP 机制基于 AES（Advanced Encryption Standard）加密算法和 CCM（Counter-Mode/CBC-MAC）认证方式，使得 WLAN 的安全程度大大提高，是实现 RSN 的强制性要求。由于 AES 对硬件要求比较高，因此 CCMP 无法通过在现有设备的基础上进行升级实现。WRAP 机制则是基于 AES 加密算法和 OCB（Offset Code Book），是一种可选的加密机制。

WLAN 早期无线终端的接入认证过程较为简单，仅存在链路层的认证和加密来保证用户的数据安全，对应图 5-20 中的 Authentication 过程。

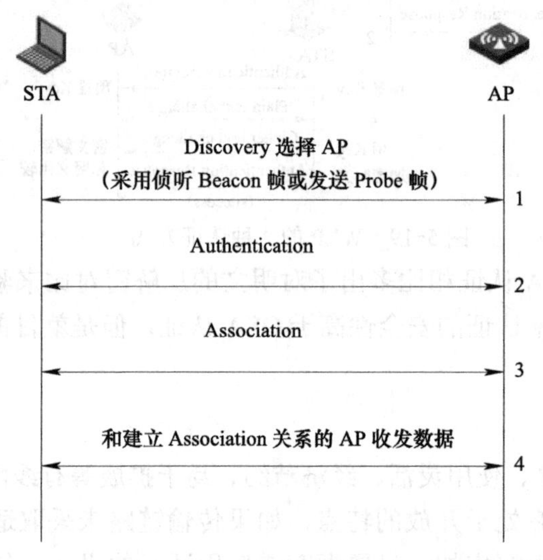

图 5-20　无线终端接入认证过程

链路认证是所有接入服务都必须进行的步骤。支持两种认证方式：OSA 认证（Open System Authentication）和 Shared-Key 认证（Shared Key Authentication）。802.11 链路认证通过 Authentication 报文实现。Static WEP 服务可以选择使用 Open System 认证或 Shared-Key 认证；其他服务类型只能使用 Open System 认证。

（1）OSA 认证

OSA 认证没有对用户进行任何认证操作，只是根据 WLAN 服务是否支持 OSA 认证确定对客户端的认证是否成功。除了当 WLAN 提供 Static WEP 的安全服务时，链路认证在 OSA 和 Shared-Key 中选择外，其他安全服务必须使用 OSA 认证，而不能使用 Shared-Key 认证。

（2）Shared-Key 认证

Shared-Key 认证是需要客户端和 AP 配置共享密钥；AP 会在链路认证过程中随机产生一串字符发送给客户端；客户端会对接收到的字符串复制到新的消息中加密后发送给 AP；AP 接收到该消息后，会对解密后的字符串和最初给客户端的字符串进行比较，确定客户端是否通过认证。如果字符串匹配，则说明客户端拥有设备端相同的共享密钥，即通过了 Shared-Key 认证；否则 Shared-Key 认证失败。

IEEE 802.11i 所定义和改进的安全工作机制流程如图 5-21 所示。

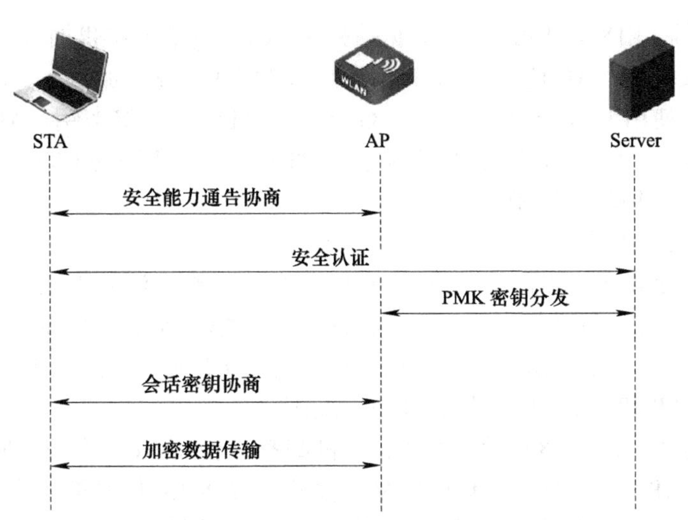

图 5-21　IEEE 802.11i 安全工作机制流程

（1）安全能力通告协商阶段

安全能力通告发生在 STA 与 AP 之间建立 802.11 关联阶段，过程如下：

1）AP 的安全能力通告。

AP 为通告自身对 WPA 的支持，会对外发送一个包含 AP 的安全配置信息（包括加密算法及认证方法等安全配置信息）的帧。

2）STA 同 AP 之间的链路认证。

STA 向 AP 发送 802.11X 系统认证请求，AP 响应认证结果。

3）STA 同 AP 建立 802.11 关联。

STA 根据 AP 通告的 IE 信息选择相应的安全配置，并将所选择的安全配置信息发送至 AP。在该阶段中，如果 STA 不支持 AP 所能支持的任何一种加密和认证方法，则 AP 可拒绝与之建立关联；反过来，如果 AP 不支持 STA 支持的任何一种加密和认证方法，则 STA 也可拒绝与 AP 建立关联。

（2）安全接入认证阶段

该阶段主要进行用户身份认证，并产生双方的成对主密钥 PMK。PMK 是所有密钥数据的最终来源，可由 STA 和认证服务器动态协商而成，或由配置的预共享密钥（PSK）直接提供。对于 802.1X 认证方式：PMK 是在认证过程中 STA 和认证服务器动态协商生成（由认证方式协议中规定），这个过程对 AP 来说是透明的，AP 主要完成用户认证信息的上传、下达工作，并根据认证结果打开或关闭端口。对于 PSK 认证：PSK 认证没有 STA 和认证服务器协商 PMK 的过程，AP 和 STA 把设置的预共享密钥直接当作是 PMK，只有接入认证成功，STA 和认证服务器（对于 802.1X 认证）才产生双方的 PMK。对于 802.1X 接入认证，在认证成功后，服务器会将生成的 PMK 分发给 AP。

（3）会话密钥协商阶段

该阶段主要是进行通信密钥协商，生成 PTK 和 GTK，分别用来加密单播和组播报文。AP 与 STA 通过 EAPOL-Key 报文进行 WPA 的 4 次握手进行密钥协商。在 4 次握手的过程中，AP 与 STA 在 PMK 的基础上计算出一个 512 位的 PTK，并将该 PTK 分解成为以下几种不同用途的密钥：

数据加密密钥、MIC Key（数据完整性密钥）、EAPOL-Key 报文加密密钥、EAPOL-Key 报文完整性加密密钥等。用来为随后的单播数据帧和EAPOL-Key消息提供加密和消息完整性保护。

在4次握手成功后，AP使用PTK的部分字段对GTK进行加密，并将加密后的GTK发送给STA，STA使用PTK解密出GTK。GTK是一组全局加密密钥，AP用GTK来加密广播、组播通信报文，所有与该AP建立关联的STA均使用相同的GTK来解密AP发出的广播，组播加密报文并检验其MIC。

（4）加密数据通信阶段

该阶段主要进行数据的加密及通信。TKIP或AES加密算法并不直接使用由PTK/GTK分解出来的密钥作为加密报文的密钥，而是将该密钥作为基础密钥（Base Key），经过两个阶段的密钥混合过程，从而生成一个新密钥。每一次报文传输都会生成不一样的密钥。在随后的通信过程中，AP和STA都使用该密钥加密通信。

WAP采用TKIP加密，TKIP和WEP加密机制都是使用RC4算法，但是相比WEP加密机制，首先，TKIP通过增长了算法的IV长度提高了WEP加密的安全性；其次，TKIP支持密钥的动态协商，解决了WEP加密需要静态配置密钥的限制；另外，TKIP还支持了MIC认证（Message Integrity Check，信息完整性校验）和Countermeasure功能。

WAP2可以使用CCMP加密，CCMP（Counter mode with CBC-MAC Protocol，计数器模式搭配区块密码锁链－信息真实性检查码协议）加密机制是基于AES（Advanced Encryption Standard，高级加密标准）加密机制的CCM（Counter-Mode/CBC-MAC，区块密码锁链－信息真实性检查码）方法，仅用于RSNA客户端。CCM结合CTR（Counter mode，计数器模式）进行机密性校验，同时结合CBC-MAC（区块密码锁链－信息真实性检查码）进行认证和完整性校验。

3．802.1X

802.1x协议起源于802.11协议，后者是标准的无线局域网协议，802.1x协议的主要目的是为了解决无线局域网用户的接入认证问题，但由于它的原理对于所有符合IEEE 802标准的局域网具有普适性，因此后来它在有线局域网中也得到了广泛的应用。

IEEE 802.1x定义了基于端口的网络接入控制协议（Port Based Network Access Control），其中端口可以是物理端口，也可以是逻辑端口，对于无线局域网来说“端口”就是一条信道。

802.1x认证的最终目的就是确定一个端口是否可用。对于一个端口，如果认证成功那么就“打开”这个端口，允许所有的报文通过；如果认证不成功就使这个端口保持“关闭”，此时只允许802.1x的认证报文EAPOL（Extensible Authentication Protocol Over LANs）通过。

适用于接入设备与接入端口间点到点的连接方式，实现对局域网用户接入的认证与服务管理，常用于运营管理相对简单、业务复杂度较低的企业以及园区。

IEEE 802.1x的体系结构中包括3个部分：

Supplicant System——接入系统；即认证客户端。

Authenticator System——认证系统；即NAS（Network Access Server）。

Authentication Sever System——认证服务器。

802.1x认证流程如图5-22所示。

认证前端口配置dot1x，此时端口相当于受控关闭状态，只允许EAP0L报文通过，802.1x通过EAP帧承载认证信息进行认证。（此处用PAP的认证方式讲解认证过程）：

1）首先客户端发起认证（EAPOL-START）。

2）设备向客户端进行用户名请求（EAPOL-Request/Identity）。

3）客户端回应认证用户名（EAPOL-Reponse）。

4）设备向客户端进行密码请求（EAPOL-Request/PAssword）。

5）客户端回应密码（EAPOL-Request/PAssword）。

6）设备收到后将用户名和密码映射到 RADIUS 报文传给服务器。

7）服务器进行用户名和密码等属性判断都符合后回应设备认证成功（否则返回拒绝，设备再发 failure 报文给客户端）。

8）如果设备配置了计费，这时将向服务器发送计费请求。

9）服务器判断传递过来的属性，符合后就回应设备计费成功等信息（否则返回拒绝，设备再发 failure 报文给客户端）。

10）设备接收到计费回应后发 success 报文给交换机。

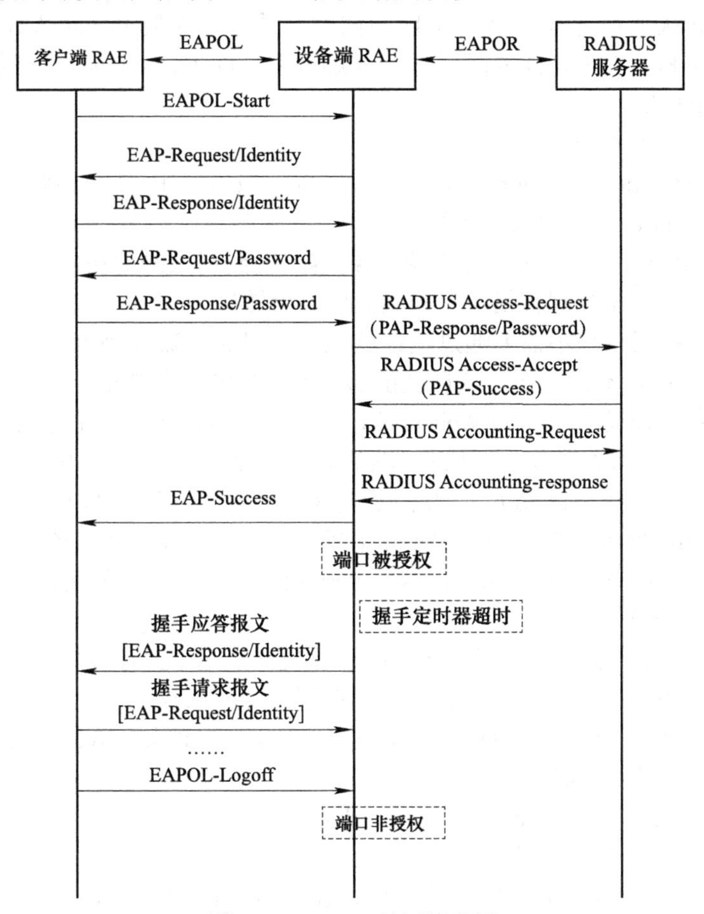

图 5-22　802.1x 认证流程图

至此认证通过，端口被打开，用户可以通过端口访问外部资源。如果此时端口起了握手功能，则设备将定期和客户端进行握手交互，检测客户端是否在线，如果不在线就会发 logoff 通知用户下线，端口又被关闭。

4．WEB Portal 介绍

无线局域网（WLAN）具有安装便捷、使用灵活、经济节约、易于扩展等有线网络无法比拟的优点，因此无线局域网得到越来越广泛的应用。而同时无线网络的接入技术也成为了无线局域网的主要运用技术之一。

在大多数网络中，通常会使用多个厂商的设备。这样的网络环境很难实现让所有用户都进行 802.1x 认证。因此 Portal 认证应运而生。Portal 认证通常也称为 WEB 认证，顾名思义是用户通过登录 Web 页面来进行认证，达到接入应用系统的目的，是目前运营商主流的认证方式之一。

Portal 认证只需在网络中的某台关键设备上启用，从这台设备接入网络的所有用户都必须通过认证。由于启用 Portal 认证的设备可以在接入层、也可以在汇聚层、甚至可以在汇聚层或核心层设备上旁挂 Portal 网关，因此对用户接入网络的控制非常灵活。同时 Portal 认证可以直接在 Web 页面中进行，免去了安装认证客户端的工作，省时省力。除此之外，Portal 还能够为运营商提供方便的增值业务，如门户网站可以开展广告、社区服务、个性化的业务等，使宽带运营商、设备提供商和内容服务提供商形成一个产业生态系统。正是这些优点，使得 Portal 认证在网络中得到广泛应用。

在介绍 Portal 认证在无线产品上实现的同时，重点对无线 Portal 认证使用的场景进行描述，通过场景分析，对 Portal 的配置进行详细说明。Portal 认证配置场景包括典型的内置 Portal 和外置 Portal 认证。

下面先看一些相关术语。

AAA：Authentication / Authorization / Accounting，认证 / 授权 / 计费。

AC：access controller，接入控制器。

AP：Access Point，接入点。AP 提供无线客户端到局域网的桥接功能，在无线客户端与无线局域网之间进行无线到有线和有线到无线的帧转换。

Free Resource：指用户不需要通过认证就能够访问的资源 IP 地址。

Free URL：指用户不需要通过认证就能够访问的资源域名地址。

Portal：Portal 认证通常也称为 Web 认证，一般将 Portal 认证网站称为门户网站。

Portal Server：符合移动 Portal 认证标准的认证页面服务器，如 DCSM-RS。

强制 Portal：认证网段内用户在被授予访问权限前的所有 HTTP 请求都被重定向到 Portal 服务器，Portal 服务器接收强制 Portal 请求，并向用户发送指定的 Web 页面。

RADIUS：Remote Access Dial in User Service，远程认证拨号用户服务。

SSID：服务标示符。

STA：Station，客户端。带有无线网卡的计算机或笔记本式计算机等终端。

UWS：Unified Wireless Switch，统一无线交换机。统一无线交换机对无线局域网中的 AP 进行控制和管理。无线控制器还可以通过与认证服务器交互信息来为 WLAN 用户提供认证服务。

Web Server：普通网页服务器。

WLAN：Wireless Local Area Network，无线局域网。

（1）WEB Portal 工作流程分析

Portal 用户接入流程包括 DHCP 地址分配、强制 Portal、认证、门户网站推送、计费等。用户接入认证方式有两种：CHAP 和 PAP。其中 CHAP 方式为必选功能，PAP 方式为可选功能。

AC 开启了 Portal 功能。一个无线的用户与 AP 关联后通过 DHCP 获取到 IP 地址，用户访问非免费资源，由 AC 重定向，给用户推出重定向地址，用户访问重定向地址到 Portal Server，并获取到认证页面，提交后 Portal Server 把用户名和密码通过 Portal 协议发送给 AC，AC 通过报文交互得到输入的用户名和密码，并发送到 RADIUS Server 上去认证，认证成功后 UWS1 放行用户的流量，把结果通知 Portal Server，Portal Server 把认证结果通过页面反馈给用户。同时，AC 发送计费开始报文通知 RADIUS Server 对认证用户进行计费。同时如果配置了认证成功后页面推送功能，则用户认证成功后，Portal Server 在反馈认证页面给用户的同时会通过浏览器自动打开用户所需要访问的网页。

无线 Portal 整个认证流程如图 5-23 所示。

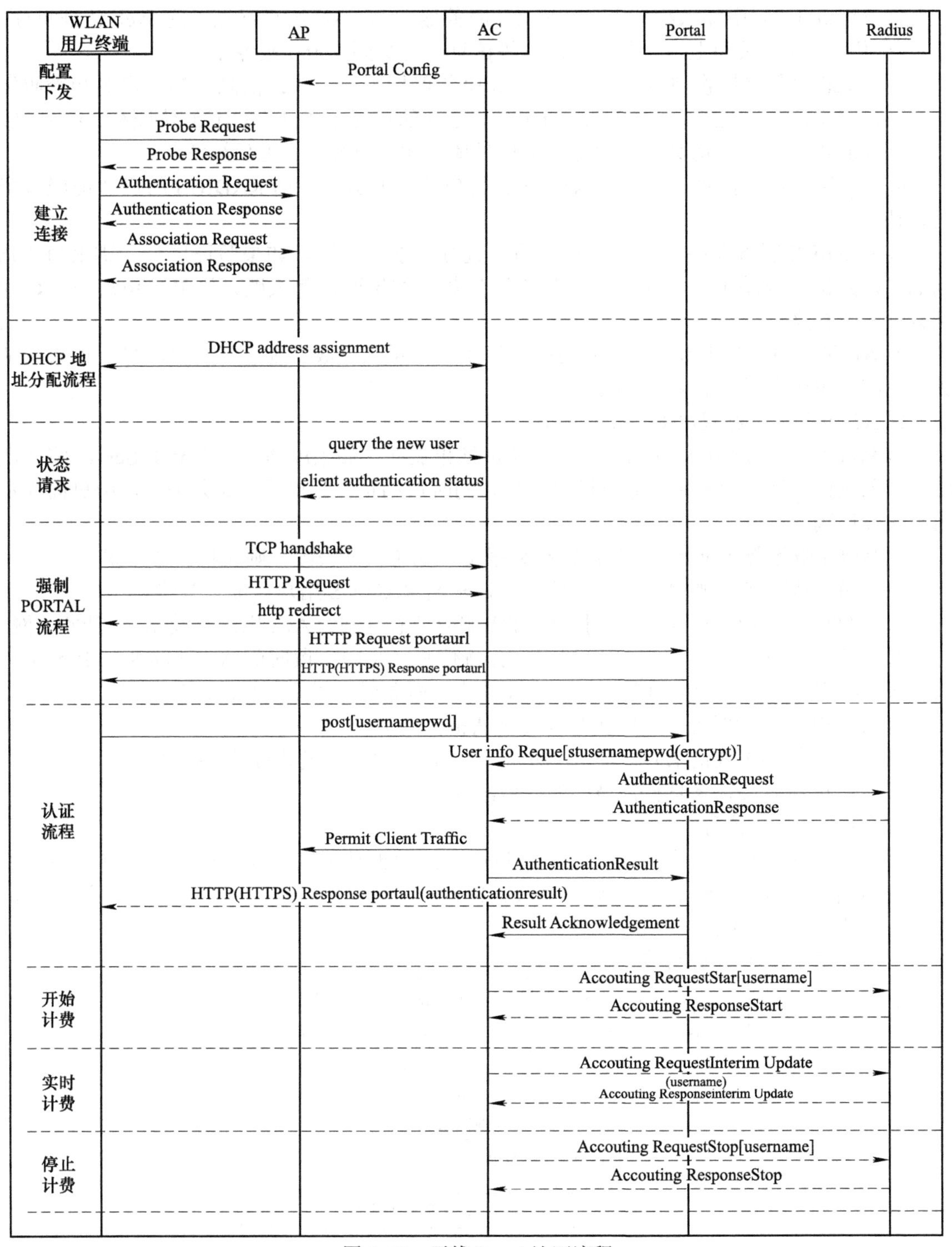

图 5-23　无线 Portal 认证流程

流程描述：

1）用户通过标准的 DHCP，通过 AC 获取到规划的 IP 地址。

2）用户打开 IE 浏览器，访问某个网站，发起 HTTP 请求。

①AC 截获用户的 HTTP 请求，由于用户没有通过认证，就强制到 Portal 服务器。并在强制 Portal URL 中加入相关参数。Portal 服务器向 WLAN 用户终端推送 Web 认证页面。

②用户在认证页面上填入账号、密码等信息，提交到 Portal 服务器。

③Portal 服务器接收到用户信息，Portal 服务器把用户的认证信息包括用户名和密码发送给 AC，发起认证。这里，Portal Server 和 AC 之间的认证方式分为 CHAP 认证和 PAP 认证。CHAP 认证和 PAP 认证的具体流程是本文档具体叙述的内容，详见后续章节。

④AC 将用户的信息一起送到 RADIUS 用户认证服务器，由 RADIUS 用户认证服务器进行认证。

⑤RADIUS 服务器根据用户信息对用户进行合法性判断。如果验证成功，则 RADIUS 向 AC 返回认证成功报文，并携带一些协议参数。如果两次都失败，则 RADIUS 向 AC 返回认证失败报文。

⑥AC 通知 AP 对此用户做相应的接入控制，如果认证成功则放行用户流量，如果认证失败则继续重定向用户的 HTTP 报文。

⑦AC 返回认证结果给 Portal 服务器。

⑧Portal 服务器根据认证结果，推送认证结果页面。如果成功，则 Portal Server 将认证结果填入页面，和门户网站一起推送给客户，同时启动正计时提醒。如果失败，则页面提示用户失败原因。

⑨Portal 服务器回应 AC 收到认证结果报文。如果认证失败，则流程到此结束。

⑩ 认证如果成功，则 AC 发起计费开始请求给 RADIUS 用户认证服务器。

⑪ RADIUS 回应计费开始响应报文，并将响应信息返回给 AC。用户上线完毕，开始上网。

⑫ 在用户上网过程中，为了保护用户计费信息，每隔一段时间 AC 就向 RADIUS 用户认证服务器报一个实时计费信息，包括当前用户上网总时长以及用户总流量信息。

⑬ RADIUS 计费服务器回应实时计费确认报文给 AC。

⑭ 当 AC 收到下线请求时，向 RADIUS 用户认证服务器发计费结束报文。

⑮ RADIUS 计费服务器回应 AC 的计费结束报文。

（2）Portal 下线流程

用户下线流程包括用户主动发起下线流程，用户被动强制下线流程和用户异常下线流程，即 AC 侦测到用户下线，主动通知 Portal Server，并通知 Radius Server 对用户停止计费。

（3）用户主动下线

用户主动下线如图 5-24 所示。

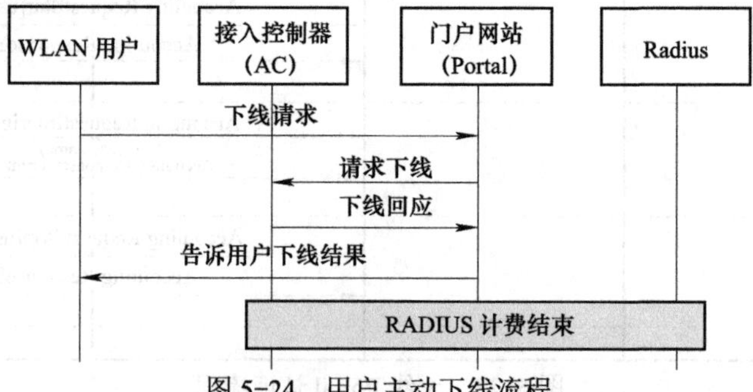

图 5-24　用户主动下线流程

1）用户发起下线请求到 Portal Server。
2）Portal Server 向 AC 请求下线。
3）AC 回应 Portal Server 下线请求。
4）Portal Server 推送下线结果页面给用户。
（4）AC 强制用户下线
AC 强制用户下线如图 5-25 所示。

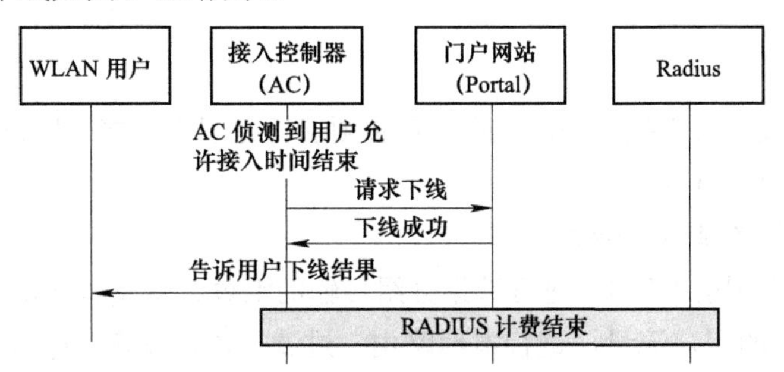

图 5-25　强制用户下线流程

1）AC 侦测到用户的本次连接最大允许接入时间结束，向 Portal Server 请求下线。
2）Portal Server 回应下线成功，并向用户推送下线结果页面。
（5）用户异常下线
AC 侦测到用户下线后，主动通知 Portal Server，如图 5-26 所示。

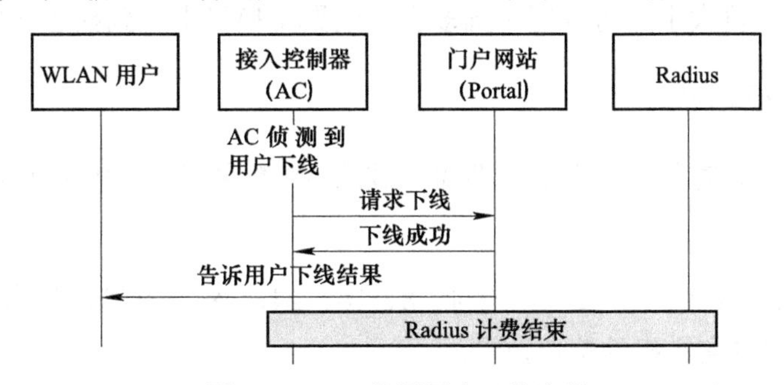

图 5-26　AC 侦测用户下线流程

1）AC 侦测到用户下线，向 Portal Server 请求下线。
2）Portal Server 回应下线成功。
（6）Radius 强制用户下线
AC 根据 Radius 下发的 DM（Disconnect Messages）消息强制用户下线时的流程，如图 5-27 所示。

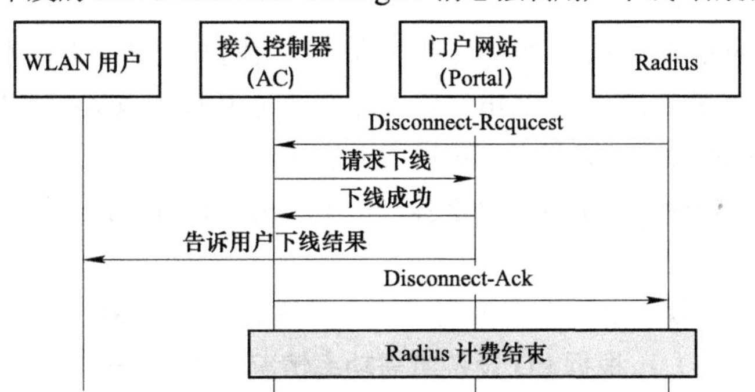

图 5-27　AC 根据 DM 消息强制用户下线流程

1）Radius 向 AC 下发 Disconnect-Request 消息。

2）AC 向 Portal Server 发出下线请求。

3）Portal Server 回应下线成功，并向用户推送下线结果页面。

4）AC 向 Radius 回应 Disconnect-ACK 下线成功。如 AC 踢用户下线失败，则向 Radius 回应 Disconnect-NAK。

5.2.4 汇聚交换机

汇聚层是多台接入层交换机的汇聚点，它必须能够处理来自接入层设备的所有通信量，并提供到核心层的上行链路。

汇聚层主要承担的基本功能有：

1）汇接接入层的用户流量，进行数据分组传输的汇聚、转发和交换。

2）根据接入层的用户流量，进行本地路由、过滤、流量均衡、QoS 优先级管理，以及安全机制、IP 地址转换、流量整形、组播管理等处理。

3）根据处理结果将用户流量转发到核心交换层或在本地进行路由处理。

4）完成各种协议的转换（如路由的汇总和重新发布等），以保证核心层连接运行不同的协议的区域。

汇聚交换机视项目大小，可放置 1 到多台，汇聚交换机上联到核心交换机。

5.2.5 接入 POE 交换机

接入交换机在部署时，需要考虑其覆盖区域的 AP 数量以及 AP 的 POE 供电情况。

1．AP 数量

POE 交换机视其支持多少接口，有 4、8、16、24、48 口不等，每台 POE 交换机所支持的 AP 数量不能超过交换机的接口数量。

2．AP 到交换机的距离

AP 到交换机的距离小于 100m。如果实际环境 AP 到 POE 交换机的距离超过 100m，则可以考虑在两者之间增加一台交换机。

3．POE 功率和 AP 数量的对应关系

POE（Power Over Ethernet）指的是在现有的以太网布线基础架构不做任何改动的情况下，在为一些基于 IP 的终端（如 IP 电话机、无线局域网接入点 AP、网络摄像机等）传输数据信号的同时，还能为此类设备提供直流供电的技术。

POE 供电支持两种标准，分别为 802.3af 和 802.3at，如图 5-28 所示。

（1）802.3af

IEEE 802.3af 标准规范的以太网供电系统主要是由 PTL、PSE 和 PD 组成。

1）供电设备（PSE）：根据 PD 设备所需功率情况可为一个或多个 PD 设备同时供电；可提供供电系统所需要的电功率，最高可达 15.4W。

2）用电设备（PD）：可以提供其 PD 设备的相关性能参数和供电功率范围从 3.84W 到 12.95W 的 5 个等级功率请求；提供 PD 设备的实时工作状态，包括正常接受供电、停止工作或离线状态等。

具有最大功率输出 15.4W 的 0 级定义为默认（Default）级。具有功率输出 4W、7W 和 15.4W 的其他级别是允许选择的功率。

3）输电线路（PTL）：使用的电缆规格，允许传输的最大供电功率及工作的电压和电流范围，PL 的总传输功率损耗等。

IEEE 802.3af 标准规范的以太网供电系统为每个节点提供的电流被限制在 350mA 之内。可以提供给每个节点的连续总功率，包括在运行电缆中的损耗总计仅为 12.95W，也由于要使用 UTP 传送的电功率要保证 PD 设备的工作，而传送的电压又较低，因此传送的电流相对较高，在输电线路上功率损耗就比较大，通常在短短的输电线路上都要损耗 1 ～ 2W。

另外，电隔离、安全绝缘和抗电磁干扰（EMI）能力等也是 POE 供电系统与设备设计中需要考虑的关键因素之一，因为这些因素会影响到系统供电和以太网传输数据的可靠性。802.3af 供电规范根据线序，主要有 568A 及 568B。

568B：橙白，橙，绿白，蓝，篮白，绿，棕白，棕。

568A：绿白，绿，橙白，蓝，篮白，橙，棕白，棕。

1，2 是发数据，3，6 是收数据，4，5 是高电平，7，8 是低电平，用 4，5，7，8 进行馈电。

（2）802.3at

为了遵循 IEEE 802.3af 规范，受电设备（PD）上的 POE 功耗被限制为 12.95W，这对于传统的 IP 电话以及网络摄像头而言足以满足需求，但随着双波段接入、视频电话、PTZ 视频监控系统等高功率应用的出现，13W 的供电功率显然不能满足需求，这就限制了以太网电缆供电的应用范围。为了克服 POE 对功率预算的限制，并将其推向新的应用，IEEE 802.3at 可输出 2 倍以上的电力，每个端口的输出功率可在 30W 以上。

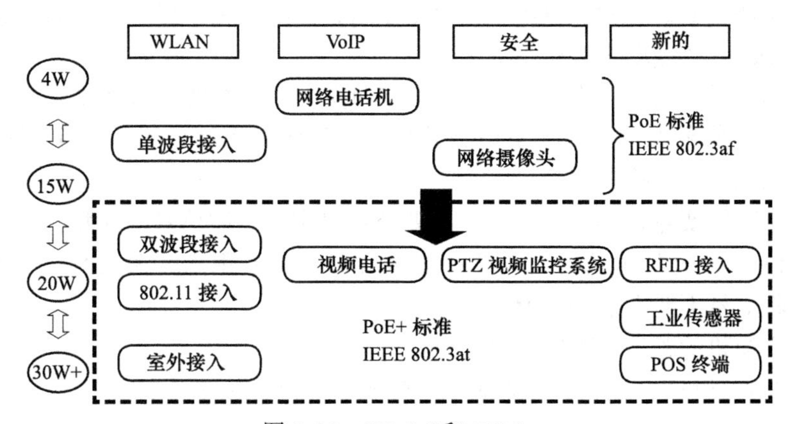

图 5-28　803.3af 和 802.3at

802.3af 与 802.3at 的对比见表 5-2。

表 5-2　802.3af 与 802.3at 的对比

	802.3af（POE）	802.3at（POE）
分级	0 ~ 3	0 ~ 3，4
伏特数	44 ~ 57V DC	50 ~ 57V DC
网线类型	无要求	5 类或 5 类以上
缆线对数	2	2
受电设备功率	15.4W	30W
电流	350mA	720mA
主要应用	网络电话（3 ~ 7W）、WLAN 接入点（8 ~ 12W）等	视频网络电话（10 ~ 20W）、PTZ 视频监控系统（20W）、WiMAX、WLAN 11N 接入点等

POE 交换机所支持的供电功率分为半载和全载两种，有的 POE 交换机需要 RPS（后备电源）的支持才能实现全载，全载又分为支持 802.3af 全载和支持 802.3at 全载。

802.3af 半载、全载见表 5-3。

表 5-3　802.3af 半载、全载

802.3af	8	16	24	48
半载	65W	185W	185W	370W
全载	125W	370W	370W	740W

802.3at 半载、全载见表 5-4。

表 5-4　802.3at 半载、全载

802.3at	8	16	24	48
半载	125W	185W	370W	740W
全载	250W	370W	740W	1440W

5.2.6　室内 AP 安装

AP 部署在规划中，注意以下几点：

1）AP 明装或暗装。明装，是把 AP 安装在明处，比如天花板外、墙面等处；暗装，是把 AP 安装在暗处，比如天花板内等处。

2）AP 在明装时，需要考虑 AP 的安装牢靠和安全，要做到布局合理美观。

3）AP 安装需要美观，不破坏室内整体环境，安装位置符合设计方案规定的范围内，并尽量安装在天花吊顶板的中央。

4）AP 安装时需要兼顾其覆盖范围，不要留信号空白，即信号的死角。

5）与相邻的 AP 叠加覆盖时，需要按需求计算彼此的距离，在 AP 的信号叠加区域，无线终端的接收信号不能小于 –65dBm。

6）AP 与交换机的距离，不能超过 100m。

7）AP 安装在墙壁时，必须牢固地安装在墙上，保证设备垂直美观，并且不破坏室内整体环境。

8）AP 使用吸顶式天线时，可以将 AP 固定安装在天花板内，同时将吸顶型天线固定安装在天花或天花吊顶下，保证天线水平美观，并且不破坏室内整体环境。天花吊顶为石膏板或木质，可以将天线安装在天花吊顶内，但必须用天线支架对天线做牢固固定，不能任意摆放，支架捆绑所用的扎带不可少于 4 条。金属天花吊顶的要求在天线背板加隔离垫。

9）设备安装的过程中不能弄脏天花板或其他设施，摘装天花板使用干净的白手套，室外天线的接头必须使用更多的防水胶带，然后用塑料黑胶带缠好，胶带做到平整、少皱、美观。

10）安装天线时应戴干净手套操作，安装完天线后要擦干净天线，保证天线的清洁干净。

11）在安装 AP 时，需要对 AP 扫描 SN 号和 MAC 地址，然后安装到合适地点。

12）AP 所使用的网线需要经过严格测试后使用，避免不能供电、数据不通的情况发生。

5.2.7　VLAN 及地址规划

在无线网络项目中，VLAN 及地址规划属于重要一环，设备的管理 VLAN 与用户的业务 VLAN 需要做不同的配置，分别如下：

1）交换机的管理 VLAN 对应的 IP 地址。

2）AP 和 AC 的管理 VLAN 对应的 IP 地址。

3）用户的业务 VLAN 对应的 IP 地址。

5.2.8　信道规划

在无线网络中，AP 与 AP 之间安装时，基本呈现叠加覆盖的情况，AP 的信道采用如下原则：

1）AP 的信道按 1、6、11 信道设置，如图 5-29 所示。

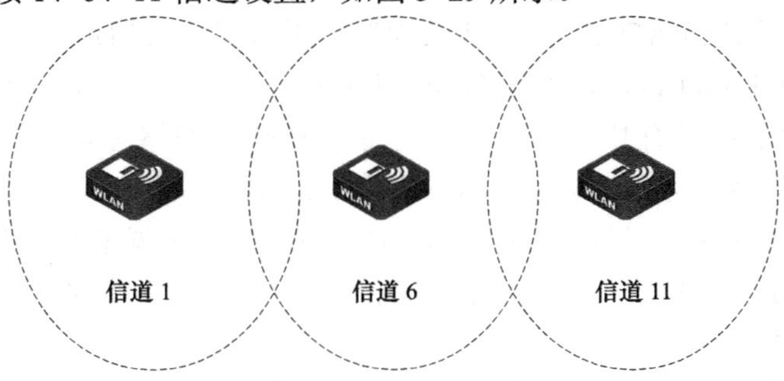

图 5-29　非重叠信道部署

2）AP 的信道按 1、5、9、13 信道设置，此种方式存在部分干扰，可以多出 1 个信道来做部署，如图 5-30 所示。

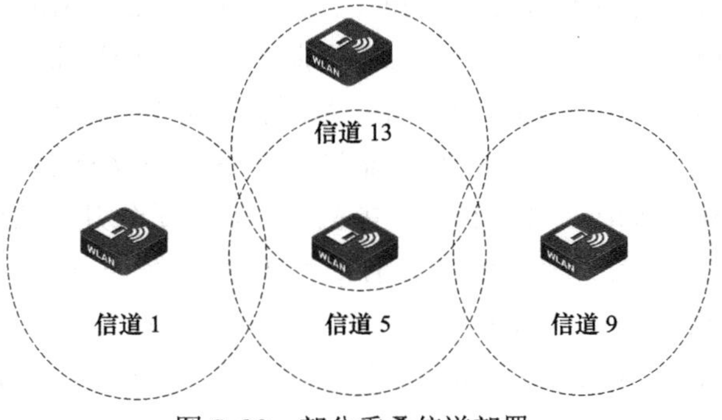

图 5-30　部分重叠信道部署

3）AP 信道设计时，多利用现场环境，可以利用障碍物和环境设置相同信道，如图 5-31 所示。

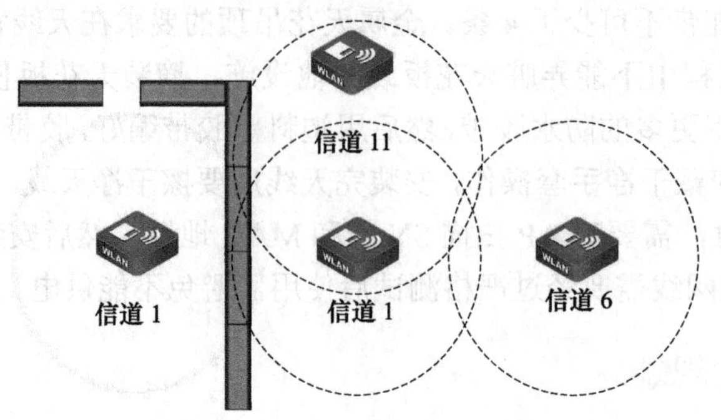

图 5-31　相同信道部署（障碍物）

5.2.9　认证规划

外置 Portal+Radius 认证配置

为了便于使用外置 Portal 功能进行测试，在此对基本的外置 Portal 认证案例配置现场进行举例说明。同时，采用零配置对进行无线 AC Captive Portal 认证的配置进行说明，包括配置 VLAN、开启 DHCP、配置网络、配置 AC 自动发现 AP 机制以及进行 Portal 认证所做的 Captive Portal 相关配置等进行详细说明。

这里分 3 个部分来说明：AC 配置，用来保证 AC 能够正常管理 AP，搭建正确的无线环境；AAA 配置，配置 RADIUS 认证相关配置，用来保证与指定的 RADIUS 服务器进行正确认证；Captive Portal 认证，配置 Portal 认证相关的配置，来完成 Portal 认证。

在本例中，为了在已有拓扑结构中尽可能的复杂化网络环境，将 AP 管理 VLAN 和 Client 数据 VLAN 以及服务器地址划分到不同的 VLAN，即划分到不同的网段。

本文档对使用 E-Portal 服务器进行 Portal 认证联调时做配置案例说明，详细说明在无线 AC 上正常进行外置 Portal 认证需要做的基本配置，此后会在本案例现场的基础上增加一些其他功能的配置说明。

E-Portal 服务器只是作为案例进行举例说明，仅作为配置举例并不是服务器的限制，只要符合 AC Portal 协议标准的服务器均可进行联调来完成 Portal 认证。

拓扑介绍

为了完成 AC 上的外置 Portal 认证的功能，建立如图 5-32 所示的网络拓扑图，包括 1 个 AC、1 个 AP、1 个 Client、一台城市热点 RADIUS 服务器、一台城市热点 Portal 服务器。AP 接入到 AC，被 AC 管理。Client 接入 AP 的网络上。AC 与 Portal Server 和 RADIUS Server 之间相通。

如图 5-32 所示为一个与 E-Portal 服务器进行联调的案例配置现场，其中可以看到，Portal Server 和 RADIUS Server 并不在一个主机上，它们是分开的两个服务器。

在介绍配置 AC 上相关 Portal 配置之前，首先需要保证 AC 和 Portal Server、AC 和 RADIUS Server 是相通的，AP 与 AC 关联，STA 为一个无线的用户，关联上 AP 上的 SSID 之后能通过 DHCP 获取到 IP 地址，同时需要保证，在 AC 未开启 Portal 的情况下，STA 与 AC、AP、Portal Server 是相通的。

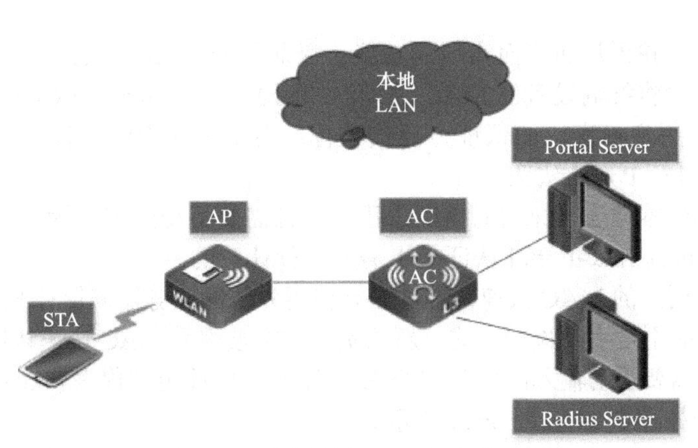

图 5-32　基本外置 Portal 服务器案例

明确了网络的部署方式后，还需进行详细的数据规划，具体包括无线 AP、无线用户和服务器的数据规划，见表 5-5。在实际的网络部署中，可能会包含若干个无线 AP 管理 VLAN 与若干个无线用户 VLAN，以用来区分不同地理位置或不同功能划分的无线用户。在本例中，网络拓扑中只有一个 AP、一个 Client，这里将 AP 管理 VLAN、用户 VLAN 以及 Server 所在 VLAN 进行分开。

表 5-5　外置 Portal 服务器认证案例现场数据规划

设　　备	网关 / 设备	所在 VLAN	网段 /IP	DHCP 服务器
AC AP1 STA1	 AC AC	VLAN716 VLAN716 VLAN444	17.16.1.10 17.16.1.10/24 17.16.44.254/10	无 AC AC
Portal 服务器	AC	VLAN20	17.16.1026	无
Radius 服务器	AC	VLAN216	19216.126	无

MAC 认证具备“一次认证，多次使用”用户体验。如果开通了 MAC 快速认证，用户首次登录 Portal 页面成功认证后，后续只要关联 WLAN 就可以上网。

该功能是在外置 Portal+Radius 认证方式的基础上实现的。图 5-33 所示为无感知认证配置案例的组网结构图。

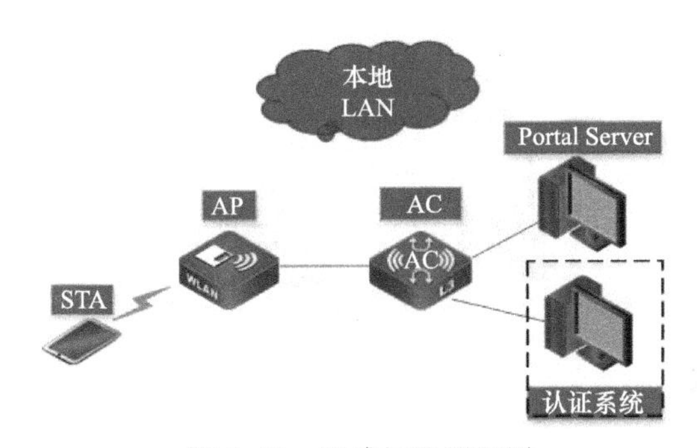

图 5-33　无感知认证配置

在了解当前 Portal 功能的基础上，提出基于当前 Mac-Portal 功能的 MAC 快速认证方案。首先介绍什么是 Mac-Portal 以及当前的实现流程。

现有的 Mac-Portal 功能是为了实现打印机等不具备 Web 浏览器的终端设备能够连上开

启了 Portal 的网络，并正常通信而实现的功能。目前是利用 AC 本地的 Portal Known-Client 表来实现，需要手动将终端设备的 MAC 地址添加到表中，在 Known-Client 表中的终端设备即认为不需要进行用户名密码的认证，直接放行；而不在此表中的设备，则会被重定向到 Portal 认证页面，进行 Portal 认证。

由于使用了 AC 本地表项来进行 MAC 匹配并且需要手动配置，因此能够支持的用户个数很有限。并且 Local Mac-Portal 认证是不需要进行计费的。

为了实现大量用户的 MAC 快速认证，必须使用外置的服务器来保存 MAC 绑定信息，并且能够动态添加，而不是手动添加，这一新的实现方案被称为 MAC 快速认证方案，由于用户再次接入网络时不需要手动输入用户名、密码进行认证，因此也被称为 Portal 无感知认证方案。

具体实现设计如图 5-34 和图 5-35 所示。

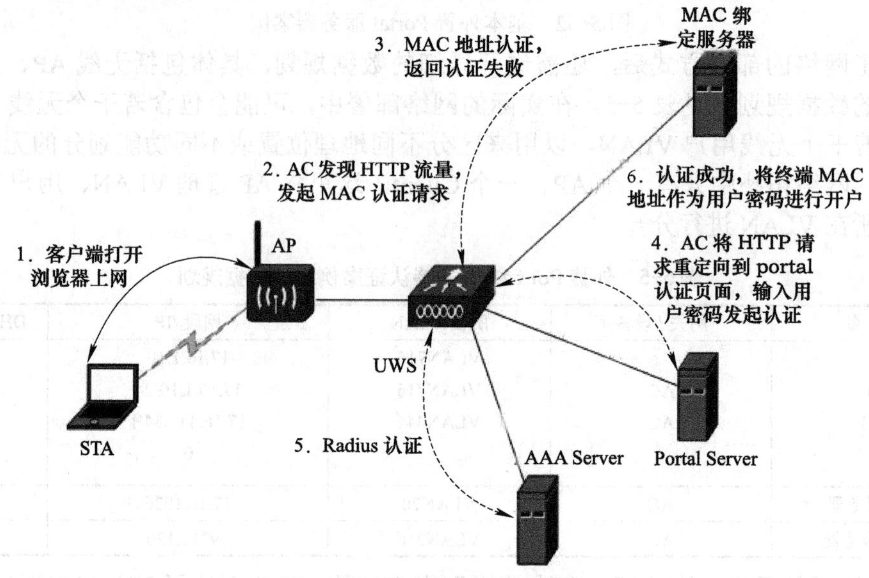

图 5-34　用户首次认证示意图

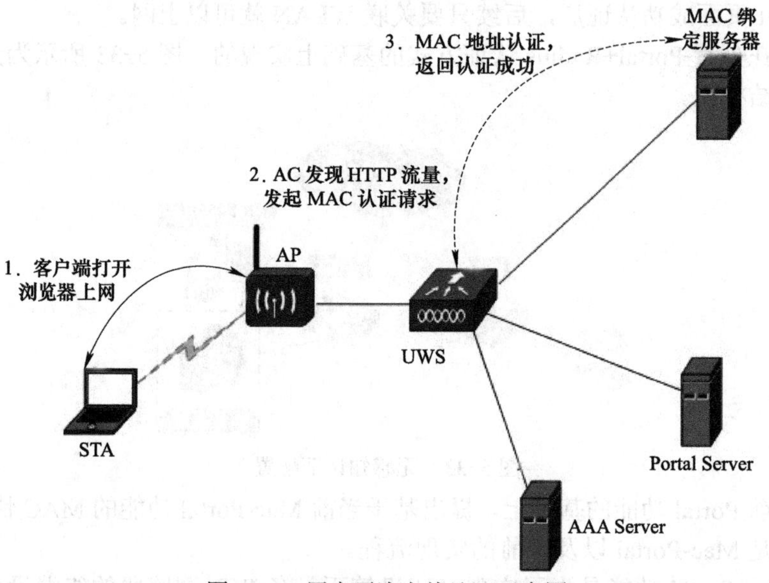

图 5-35　用户再次上线认证示意图

注：图中的 MAC 绑定服务器并不是单独的一个设备，是在 AAA Server 中的扩展功能，为了表述清晰，将其单独提出。

（1）用户首次上线流程

在 Portal 无感知认证解决方案中，用户首次接入 WLAN 网络认证流程，如图 5-36 所示。

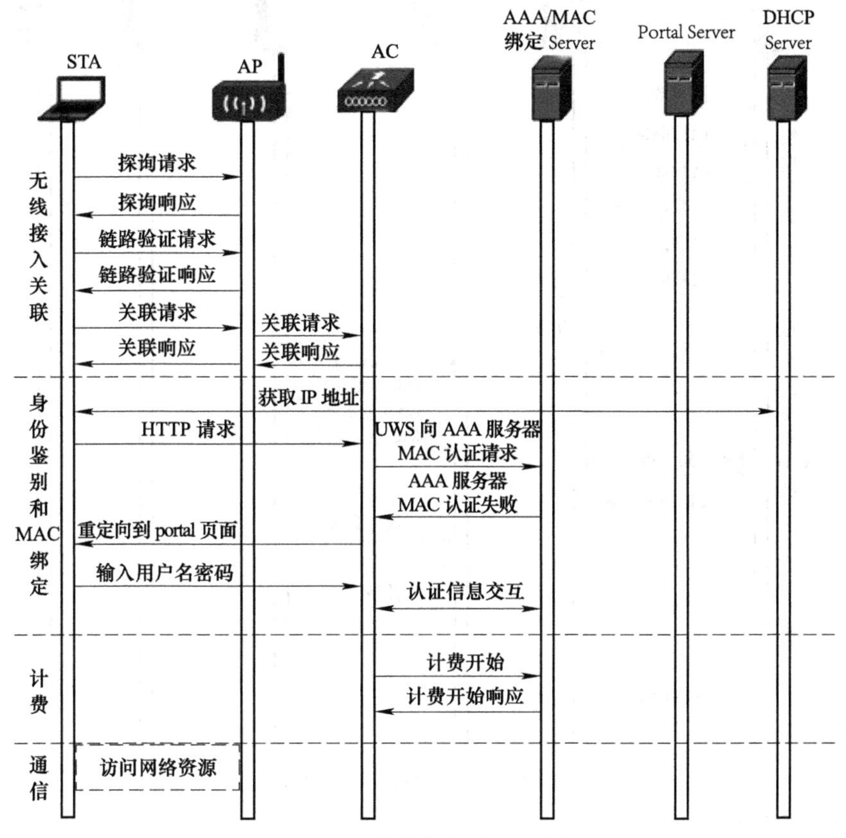

图 5-36　用户首次上线认证流程

具体认证流程说明如下：

1）在无线接入关联阶段，用户通过 AP 接入网络 SSID。

2）用户无线接入后，通过 DHCP 服务器获取 IP 地址信息。

3）用户访问网络，AP 将 HTTP 请求转发到 AC。

4）AC 将向 MAC 绑定服务器（即为 AAA 服务器，下同）发起 MAC 认证请求。

5）MAC 绑定服务器根据终端发送的报文，对用户进行 MAC 认证，并向 AC 返回认证结果（由于此终端用户是首次连接 WLAN 网络，所以 MAC 绑定服务器中无此终端的 MAC 地址信息，认证失败）。

6）AC 将按照正常 Portal 流程向终端重定向 Portal 认证页面。

7）用户终端输入用户名、密码信息发起 Portal 认证。

8）AC 与 Portal 服务器、AAA 服务器之间完成 Portal 认证。

9）用户认证成功，MAC 绑定服务器将终端 MAC 保存，AC 向计费服务器发送计费，并通知 AP 放行流量，用户正常上网。

（2）用户再次上线流程

在 Portal 无感知认证解决方案中，用户再次接入 WLAN 网络认证流程如图 5-37 所示。

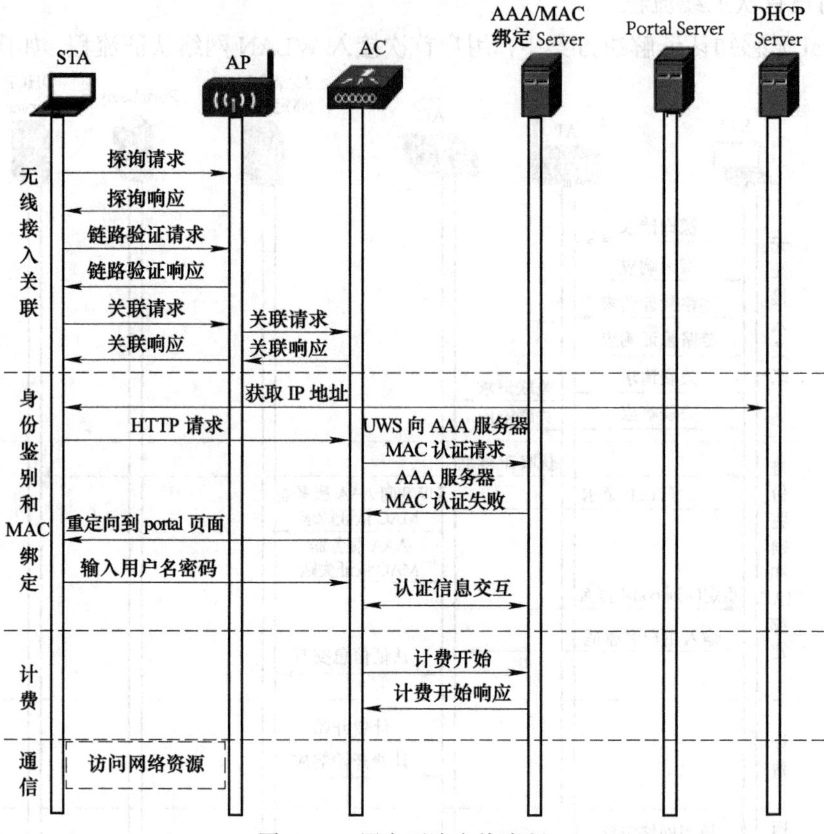

图 5-37　用户再次上线流程

具体认证流程说明如下：

1）在无线接入关联阶段，用户通过 AP 接入网络 SSID。

2）用户无线接入后，通过 DHCP 服务器获取 IP 地址信息。

3）用户访问网络，AP 将 HTTP 请求转发到 AC。

4）AC 将向 MAC 绑定服务器（即为 AAA 服务器，下同）发起 MAC 认证请求。

5）MAC 绑定服务器根据终端发送的报文，对用户进行 MAC 认证，并向 AC 返回认证结果认证成功（由于此终端用户已完成首次登录，MAC 绑定服务器中已经有此终端的 MAC 地址信息，认证成功）。

6）用户认证成功，AC 向计费服务器发送计费，并通知 AP 放行流量，用户正常上网。

5.3　线路铺设与设备安装

在无线网络项目进行过程中，网络布线和设备安装使用的网络缆线的品牌和品质，决定了整个网络的吞吐量和稳定性，需要按需求选用合适的品牌及规格的电缆。

在布线系统中，大多信号都是电流信号或数字信号，故对缆线的敷设工作应注意以下几点：

1）电缆敷设必须设专人指挥，在敷设前向全体施工人员传达，说明敷设电缆的根数，始末端的编号，工艺要求及安全注意事项。

2）敷设电缆前要准备标志牌，标明缆线的编号、型号、规格、图位号、起始地点。

3）在敷设电缆之前，先检查所有槽、管是否已经完成并符合要求，路由与拟安装信息口的位置是否与设计相符，确定有无遗漏。

4）检查预埋管是否畅通，管内带丝是否到位，若没有应先处理好。

5）放线前对管路进行检查，所有金属线槽盖板、护边均应打磨，不留毛刺，以免划伤电缆。

6）核对缆线的规格和型号。

7）在管内穿线时，要避免电缆受到过度拉引，以便保护缆线。

8）布放缆线时，缆线不能放成死角或打结，以保证缆线的性能良好，水平线槽中敷设电缆时，电缆应顺直，尽量避免交叉。

9）做好放线保护，不能伤保护套和踩踏缆线。

10）对于有安装天花板的区域，所有的水平缆线敷设工作必须在天花板施工前完成，所有缆线不应外露。

11）留线长度：楼层配线间、设备间端留长度（从线槽到地面再返上）铜缆 3 ～ 5m，信息出口端预留 0.4m 的缆线。

12）缆线敷设时，两端应做好标记，缆线标记要标示清楚，在一根线缆的两端必须有一致的标识，线标应清晰可读。标线号时要求以左手拿线头，线尾向右，以便于以后线号的确认。

13）垂直缆线的布放：穿线宜自上而下进行，在放线时缆线要求平行摆放，不能相互绞缠、交叉，不得使缆线放成死弯或打结。

14）光缆应尽量避免重物挤压。

15）线槽内缆线布放完毕后应盖好槽盖，满足防火、防潮、防鼠害的要求。

16）拉线安装时应注意双绞线外包覆皮起皱或撕裂，这是由于拉力过大和线槽的转角、过渡联接不符合要求造成的。双绞线外包覆皮光滑看不出问题，但用仪表测量时发现传输性能达不到要求，这是由于拉线时拉力过大，使双绞线的长度拉长，绞合拉直造成的。这种情况用于语音和 10Mbit/s 以下的数据传输时，影响也许不太大，但用于高速数据传输时则会产生严重的问题。

17）双绞线（尤其是超五类双绞线）拉线时的拉力不能超过 20kg。拉线时每段线的长度不超过 20m，超过部分必须有人接送；在线路转弯处必须有人接送。

18）配件端接：配件端接的工艺水平将直接影响布线系统的性能。公司对其严格把关，所有的端接操作都将由专业工程师完成。

施工工艺技术要求

1）严格按图样施工，在保证系统功能质量的前提下，提高工艺标准要求，确保施工质量。

2）预埋（留）位置准确、无遗漏。

3）管路两端设备处导线应根据实际情况留有足够的冗余。导线两端应按照图样提供的线号用标签进行标识，根据缆线颜色来进行端子接线，并应在图样上进行标识，作为施工资料进行存档。

4）设备安装牢固、美观、预装设备、竖成列，墙装设备端正一致，资料整理正规完整无遗漏，各种现场变更手续齐全有效。

5）网线布设时，需要注意网线的长度不能超过100m。

6）确定缆线通畅，做水晶头，用网络测试仪测试通断。

7）水平布线时会遇到线槽和穿管情况：

① 水平线槽一般有多处转弯，在转弯处应留有足够大的空间以保证双绞线有充分的弯曲半径，在水平线槽的转弯处，应有垫衬以减小拉线时的摩擦力。

② 双绞线和光纤对安装有不同的要求，双绞线垂直放置于竖井之内，由于自身的重量牵拉，日久之后会使双绞线的绞合发生一定程度的改变，这种改变对传输语音的三类缆线来说影响不是太大，但对需要传输高速数据的超五类线，这个问题是不能被忽略的，因此设计垂直竖井内的线槽时应仔细考虑双绞线的固定。

③ 缆线的布放应自然平直，不得产生扭绞、打圈接头等现象，不应受外力的挤压。

④ 缆线两端应贴有标签，应标明编号，标签书写应清晰，端正和正确。标签应选用不易损坏的材料。

⑤ 缆线终接后，应有余量。交接间、设备间对绞电缆预留长度宜为0.5 ～ 1.0m，工作区为10 ～ 30mm；光缆布放宜盘留，预留长度宜为3 ～ 5m，有特殊要求的应按设计要求预留长度。

⑥ 敷设暗管宜采用钢管或阻燃硬质 PVC 管。

⑦ 在水平、垂直桥架和垂直线槽中敷设缆线时，应对缆线进行绑扎，绑扎间距不宜大于1.5m，间距应均匀，松紧适度。

⑧ 采用吊顶支撑柱作为线槽在顶棚内敷设缆线时，每根支撑柱所辖范围内的缆线可以不设置线槽进行布放，但应分束绑扎，缆线护套应阻燃，缆线选用应符合设计要求。

⑨ 穿线管与暗盒连接处，打开原有管孔，将穿线管穿出，穿线管在暗盒中保留 5mm。暗线敷设必须配管。

⑩ 电源线与通信线不得穿入同一根管内。

⑪ 穿入配管导线的接头应设在接线盒内，接头搭接应牢固，绝缘带包缠应均匀紧密。

设备安装

（1）交换机安装要求

1）机柜（机箱）安装位置正确，固定可靠，垂直偏差度小于 3mm。两个以上的机柜应做并柜处理。机柜表面及内部应干净，无杂物。

2）交换机设备安装在机柜中时，必须安装支撑件，尽量采用机柜或设备自带的滑道、托盘、导轨作为支撑件，不能仅使用前挂耳将设备固定在机柜上。

3）设备供电交流电源插座应采用有保护地线（PE）的单相三线电源插座，且保护地线（PE）可靠接地。

① 设备前级配电保护装置（空气开关、漏电保护）和配电支持的最大功率是否满足要求。

② 交换机设备采用地线与机柜接地端子对接，并保证接地可靠。

（2）AC 安装环境要求

1）防尘要求：3 天内桌面无明显积尘。

2）温度要求：–5℃～ 50℃。

3）湿度要求：10% ～ 95%。

4）接地要求：接地电阻小于 1Ω。

5）供电要求：交流供电采用 220V UPS 稳压电源。

（3）AP 安装

1）AP 安装位置必须符合工程设计要求。如有 AP 的安装位置需要变更，必须征得设计单位和建设单位的同意，并办理设计变更手续。

2）安装位置的井道、楼板、墙壁等不得渗水，灰尘小、且通风良好。

3）安装位置必须保证无强电、强磁和强腐蚀性设备的干扰，AP 应至少离开此类干扰源 2 ～ 3m。

4）安装位置温度、湿度不能超过主机工作温度、湿度的范围。

5）应安装于有良好照明的环境中。

6）AP 安装时必须牢固固定，不允许悬空放置。

7）AP 的安装位置必须有足够的空间以便于设备散热、调试和维护。

8）AP 安装位置必须符合工程设计要求。如有 AP 的安装位置需要变更，必须征得设计单位和建设单位的同意，并办理设计变更手续。

9）室外施工场所应易于固定器件，无阻挡。

10）室外硬件安装所涉及的建筑墙体坚固完整。

11）室外施工具有附加的防雷防雨装置，如避雷针、地桩、地网、接地排、防水箱等。

12）AP 表面垂直于水平面，未接线的出线孔应用防水塞封堵。

13）进入防水箱的全部线缆需做防水弯，或采用下走线方式。

14）AP 供电采用 POE 和本地供电两种方式，优先采用本地供电；若本地供电存在困难，可以采用带 POE 功能的以太网交换机进行供电；大功率 AP 应采用本地供电。

15）AP 采用交流供电，电源要求为 220V±10V，50Hz±2.5Hz，波形失真小于 5%。对不满足要求的电源，应增加稳压设备。

16）本地供电交流电源插座应采用有保护地线（PE）的单相三线电源插座，且保护地线（PE）可靠接地。

5.3.1　光纤线路规划

在无线网络项目中，光纤作为网络中的骨干链路，发挥着巨大的作用，交换机之间的互联，交换机与无线控制器的互联等离不开光纤网络的支持，在项目中，网络分层部署，存在着如下的光纤链路：

1）核心交换机到汇聚交换机的光纤链路。

2）汇聚交换机到接入交换机的光纤链路。

3）核心交换机到无线控制器之间的光纤链路。

4）不同的光纤链路选配合适的光模块网卡。

5）不同的环境选用不同的 ODF 盒熔接。

光纤网络按通信距离分为单模和多模，一般在同一机房内，建议使用多模光纤链路，跨楼宇的光纤链路建议使用单模。

ODF 盒和设备连接时，应注意不同接头之间的转换，以下是常用的接头种类。

光纤连接器（又称跳纤）是指光线两端都装上连接器插头，用来实现光路活动连接；光纤跳线两端的光模块的收发波长必须一致，也就是说光纤的两端必须是相同波长的光模块，简单的区分方法是光模块的颜色要一致。一般情况下，短波光模块使用多模光纤（橙色的光纤），长波光模块使用单模光纤（黄色光纤），以保证数据传输的准确性。

一端装有插头则称为尾纤。尾纤的作用主要是用于连接光纤两端的接头，尾纤一端与光纤接头熔接，另一端通过特殊的接头（FC、ST、SC、LC、MTRJ）与光纤收发器或光纤模块相连，构成光数据传输通路。

光纤接头（FC/APC、FC/UPC、SC/UPC 等），“/”后面表明光纤接头截面工艺，即研磨方式。“/”前面部分表示尾纤的连接器型号，具体说明见表 5-6。

表 5-6　连接器说明

FC	圆型带螺纹（配线架上用的最多）
ST	卡接式圆型
SC	卡接式方型（路由器交换机上用的最多）
PC	微球面研磨抛光
APC	呈 8° 角并做微球面研磨抛光
MT-RJ	方型，一头双纤收发一体

光纤连接器按连接头结构型式可分为 FC、SC、ST、LC、D4、DIN、MU、MT-RJ 等型，这 8 种接头在平时的局域网工程中最常见到和业界用得最多的是 FC、SC、ST、LC、MT-RJ 具体说明见表 5-7。只有认识了这些接口，才能在工程中正确选购光纤跳线、尾纤、GBIC 光纤模块、SFP（mini GBIC）光纤模块、光纤接口交换机、光纤收发器、耦合器（或称适配器）。光纤连接器的插针研磨形式有 FLAT PC、PC、APC 等，如图 5-38 所示。

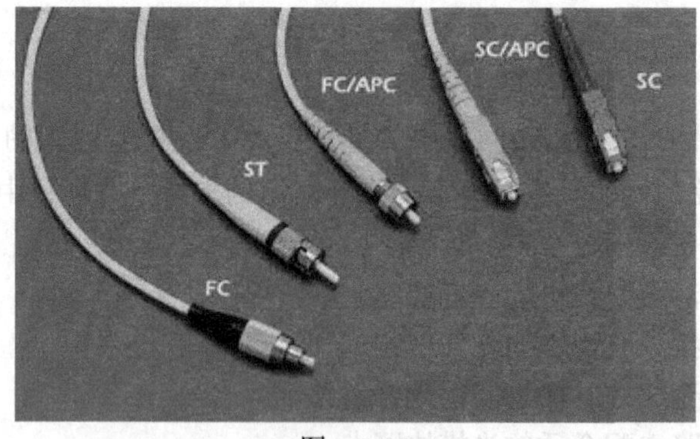

图　5-38

传输工程经常要用到光跳线、光尾纤、适配器等，常见的是 FC（俗称圆头）、SC（俗称方头）、LC 和 PC。FC 是 Ferrule Connector 的缩写，表明其外部加强件是采用金属套，紧固方式为螺纹扣；PC 表明接头的对接方式为平面对接，PC 是 Physical Connection 的缩写，表明其对接端面是物理接触，即端面呈凸面拱型结构，APC 和 PC 类似，但采用了特殊的研磨方式，PC 是球面，APC 是斜 8° 球面，指标要比 PC 好些。

目前电信网常用的是 FC/PC 型，FC/APC 多用于有线电视系统。一般写成 FC 或 PC 均是指 FC/PC 光连接器。SC 型其外壳采用模塑工艺，用铸模玻璃纤维塑料制成，呈矩型；插头套管（也称插针）由精密陶瓷制成，耦合套筒为金属开缝套管结构，其结构尺寸与 FC 型相同，端面处理采用 PC 或 APC 型研磨方式；紧固方式是采用插拔销闩式，不需旋转头。常用于数据工程中。一般 SC 型均指 SC/PC。LC 光纤连接器采用模块化插孔（RJ）机理制成。其所采用的插针和套桶的尺寸是普通 SC、FC 等尺寸的一半。LC 常见于通信设备的高密度的光接口板上。

各种光连接器与之对应的适配器，也称法兰盘，用在 ODF 架上，供光纤连接。

FC/PC 型光纤跳纤（非正规叫法是双头尾纤），英文名为 PATCH CORD 即两头带光纤连接器的软光纤，用于设备至 ODF 架的连接以及 ODF 架之间的跳接。光跳线颜色为黄色，表示单模跳纤。MT-RJ 型光纤跳纤，光跳线颜色为橙色，表示多模跳纤。另外，还有用于光缆成端的尾纤，英文名为 PIGTAIL CORD，一端与光缆熔接，一端固定在 ODF 上。在生产中，为了便于测试，均生产为跳纤，即两头均有光纤连接器，施工时，从中间剪断，一根跳纤即成了两根尾纤。

表 5-7　按接头结构型式分类

LC	光纤接头是小方头的光纤连接器
FC	圆型带螺纹（配线架上用的最多）
ST	卡接式圆型
SC	卡接式方型（路由器交换机上用的最多）
PC	微球面研磨抛光
APC	呈 8° 角并做微球面研磨抛光
MT-RJ	方型，一头双纤收发一体（华为 8850 上有用）

光纤模块：一般都支持热插拔。

使用的光纤：单模：L，波长 1310，单模长距 LH，波长 1310、1550。多模：SM，波长 850。SX/LH 表示可以使用单模或多模光纤。

在表示尾纤接头的标注中，常能见到“FC/PC”“SC/PC”等，其含义如下：

1）“/”前面部分表示尾纤的连接器型号，“SC”接头是标准方型接头，采用工程塑料，具有耐高温，不容易氧化的优点。传输设备侧光接口一般用 SC 接头，“LC”接头与 SC 接头形状相似，较 SC 接头小一些。

2）“FC”接头是金属接头，一般在 ODF 侧采用，金属接头的可插拔次数比塑料要多。

光纤链路部署时需要遵循如下原则：

1）敷设光缆前，应对光纤进行检查；光纤应无断点，其衰耗值应符合设计要求。

2）核对光缆的长度，并应根据施工图的敷设长度来选配光缆。配盘时应使接头避开河沟、交通要道和其他障碍物；架空光缆的接头应设在杆旁 1m 以内。

3）敷设光缆时，其弯曲半径不应小于光缆外径的 20 倍。光缆的牵引端头应作好技术处理，可采用牵引力自动控制性能的牵引机进行牵引。牵引力应加于加强芯上，其牵引力不应超过 150kg；牵引速度宜为 10m/min；一次牵引的直线长度不宜超过 1km。

4）光缆接头的预留长度不应小于 8m。

5）光缆敷设完毕，应检查光纤有无损伤，并对光缆敷设损耗进行抽测。确认没有损伤时，再进行接续。

6）架空光缆应在杆下设置伸缩余兜，其数量应根据所在冰凌负荷区级别确定，对重负荷区，宜每杆设一个；中负荷区 2 ～ 3 根杆，宜设一个；轻负荷区可不设，但中间不得绷紧。光缆余兜的宽度宜为 1.52 ～ 2m；深度宜为 0.2 ～ 0.25m。

7）光缆架设完毕，应将余缆端头用塑料胶带包扎，盘成圈置于光缆预留盒中；预留盒应固定在杆上。地下光缆引上电杆，必须采用钢管保护。

8）在桥上敷设光缆时，宜采用牵引机终点牵引和中间人工辅助牵引。光缆在电缆槽内敷设不应过紧；当遇到桥身伸缩接口处时应作 3 ～ 5 个“S”弯，并每处宜预留 0.5m。当穿越铁路桥面时，应外加金属管保护。光缆经垂直走道时，应固定在支持物上。

9）管道光缆敷设时，无接头的光缆在直道上敷设应由人工逐个入孔同步牵引。预先做好接头的光缆，其接头部分不得在管道内穿行；光缆端头应用塑料胶带包好，并盘成圈放置在托架高处。

10）光缆的接续应由受过专门训练的人员操作，接续时应采用光功率计或其他仪器进行监视，使接续损耗达到最小；接续后应做好接续保护，并安装好光缆接头护套。

11）光缆敷设后，宜测量通道的总损耗，并用光时域反射计观察光纤通道全程波导衰减特性曲线。

12）在光缆的接续点和终端应做永久性标志。

5.3.2 室内设备安装

和其他网络项目一样，部署无线局域网络之前，必须先回答 3 个问题：部署在哪、速度有多快、经费有多少。

“经费有多少”（成本）是通过预算程序独立指定的，网络设计人员必须试着在预算的限制下提供最佳的局域网络服务。

“部署在哪”是指无线服务所涵盖的地区组合。一般通常希望能够涵盖所有地方，但有些工程为了节省成本，会将部署规模缩小至会议室与公共空间。

“速度有多快”是指无线网络的性能。无线局域网络用户端的速度取决于其与基站之间的距离，以及基站与工作站之间障碍物的多少。

要组建一个高传输率网络，必须专注于如何缩短工作站与基站的一般距离。有些实体空间会对无线电波造成障碍，需要相当数量的基站方能完整覆盖。

网络设计人员必须在这3项变数中取得平衡，方能够建构正确的网络。在一些环境中，建筑物本身的结构很容易阻挡电波的传播，因此必须缩小网络的覆盖范围，性能也会因此受到影响。有些网络预算有限，只求能够符合最低性能要求。在比较少见的情况下，或许可以针对整个覆盖范围提供较高的频宽，不必考虑成本问题。设计人员必须持续针对这3项设计因素进行调整与优化。当无线局域网络的用户逐渐成长，网络本身也必须随之扩充。一开始特定区域的部署，随后可能必须提供完整的覆盖范围。以覆盖范围为主要考虑，且尽量减少基站数目以节省成本的网络，日后或许会转变为性能较高的网络，以满足用户的额外需求以及日渐增加的用户数。要在这3种需求中取得平衡，有一些工具可以协助人们在这些取舍间做出决定。

（1）覆盖范围需求

有线网络的覆盖范围，取决于分布各处的网络连接端口。要提供有线网络服务，必须布线与提供连接端口。

无线网络提供覆盖范围的方式不同，因为无线网络的传输介质遍布整个空间，并且能够穿透墙壁。掌握无线电波的空间传播形态，乃是了解如何覆盖整个网络的关键。

首先必须回答的问题是，要覆盖哪些范围。是涵盖整栋建筑与园区，还是在特定区域提供无线网络？一般的做法是先在特定区域测试勘测。有时候，测试的范围也涵盖IT部门，大厅或会议室等公共场所。

对提出无线局域网络覆盖范围需求的人而言，“无所不在”是个流行的字眼，不过对必须满足此项要求的人来说，可能是个可怕的字眼。这是否意味着必须涵盖建筑物的每一寸空间呢？例如，真的需要为洗手间提供高品质的服务吗？对公共建筑而言，是否连逃生路线也包含在内？

涵盖室内区域需要多少台基站，取决于许多因素。首先，这与建筑物的构造有关。墙面愈多，意味着无线电波将遭受更多物质的阻隔，因此需要更多的基站。不同材质对无线电波链路有不同的影响。以相同材质而言，墙面愈厚，信号损耗愈大。信号功率最容易受到金属影响，因此电梯间与空调风管皆会严重妨碍通信品质。有色或经涂覆的窗户通常会严重干扰无线电信号。有些建筑使用金属电镀天花板，或在地板镶入大量金属。木材与大多数玻璃窗的影响较小，不过防弹玻璃就需要视实际环境。砖块与混凝土的影响介于金属与一般未经处理的玻璃之间。

第二个主要因素是打算提供何种速度的网络。只是提供无线局域网络访问服务与提供特定的传输率完全是两回事。802.11a的速度介于6Mbit/s与54Mbit/s之间。速度愈低，覆盖范围就愈大。相较于只是提供802.11访问服务的网络，让整个网络支持20Mbit/s的传输率需要更多的基站。

图5-39是根据开放空间损耗的理论值绘制而成。它显示了802.11a、802.11b与802.11g于各种速度下的相对传输距离。计算时，使用了典型的传输功率（802.11b/g为20dBm或100mw，802.11a为11dBm），然后计算每一种速度在何种距离，功率会降至电波灵敏度以下。至于典型的灵敏度，以Cisco a/b/g无线网卡的规格做为参考。图5-39中所显示的传输距离系相对于最小距离，亦即802.11a之最高传输率54Mbit/s的最小距离。

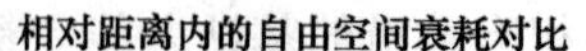
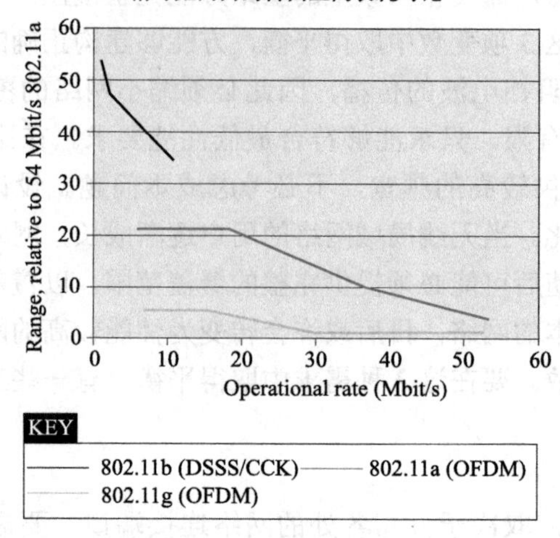

图 5-39

为了达到容量目标，相邻基站的覆盖范围必须有相当程度的重叠。如果目的是在特定区域提供高速的传输（比如 36Mbit/s），较低速的传输必然会出现更大的重叠区域。规划时切记保持某种程度的重叠，同时尽量减少基站的数量，以维持最佳容量，这些是设计无线局域网络时必须特别注意的取舍。

覆盖范围的最后考虑因素是网络本身的目的是什么。无线网络有特定的覆盖范围，但传输与接收范围可能并不相同。接收范围通常较广，特别是并未将基站的传输功率开至最大时。增加基站密度但调低功率的好处是，在接收范围内会有比较多的重叠部分。只要用户私下部署未经授权的基站，很难不被网络中的基站检测到，而且可以更精确地定位其所在位置。相较于室内的覆盖范围，户外有另外一套不同的取舍与工程要求，而且通常牵涉到，在恶劣的气候下，使用者是否需要如同往常在外工作。特定的应用也适合将室内 / 户外覆盖范围一并考虑。例如，机场或许打算为航空公司的传输设备提供户外访问服务。将设备置于户外向来是种挑战，大部分是因为设备本身必须抗风化，必须符合不少环境或安全法规。置于户外的设备必须坚固耐用，通常必须具备防水或抗风化能力。一种解决方案是将基站设备在室内，然后在户外布设天线，不过通常很难找到长度合适的外接天线，就算可以，线材的损耗通常也很严重。大规模的室内 / 户外安装时，抗风化机壳可能必须符合其他安规标准。

覆盖范围与实际安装限制

一般使用者的需求中，通常包含所期盼的覆盖范围，不过实际上可能会有所限制。比较常见的限制，包括无法提供电源或网络连接。有些机构要求基站与天线必须予以隐藏，也许是为了维护网络的实体安全，也许只是为了保持建筑物的美观。

基站通常挂得愈高愈好。当基站位于所有障碍物之上时，运作容量最好。将基站置于小卧室或其他物体之上，通常可以让信号更稳定地传得更远。有些基站提供壁挂套件，可以固定在墙壁或倒吊式轻钢架天花板的吊筋上。有些厂商建议将基站安装于天花板的轻钢龙骨上，再搭配穿透轻钢架天花板的外接天线。

许多商业建筑使用所谓的倒吊式天花板，在真正的天花楼板之下，另外悬挂轻钢架天花板。把网线与电线置于轻钢架之上，与空调风管放在一起。有些建筑将整栋建筑的空调风管系统置于轻钢架与天花板之间的空隙。安全标准规定，置于空调风管空间的物品，不得危及建筑物的用户。万一失火，建筑物内部人员所面临的最大危险，就是浓厚的黑烟可能会遮蔽视线，阻碍逃生的路线。置于空调风管系统的设备一旦产生烟雾，就会立即弥漫整栋建筑。因此，为了保护建筑物内部人员，置于天花板之上的设备必须符合一些特定的安全标准。如果打算将无线局域网络设备置于天花板之上，则务必确定它们是否符合防火等级。除了基站，也包含任何附挂于天花板之上的所有辅助设备。

（2）容量需求

覆盖范围并非无线局域网络设计的完结篇。在负载范围内，基站的作用类似集线器。对特定覆盖范围而言，无线频宽是固定的。在覆盖范围内，802.11b 基站能够传送 6Mbit/s 的用户数据。802.11 网络实际上使用的是分享式介质。除非无人与之竞争介质，距离基站甚远的用户才有办法使用 6Mbit/s 的速率。当更多用户使用网络时，同样的 6Mbit/s 必须由所有用户共享，而协议本身必须公平地（或者不公平地）配置频宽给各工作站。

对服务用户的网络而言，必须在覆盖范围与服务品质间作出取舍。只要搭配高增益外接天线，就可以使用较少的基站，但频宽就必须由较大的范围来分享。基本来讲，扩大覆盖范围的做法并无对错可言，特别是用户密度较低的时候。有些部署会使用单一基站搭配外接天线来覆盖较广的区域，因为对频宽的需求并不高，参见图 5-40 左边。图 5-40 的右边，用户较多的网络会倾向使用覆盖范围较小，但数目较多的基站。借用可移动电话的术语，称此种网络具有许多“微蜂窝”。图 5-40 中，右边的图形将相同的区域划分为 3 个区域。因此，每部基站只需要服务较少的工作站，每部工作站的传输率也因此提高。

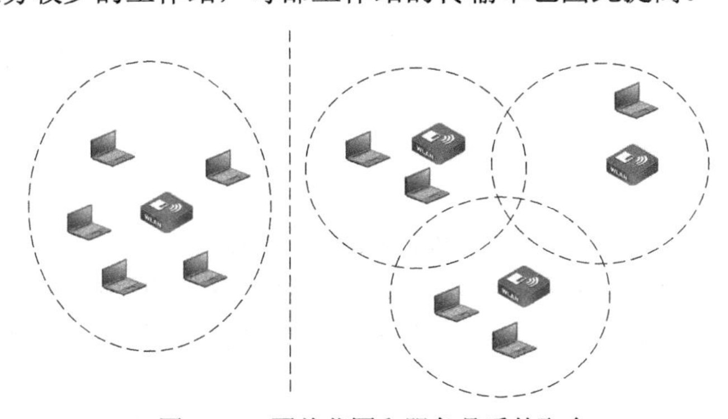

图 5-40　覆盖范围和服务品质的取舍

评估需求时，区域总和频宽是相当有用的指标。图 5-40 中，左右两个网络覆盖相同的面积。不过由于具备 3 部基站，因此右边的网络可以提供 3 倍的传输量。并非所有网络均需要高区域总和频宽，至少一开始是如此。当无线局域网络逐渐受到欢迎，图 5-40 中的用户从 5 位变成 10、15 甚至 50 位时，就需要进一步增加区域总和频宽。

需要为每个用户保留多少频宽呢？一种做法是对网络应用与容量需求进行详细研究，然后据以设计网络。不过以实际情况来看，大多数网络似乎都是以“测不准原理”在运作着：只要有封包在传送，网络就会持续运作；一旦深入探讨它的工作方式，它便停止运行。一般而言，大多数无线网络工程均始于“好像有此需要”的模糊概念。而不是“它应该用起来像有线网络”的想法。建议至少为每个用户保留 2Mbit/s 的频宽。802.1la 与 802.11g 网络允许为每个用户保留较高的速率，特别是将流量估计地比较高时。

（3）探讨覆盖范围 / 服务品质间的取舍，以及区域总和频宽

正常负载之下，基站相当于集线器，频宽是由覆盖范围内所有用户所共享。使用覆盖范围较广的基站来组建网络通常花费较少，因为所使用的基站数量较少，但服务品质可能较差，因为总和频宽较少。基站负责的覆盖区域愈大，距离较远的工作站也必须使用较低的速率连接。

一种衡量服务品质的方式为，计算服务区域内的总和频宽，在某种程度上反映了基站的密度。其他条件不变的情况下，较多的基站意味着较多的无线频宽。图 5-41 显示了 3 个网络。图左的网络只有一部基站，最高可提供 30Mbit/s 的用户数据给工作站使用。中间的网络包含三部基站，使用较低的功率运作。由于将覆盖区域切割为较小的独立电波区域，因此可以提供更多的传输量。粗略而言，将有 90Mbit/s 可用来服务工作站。至于图右的网络，虽然只有一部基站，但却使用扇区天线，相当于 3 支指向型天线（单台 AP+3 路功率分配器）。在某些实现中，每个分区会被指定不同的频道（多台 AP+3 只天线），如此一来也可以减少工作站传输发生碰撞的机会。在最复杂的情况下，分区天线的每个频道可被当成独立的基站，工作站可用的总和传输量亦为 90Mbit/s。传输品质也可以用“服务区的每平方米”可提供多少 Mbits 来衡量，这和服务区的总和可用传输量并不冲突。

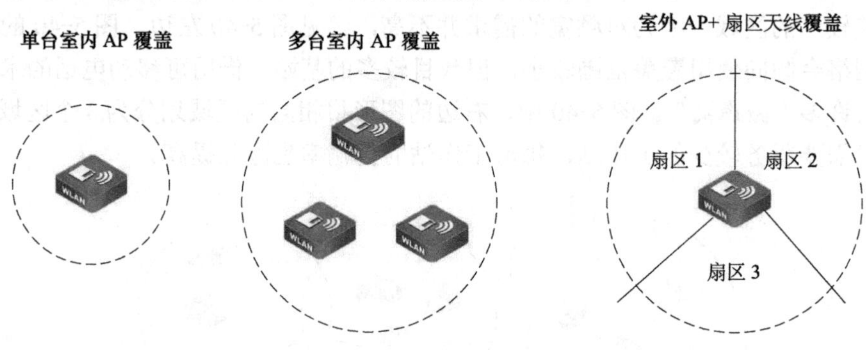

图 5-41　服务区总和传输量图示

在 Ethernet 领域，交换器可以通过减少介质的竞争来提高网络的传输量。提升无线网络可用频宽的做法，也是采取同样的方式。缩小每部基站的覆盖范围，就可以在单一服务区域部署更多基站。

工作站的限制

业界所面临的一个主要挑战，乃是绝大部分的 802.11 操作均受控于工作站及其所使用的软件。几乎所有支持可移动性的“重要”协议操作都掌握在工作站那里。用户端软件决定何时漫游、如何扫描新的基站以及何时连接至网络。网络中，不同机器会出现不同的行为，因为 802.11 并未规范何时漫游或如何挑选基站的算法。把这么多协议交给工作站实现，却又不受任何标准规范，导致工作站的行为通常变得十分神秘。举例而言，可以准备 3 台便携式计算机，插上 802.11 接口卡后置于一台车上四处闲晃。这 3 台计算机将在不同时间漫游至不同的基站，而且通常会显示出不同的行为。

以“决定连接至网络的工作站”为例，大多数情况下，首度启动时，工作站会进行比较智能的扫描，挑选信号最强的基站加入。对许多网卡而言，它们的智能就到此为止。它们将持续与第一部基站“厮守终生”，即使附近出现更合适的基站。除非完全丧失信号，否则没有什么可以强迫网卡进行漫游。这种情况通常被称为“虫灯效应”，因为工作站就像是被灯火所吸引的飞蛾，无法抽身。具有“虫灯效应”的工作站其传输率特别差。就算已经远离原本连接的地点，还是会降低速度只求维持连接。

如此一来不仅拖累远距离工作站的连接速度，也大幅减少了其他工作站的可用频宽。低速传送时，以 OFDM PHY（802.11a 或 802.11g）封装的最大封包（1500bytes）需要更长的传输时间。在最极端的情况下，以 54Mbit/s 传送最大帧需要用到 57 个数据符号，相当于 248ms。不过，以 6Mbit/s 传送时，则需要用到 512 个数据符号，相当于 2068ms，亦即 8 倍以上的时间。较慢的传输速率剥夺了其他工作站 1800ms 的传输时间。将这么多攸关整体的协议工作交付工作站处理，限制了网络基础设施在必要时采取最佳手段的可能。例如，可移动电话网络能够将手机转交给具有较大频宽的基站处理。无线局域网络协议尚无此种能力。有些无线局域网络系统厂商已经提供“基站负载平衡”（AP Load Balancing）功能，宣称可以让网管人员合并两部基站，为所在地区提升整体的网络容量。一种常见的做法是监视每部基站的连接数或者各基站的流量，然后将工作站自负载较高的基站解除连接，鼓励它们转移至负载较轻的基站。如果得不到工作站的支持，很难达到负载均衡的情况，因为大多数工作站还是倾向连回原来的基站。不同协议下的最大带宽见表 5-8。

表 5-8　不同协议下的最大带宽

技　术	最大带宽
802.11 直接序列	1.3 ～ 1.5Mbit/s
802.11b	6 Mbit/s
802.11g, 带保护	15 Mbit/s
802.11g, 无保护	30 Mbit/s, 罕见
802.11a	30 Mbit/s

（4）切合期待的传输量

当更多用户加入无线局域网络，网络频宽必须平均分配给更多用户，因此传输率就会下降。对采用 DCF（分散式协调功能）的网络而言，比较实际的经验法是，大约可以达到 50% ～ 60% 的额定位速率，因为必须将帧间隔、同步信号以及帧框标头等额外的负担纳入考虑。网络协议额外增加了网络层分封与重传的负担。大多数网络协议所面临的共同难题是，要提供稳定的传输就必须使用传输层回应机制。每个 TCP 区段均必须得到回应（虽然不见得是个别回应），而 TCP 回应信号又可能与其他正在传送的区段产生碰撞。

设计上，与“服务品质”（QoS）有关的技术通常是尽量榨出更多的网络频宽，但并未得到广泛部署。如果 QoS 的历史有任何值得借鉴之处，那就是说之者众，用之者少。

（5）每部基站的用户数

规划网络时，必须知道每部基站的用户数多少。802.11 限制每部基站最多只能有 2016 部工作站连接。实际上，每部基站的可连接用户数远低于此。对 802.11b 而言，6Mbit/s 的实际频宽算是合理的假设。要提供每个用户 1Mbit/s 的连接速度，乍看之下，每部 802.11b 基站似乎只能服务 6 个用户。不过网络流量原本就有高有低（Bursty），从流量形式而言，自然可以假设能够服务更多的用户。为每个用户提供 1Mbit/s 的连接速度是基于“用户有时会处于闲置状态”的前提。一般 3:1 ～ 5:1 是较合理的比例。以此比例，一部 802.11b 基站最多能够服务 20 ～ 30 位用户。

然而，就算升级到 802.11a 或 802.11g，每部基站所能够服务的用户数也不会因此变多。802.11 中，速度取决于距离。工作站距离基站愈远，就会使用较稳定但速度较慢的编码方式进行传输。只有距离基站相当近的地方，才可能使用较高的速度，因此每部基站服务 20 ～ 30 位用户仍然算是合理。

如果应用对网络特性十分敏感（如 VoIP），每部基站所能够服务的工作站数量就会更低。无线网络尚无法对复杂的服务品质进行优先排序，只能依赖介质本身对工作站的访问进行仲裁。语音与数据的特性有别。当介质达到饱和，且基站使出混身解数倾泄出队列中所有数据时，将可达到最高的数据传输率。语音帧必须及时传递，且队列必须尽量维持在低档，才有办法接收高优先的帧并立即传送。不论直接使用 802.11 链路或通过 IP 传送，语音流量对于迟延或剧烈的变动（Jitter）均十分敏感。为了避免不必要的迟延，在更好的 QoS 技术来临之前，必须进一步限制每部基地只能服务 8 ～ 10 个电话。

（6）可移动性的需求

当无线局域网络日渐成熟，使用者开始期待不论身在何处，网络均能够提供无间断的连接。

连续的覆盖范围与无间隙的漫游。应该是园区环境的常态。使用者可能以无法预料的方式在园区内移动，但仍然希望持续使用网络且连接不中断。一般而言，只要未使用交通工具，使用者就会认为无线局域网络仍然可用。为整个园区设计覆盖范围时，必须考虑到用户可能跨越路由器的界限，因此设计时必须考虑如何维持他们所使用的地址，通常是通过某种形式的隧道协议。不同的无线局域网络架构有不同的隧道方式。

（7）网络整合的需求

网络规划有两个要素。首先，实体整合纯粹是一步一个脚印的工作。除了建筑蓝图，如果可能，最好取得实际的网络架构图。省去了昂贵费时的布线消耗，安装无线局域网络硬件变得简单不少。知道现有交换机的位置与所有线路的内容是重要的第一步；逻辑整合是第二步，包含如何将无线局域网络整合至现有的网络。

（8）实体整合

实体整合包括如何将各个元素摆到正确的位置。基站必须根据事先的规划摆设，并正确地布线。如果考虑到美观因素，新增设备时或许需要重新布线。否则，从现有的插槽接线到基站所在位置即可。根据所选择的产品与架构，网线可能是接到无线控制器、特殊的 Wireless VLAN 或是交换机中的网络。

除了配线，还要供电给基站。在基站所在位置直接供电并无不可，但不建议这么做。许多企业级基站的设计，主要是通过 Ethernet 网线供电，甚至连电源供应器都没有提供。有些基站是另外提供 48V 的电源供应器，即其电源电路被设计成运作在 POE 的电压。有些交换器可能具备 Ethernet 供电（POE）的能力，但使用前必须检查与确定是否相容。符合 802.3af 标准是电源相容的最佳保证，不过有些设备属于厂商的专属规格。如果必须为交换机提供电源，则可以购买其他厂商所生产的 POE 模块。

（9）逻辑整合

进行无线局域网络的逻辑整合之前，必须先挑选一种架构。不同架构有不同的整合需求。不过，一般而言，无线局域网络至少必须连接到某个网络。若要连接一个以上的网络，或许必须使用以 AAA 为基础的动态网络。这些网络绝大部分属于 IP 网络。不过有时候，无线局域网络也需要支持旧式的网络协议。

网络规划的第二个要件是思考逻辑网络的变动。可移动式工作站该如何定位？如果所有无线工作站将使用单一 IP 子网络，则必须为之配置 IP 地址空间，并确定它能够被正确传送至无线子网络。配置新的地址空间时，切记给所有基站与其他辅助设备留额外空间。

扩充网络时，必须新增基站设备。基站或许需要 IP 地址。如果基站的 IP 地址是通过 DHCP 取得，则最好在 DHCP 服务器中为每部基站指定固定的地址，不要让 DHCP 服务器随机指派。如果基站通过 IP 隧道（Tunnel）连回中央控制器，则必须设置一些过滤规则让双方进行数据传输，并且分别在基站与中央控管设备上设置必要的传输管道。

（10）物理层的选择与设计

802.11 物理层的选择通常由用户需求而非实体设计所驱动。大多数情况下，它也会受到打造最快网络的需求所驱动。物理层的选择关系到工程层面。物理层本身并无优劣之分。选择物理层时，其实是在一些不同的因素间做取舍。总而言之，2.4GHz ISM 频段比较不受障碍物的影响，因此 802.11b/g 信号的传输距离较远。不过，传输率会受到回溯相容性的限制。而且很难只用 3 个频道来规划网络。此外，使用 2.4GHz ISM 频段的设备并不少，很可能受到某些设备，例如，Bluetooth、2.4GHz 无线电话、X10 影像照相机或其他类似设备的干扰。如果频道与其他网络重叠，即使干扰不存在，只能使用 3 个频道也会限制传输率。802.11a 比较适合高密度、高传输率的网络，除了不受回溯相容性的限制之外，能够使用的电波频谱也比较宽。

要减轻大规模无线局域网络部署的负担，方式之一是尽量自动化。有些产品可以自动规划频道。其中一种做法是根据实际的测量结果来进行频道规划。网管人员可根据使用者密度、安装的容易度以及环境的限制来摆设基站。网络启用后，基站就会通过有线网络彼此沟通，以便选择最佳的频道配置。有些产品会持续监控无线电波，依环境的变化来动态调整频道的设置。除了实际的测量，另外一种替代方案是为建筑物建立虚拟模型。为建筑物建立虚拟模型时，可以利用数理模型将干扰降至最低，并根据计算结果来配置频道。和无线局域网络其他设计层面一样，有些产品会同时采用这两种技术。

实地勘探的部分目的，是为了在规划覆盖范围时能够尽量避免频道重叠。天线的价值在此浮现，因为它们可以调整覆盖范围，使之符合建筑物或房间的形状。不论选用何种天线，均可采用一种通用的样式。从不相重叠的 3 个频道挑选其一作为中心频道，以粗体字表示。本例中，挑选 1 作为中心频道。为避免重叠，中心频道四周必须使用其余两种不相重叠的频道。为四周选定频道后，就可以接着规划其他频道。

当然，图 5-42 所呈现的是理想环境中的频道配置。在建筑物中，电波的传播不仅受到障碍物的影响，频道重叠的情况也通常无可避免。例如，中心频道 1 外环的频道 6 与频道 11 就可能互相干扰。

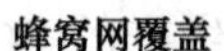

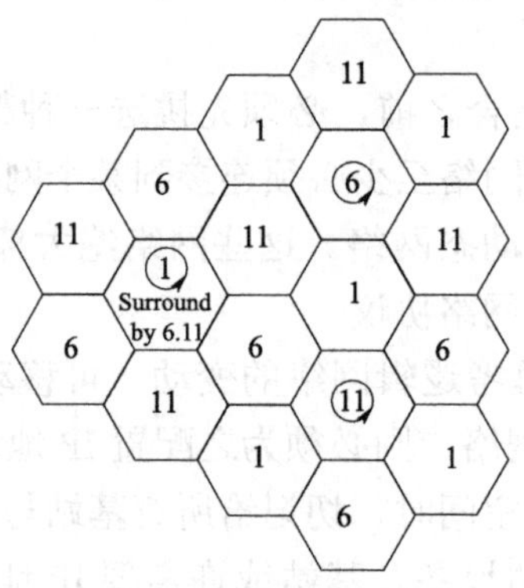

图 5-42　频率规划

（11）2.4GHz 频道规划的限制

802.11b/g 网络只有 3 个不相重叠的频道。相邻基站的覆盖区域若使用同样的频道会因为共用频道的干扰，必然会影响双方的传输率。

要将频道的重叠程度降至最低，通常必须仔细调整基站的摆设位置或借助外接天线。电波信号可能穿透地板或天花板，因此规划频道时必须考虑到三维空间。

（12）5GHz（802.11a）频道规划

以 802.11a 规划网络有两项主要优点。首先，802.11a 至少有 12 个频道，因此频道规划不成问题。

（13）混合式频道规划（802.11 a+b/g 网络）

大多数网络通常一并使用 802.11b/g 以便相容于旧硬件，而以 802.11a 作为未来扩充之用。有些厂商所推出的双频基站只比单频机种稍贵一些。有时候，三模 / 双频网络的组建成本，只比单纯的 802.11g 网络稍贵。除非预算很紧，否则多付一点成本就可以让频宽加倍，其实是十分划算的。

（14）基站摆设位置规划

目前，大多数用户认为有线网络就是稳定的。以产品的成熟度与可预测性而言，无线网络还是有所不及。无线网络所使用的协议还是难以预测。规划网络时，有一些工作必须优先进行。由于无线网络让使用者得以不受空间限制访问资源，因此网络本身必须清楚掌握用户所在位置。

一旦了解用户需求与决定采用何种 802.11 物理层，接下来的问题就是应该将基站置于何处。取决于需求与预算，决定基站的摆设位置可能只需要几个小时，也可能需要来回进行好几次，花费大量的时间与金钱。此程序之所以称为实地勘探，是因为有一些工作必须在网络的装设地点进行，不过新一代的工具已经可以通过计算机模拟，取代不少基站摆设工作。

有几个选项可用来判断，应该将基站置于何处。对同意列名于使用客户名单的早期采用者，厂商可能愿意提供实地勘探服务增值，经销商或许也有能力进行详细的实地勘探。经销商可将实地勘探当做顾问服务来销售，或以之作为成交的筹码。有些专门从事技术教育训练的公司，也会提供类似的课程。

（15）建筑物

建筑物的构造乃是限制基站摆设位置的主要因素之一。墙壁、门窗都会影响电波信号。取得楼面设计蓝图并及早实地勘探，对网络规划有极大的帮助。因为在墙壁砌起之前，可以更清楚掌握建筑物的内部结构。为施工中的建筑物进行规划的主要缺点是，除非等到建筑物完工，否则无法进行各项实验。

一旦取得楼面设计，就可以评估覆盖范围必须涵盖哪些地方。如果建筑蓝图十分完整并且包含布线信息，应该会同时记录就近的电源插座。也可以初步观察有哪些结构可能造成问题，例如，空调风管或者以钢筋混凝土砌成的墙面，不论是否使用电子仪器让规划程序自动化，都应该在现场再次确认。看看是否有蓝图未曾记载的变更之处。确认现场所使用的建材。除非是老旧建筑或古迹，否则墙壁应采用轻隔间材质，只要敲敲墙面就可以得到验证。看是否有防火墙（实际的防火墙），因为防火墙对 RF 信号会造成相当大的影响。结构或承重墙可能是钢筋混凝土材质，这将对电波形成极大的妨碍。如果必须将基站隐藏在特定地区，则该彻底研究如何隐藏，以及对网络工作有哪些潜在的影响。此外，挑高的天花板或者其他难以安置的地点也必须加以检视。

根据实地勘探，记录下所有相关的环境因素。最重要的是，可以根据结构的变更修正蓝图。毕竟绘制之后的变动通常不会记录于蓝图，尤其是老旧建筑。同时，最好记录下潜在的干扰源。2.4GHz ISM 频段无须使用执照，因此使用该频段的各种设备，可能并未统一管制。新型的无线电话（Cordless Phone）同样使用 2.4GHz 频段，Bluetooth 与一些其他无线设备亦然。如果预料干扰源不少，则可以使用频谱分析仪在无线局域网络频段测量幅射量。依经验法则，基站的摆设至少要远离较强的干扰源 8m 远。

（16）基站摆设位置的限制

实际上，尽可能将基站置于高处意味着最好将它们摆在天花板的高度。许多办公建筑使用倒吊式或悬吊式天花板。基站可以安装在天花板吊筋或者置于天花板之上。必要时，可将基站置于所有办公室隔屏之上。需要了解基站的幅射样式。如果基站原本的设计是从天花板向下传送电波，则将它们置于办公室隔屏之上就无法达到预期的效果。

比较常见的做法，是根据实际限制来调整基站位置。主要的限制因素之一，在于基站通常通过 Ethernet 缆线连接至网络。离基站最近的交换机不能超过 100m。由于规格较具弹性，有时候网线可以比规格稍长，实际上需要使用较长的网线来连接基站。

多数产品可以使用第二种电波构成网状后端骨干。

电源通常是基站摆设的另外一项限制因素。早期的基站需要用到电源插座，不过实际环境中很少会在天花板上安装电源插座。随着 802.3af 的发展，有些组织开始通过网线为基站供电。

为无线网络布设新的网线是值得考虑的，特别是如果现有的网络插座无法轻易支持新的基站时。现有的网线通常在踢脚板（Baseboard）附近，不适合用来连接高挂式网络设备。架设新的网线有许多优点。它可以直接拉至基站所在的天花板，旧式的布线或许之前就已经存在。布建新的网线也可以增加某种程度的弹性。考虑到有时需要移动基站，有些新式的布线会在天花板的网线终端加装网络插座，允许使用跳线（Patch Cable）让基站移动至附近。

取决于天花板上的元件配置，有时很难沿着空调风管布线或将基站置于风管附近。通常，只要将基站稍微挪至下一块天花板的位置即可，并不会严重影响基站的覆盖范围。此外，让基站远离灯座及其电源线也很重要。

最后的考虑因素与实体的安全性有关。有些机构认为必须为基站加上防盗措施。有时候，将基站安装于天花板就算防盗措施，毕竟已经将基站隐藏起来。有些基站附有防盗锁孔，可将之固定在无法轻易移动的物体上面。

（17）施工中的建筑物

随着无线局域网络的普及，有许多无线网络在建筑物施工期间就已经开始着手设计。首先遇到的问题是，会受到其他工程进度的影响。幸运的是，可以借助模拟工具来估计所需要的基站数目。施工图通常十分完整，而且通常在实际动工前，网络小组就可以取得相关图面。开始可以先评估不同材质可能造成哪些影响，并且建立初步的模型。

当建筑物逐渐成型，就可以到各个区域巡视一遍。取决于施工时间，实地勘探可以分几个阶段进行或者一次解决。在施工期间进行勘查，通常需要得到承包商的首肯。在建筑物各个区域确认模拟阶段所做的假设是否正确。例如，赋予各个墙面的电波损耗系数是否正确，当初所建构的模型是否需要修正。完工后，就可以将基站定位进行测试，进一步检验当初所做的预测是否正确。

为施工中的建筑物设计无线局域网络，最大的挑战之一就是环境处于持续变化的状况。比较少见的情况下，可能会因为缺料甚至是美观上的考虑，于最后更换建材。尽量让设计保持弹性，并且预留一些安全空间以防错误发生。

（18）初步规划

决定基站的数目与初步摆设位置是规划的第一个里程碑。几年前基站还十分昂贵，当时决定初步摆设位置的最佳方式是估计需要几部基站，然后将它们集中置于开放空间。如今基站已经相当便宜，尽量减少基站数目已经不再是主要的考虑因素。

根据两项经验法则，可以粗略估计出所需要的基站数量。第一项经验法则是根据区域来计算。在典型的开放办公室环境，以最大功率传输的基站可以覆盖 400m^2 的区域。只要知道打算涵盖多大范围，将之除以每部基站的覆盖范围即可。少有障碍物的开放空间可以取较大的数目；封闭隔间的办公室或者内部结构复杂的建筑物，就要取较小的数目。除了根据区域大小，也可以根据用户密度来估算所需要的基站数量。依经验法则，可以将组织中的用户数除以 20 ～ 50。如果无线网络十分受到欢迎且广为使用，则可以除以较小的数目。如果无线网络对用户而言仍属新鲜且属于实验性质，就可以除以较大的数目。这两个数目取其大者，就可以粗略估计出应该安装多少部基站。

只是粗略知道需要多少基站，不见得知道应该将它们摆至何处。要将这些粗略的估计转换为初步计划还需要不少工作。如果经验足够，则不难判断应该将基站置于何处。结构墙或防火墙通常会完全阻隔信号。多层建筑的主要承重结构通常位于中央核心，而且通常使用钢筋混凝土材质。当信号穿越两三间一般大小的办公室，大多数基站仍然能够维持在最小速度之上，这取决于中间障碍物的多少。一般而言，尽可能将基站摆在障碍物较少的开放空间。要让基站能够随时提供必要的服务，最好将基站置于办公室隔间与走廊之上。

到目前为止，制定初步计划通常是依赖人工方式，需要高度的技巧与广泛的经验。过去几年开始出现了一些模拟工具，可将初步规划程序加以自动化。这些工具将依照建筑物的工程图，建立电波传播的数理模型。当网络设计师变更模型中的基站摆设位置时，此工具就会立刻重新计算出基站的覆盖范围。这类电子工具很有价值，可以合理推估基站的摆设位置，减少实际验证的次数。对于尚在施工的建筑，这些工具更是特别有价值。有些工具能够直接读取建筑设计图，即计算机辅助设计文档。记得要取得建筑平面图。建筑平面图通常是由设备部门负责保管，也可以通过房东或业主取得。如果是新的建筑，不妨直接向建筑师索取。

虽然模拟工具十分有用，但也不能完全依赖。电波传播非常复杂，特别是在室内的微波频段。电波对不同材质有不同的反应，只要隔有距离，覆盖范围就可能截然不同。要使用这些模拟工具，必须具备正确的建筑营造知识，但是网管人员不见得专精于此。模拟工具并无法完全取代实际的试验。

不论使用何种技术，还是得从实体规划推衍出初步计划。此时尚不需要电波频道的细致规划。如果使用模拟工具，可作为建议方案，在实际安装后再做修正。这个阶段的目的，是取得一个切入点。如果打算提供较高的传输率，则覆盖半径就不能太长。

（19）报告

初步计划可以作为进一步可移动的基础。它可以用来估计特定区域部署无线局域网络的成本。此外，也可以聘请布线承包商根据初步计划实际布线。计划本身可能包含：

1）初期工作所搜集到的需求汇报。

2）根据实地勘探测量所评估的覆盖范围。覆盖范围可以细分为接收信号良好、接收信号普通与接收信号不良 3 种。根据数理模型所提出的报告，可以勾勒出不同传输率的大概轮廓。

3）描述各个基站的摆设位置以及相关配置。有些自动规划软件工具能够根据楼面图提供细部的位置与设置信息。

（20）电波资源管理与频道规划

打造室内无线网络时，信号的传输非常复杂。频道重叠的情况通常发生于室内，因为必须使用较高的功率方能穿透障碍物。初步计划应该包含基本的频道表。可以确定的是，频道规划必然需要进一步调整。进行调校时，可以使用手持式工具，以人工方式找出重叠的频道或者让基站自动搜寻最空闲的频道。既然 2.4GHz 频段只有 3 个频道可用，任何变动都可能在网络中造成骨牌效应，需要花费一些时间以得出最终的解决方案。

（21）规划的修正与测试

取决于所要求的精确程度以及预算的限制，计划的修正程序可大可小。在小型或预算很紧的工程中，只要有初步规划，使用网络后视后续发展如何即可。比较慎重的部署可能会依初步计划安装部分或全部的基站，然后进行一连串的测试，验证是否符合需求。如果初步计划十分精确则不需要任何修改。测试的主要目的在于找出之前未曾发现的干扰或死角，据以重新设计。大多数情况下，干扰问题可以通过基站重新摆设来解决。基站摆设位置通常不需要太大的调整。如果还是无法解决，可能就要更换不同的天线或基站了。有时候，可能需要经过好几回合的设计与测试阶段，虽然这种做法比较少见。

检视计划时，尽可能复制使用者经验。无线局域网络与基站间的障碍物会使电波强度减弱，因此在实地勘探时，尽量复制原来的使用情境。测试时与完工后，应该使用一样的天线。如果办公人员也会用到无线网络，记得确认关起门后是否能够合乎接收信号上的要求。

更重要的是，记得关上金属百叶窗，因为金属物质最容易影响无线电波。

信号测量应该符合网络用户的期待，除了一项例外。大部分实地勘探工具是以某个定点根据几个特定时点的数据来评判信号品质。因此在实际进行测量时，记得将便携式计算机置于定点。务必多测量一些数据，因为使用者会带着便携式计算机四处移动，而且多重路径衰落效应可能会导致信号品质有相当的落差，即使只是相隔几步。

比较严谨的机构可能会测试不同的用户端设备。无线局域网络会因实际上的差异而有截然不同的表现，就算使用完全相同的软件，工作站也会显现出截然不同的行为。如果需要知道系统的实际表现，就值得对软件使用相同的配置设置，在同一时间进行相同的测试，以便多搜集几个系统的信息。

最后的测试报告应该包含基站的最后摆设位置，以及确实的涵盖范围。覆盖范围可以用地区来表示，附上各区域能够稳定提供的传输率会有用。有时候，效能特性报告也十分有用，特别是应用程序的组合具备某种特性时。

如果建筑物尚在施工，则验证程序就必须等到完工后进行。如果整栋建筑同时施工，最好及早进行基本的测量工作，以便判断是否需要大幅修改电波模型，将费时与正确性的验证测试留到最后。

（22）验证与测试工具

过去，要得知基站的覆盖范围与完成基站的规划相当费时，因为需要将基站摆至不同的位置，反覆测量基站的信号品质。随着自动规划工具的发展，不论是根据模拟或自动调整机制，在验证阶段通常已经不必用到这些工具了。通常只有在测试系统遭遇问题时，才需要深入分析电波链路的容量。

最常见的信号品质测量项目就是封包（比较正确的说法是帧）错误率（Packeterror rate，PER）与接收信号强度指标（Received Signal Strength，RSSI）。帧错误率愈低愈好。过去，8% 以下的 PER 就有办法提供可接受的容量。基站较为密集的网络，应该能够轻易达到 5% 或更低的帧错误率。比较复杂的基础型设备，通常可以直接测量个别工作站的帧错误率以及 RSSI 与信噪比。能否达到较高的传输率，RSSI 与信噪比是关键因素。必须通过特定信噪比门槛，才有办法以特定的传输率传送可辨识的帧。

少数工具可以测量“多重路径时间迟延”，亦即测量信号经由不同路径的时间因素。迟延范围愈大，信号的相关还原工作就愈困难。如果迟延范围较大，则设备必须接受较高的错误率或者降速使用较保守的编码方式。无论如何，传输率都会因此下降。迟延范围愈大，传输率就愈低。测量多重路径传播比较没那么重要，不过这种用来搜集多重路径问题相关数据的工具还是颇有价值。

特别难缠的干扰，有时候必须动用频谱分析仪，方能找出非 802.11 网络的干扰源。能够扫描大范围的频段以找出信号传输来源的设备并不便宜。或者使用限定于 ISM 频段的频谱分析仪来追踪干扰源。无论如何，频谱分析仪都是最后的手段，只有最难缠的问题才需要用到。

（23）准备最后的报告

在规划与测试过程中，应该准备初步文件，记录基站的摆设位置。测试完成之后，必须以文件加以记录，除了根据测试结果加以修正，还必须将变动纳入最后报告。

5.3.3　室外设备安装

在无线网络项目中，会有将部分室外区域上网的需求，主要需求分为两类：

1）室外覆盖。

2）室外桥接。

1．室外覆盖

室外覆盖主要是要将部分室外区域通过无线 AP 接入到网络的需求，主要应用的设备为室外无线 AP、室外天线、天线抱杆、接地线、避雷器、防水胶带和防水胶泥等。

室外 AP 通过网线连接到其上联的 POE 交换机。室外 AP 通过其内置天线或外置天线，成 360° 或固定角度覆盖，其覆盖的区域的大小及覆盖效果，与其设备的发射功率、天线增益及角度、设备安装高度等有关。

需要在项目实施前作出测试，根据测试方案和结果，才能确定设备的安装位置，还要考虑设备的避雷、与交换机的距离、安装位置等因素。

1）带电设备测试。

2）天线的选择。

3）安装位置的选择。

4）避雷与接地。

5）设备的安装与网线布设。

6）防水处理。

2．室外桥接

（1）电磁环境测试

电磁环境是指天线安装点附近外来的扩频信号（俗称干扰信号），该扩频信号的来源方向、频率以及极化方式将直接影响到该点链路的设计和通信质量。电磁环境的测试结果为无线网络方案的设计和可实施性提供依据，以避免工程施工的盲目性，减少工程施工的难度等。若施工现场电磁环境复杂，则应组织有关人员同用户方经理一起对实地进行电磁环境测试，测其在 2.4GHz/5.8GHz 频段上有无外来干扰。如果有干扰则须测出其干扰源的方向、极化以及频率，从而找出无干扰区域并将测试结果记录在案。

1）对地理环境勘察，应携带望远镜、罗盘、皮尺、地图等有关设备及材料。

2）将各站点的具体位置在五万分之一地图上做好标记，测量、计算出各远端站点到中心点之间的距离以及有关远端点之间的距离，并计算天线安装的方位角。

3）检查天线安装的位置。安装天线的地方是否牢固、能否与天线安装架匹配。

4）如果两站点的距离较近则可用望远镜观看、测量两站点之间是否完全可视。如果有建筑物遮挡，根据具体情况进行网络结构设计和修正链路。

5）测量天线安装的位置到地面的距离。如果有条件则可对海拔高度进行测量。

6）测量从天线安装点到机房的距离（即馈线的长度）。如果距离太长，则项目经理应与用户方经理进行协调有关设计和施工中可能出现的问题，如提高设备的安放位置、减少馈线长度、选择高增益天线等。

（2）链路的可视性见图 5-43。

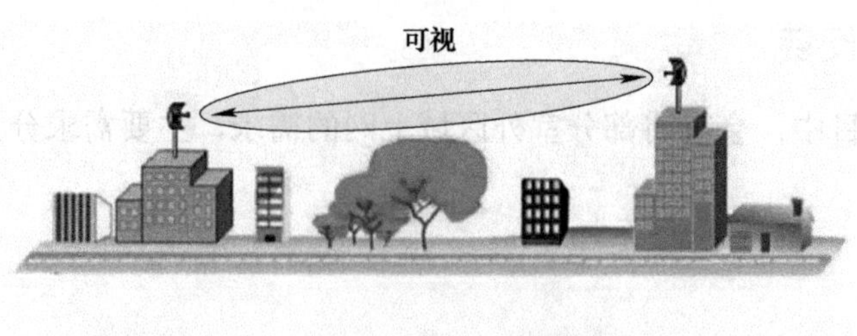

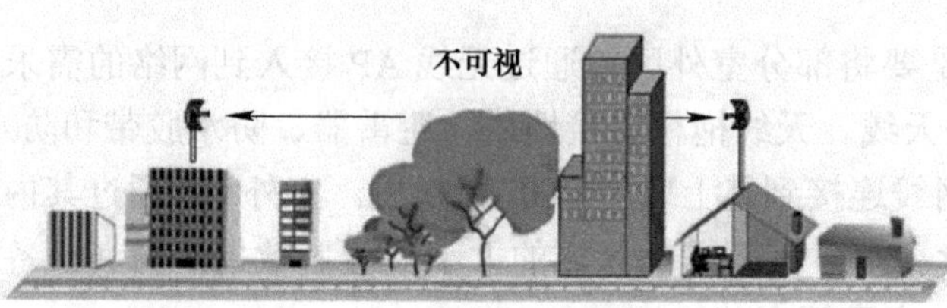

图 5-43　无线链路示意图

勘察内容见表 5-9。

表 5-9　勘察内容表

勘 察 内 容	注 意 事 项
天线装放点	1．保证链路可视　2．保证在防雷区　3．装放架的规格
设备装放点	温湿度符合标准
馈线走向及长度	降低施工难度
防雷接地点	1．天线安装架接地情况　2．避雷器接地处
电源	使用静态电源，最好有 UPS 电源，需用户提供
站点的电磁环境	1．有无同频天线　2．同频天线的极化方式及方向
网线布线情况	要求用户将网线铺设至装放设备点

（3）微波链路设计计算

无线网络工程在施工之前必须对整个链路进行设计计算。链路设计计算根据实地环境勘测结果在保证链路通信质量的基础上进行。链路设计计算的内容应包括如下几点：

1）天线规格。

2）天线极化方式。

3）天线安装高度。

4）天线方位角。

5）天线规格。

根据链路之间的距离、使用的频段、使用设备的发射功率、接收灵敏度、使用天馈线系统的规格、长短等进行计算。计算公式如下：

$$Pr=Pt-Ltl+Gta-Ltm+Gra-Lrl$$

$$Ltm=92.5+20\log f+20\log d$$

$$Pr \geqslant Sr$$

式中　Pr——接收功率；

Pt——设备的发射功率；

Gta——发射天线的增益；

Gra——接收天线的增益；

Ltl——发射端传输线路衰耗；

Lrl——接收端传输线路衰耗；

Ltm——传输空间衰耗；

f——使用频率；

Sr——设备的接收灵敏度；

d——两站之间的距离。

$Pr \geqslant Sr$ 的预留程度应根据实地电磁环境的复杂程度、链路之间的物理环境和通信距离来定。一般在近距离的情况下，最少应预留 3dBm 以上。传输距离越远预留增益应越大。

（4）天线极化方式

天线的极化与实地的电磁环境关系比较大，应尽量与当地其他同频段的天线极化方向错开，将外来干扰减至最小。对链路进行分析在尽量避免外来干扰的情况下还要考虑到自己内部链路的干扰。在同一地点同时放多面天线时，同极化的天线尽量不要安装在同一个方向上，且天线之间应进行隔离。该隔离的大小可根据使用天线的规格和使用的频率进行计算。天线极化分为垂直极化和水平极化，如图 5-44 所示。

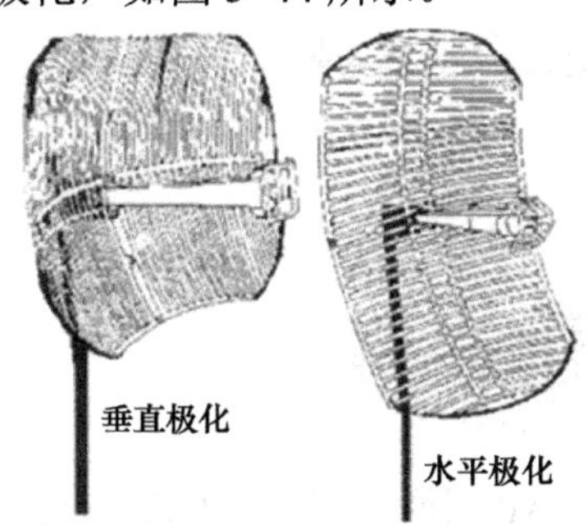

图 5-44　天线极化示意图

天线安装高度

天线的安装高度应保证相连的两站点之间完全可视。根据实地勘测和相关地图的测量，可计算出天线安装的最佳高度，在计算时应注意对费涅尔区（费涅尔区是围绕电磁信号中心线周围的一个区域）的计算。在费涅尔区内不能有障碍物。如果费涅尔区内有障碍物的话，就会造成信号的衍射和衰减，降低信号强度。如果地形条件特殊则还可以进行特殊考虑，如链路之间有断面等。天线方位角如图 5-45 所示。

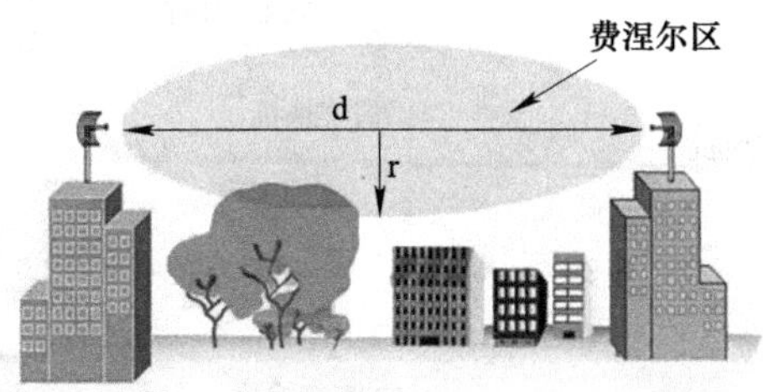

$r=5.2\times\sqrt{\frac{d}{f}}$ m（f 以 GHz 为单位，d 以 km 为单位）

图 5-45　天线方位角示意图

计算出天线的理论角度有利于对整个网进行链路设计，避免干扰和降低工程的施工难度。计算天线的角度可用带有投影坐标的 5 万比一地图进行计算，可在图上标出站点的具体位置和查出各站点的经纬度。计算公式如下：

$$AQ=(tg^{-1}(|y1-y2|/|x1-x2|))+Q1$$

式中 *x1*——发信站的纬度坐标；

y1——发信站的经度坐；

x2——收信站的纬度坐标；

y2——收信站的经度坐标；

AQ——通信方位角（以正北为始线顺时针旋转的角度）；

Q1——地图坐标线与真子午线的坐标夹角（一般在5°左右）。

5.4 设备调试

在无线网络项目中，随着AP与网线的布设进行，可以安排设备的调试与配置，建议调试按照一定的先后顺序进行，建议如下：

1）无线控制器的调试。

2）核心交换机的调试。

3）各个汇聚交换机的调试。

4）接入交换机的调试。

5）AP上线。

6）认证服务器的调试。

7）接入到外网联合调试。

5.4.1 AC调试

常用无线组网模式分为FAT AP组网、FIT AP+AC方式组网。

FAT AP组网适合在家庭和小型网络中使用，但无法满足中大型的无线企业网络的需求，中大型的无线网络中建议使用FIT AP+AC的方式，通过AC对AP进行集中配置、管理、控制。

1．典型瘦AP网络结构

大规模无线网络搭建时，常用的拓扑结构，如图5-46所示。

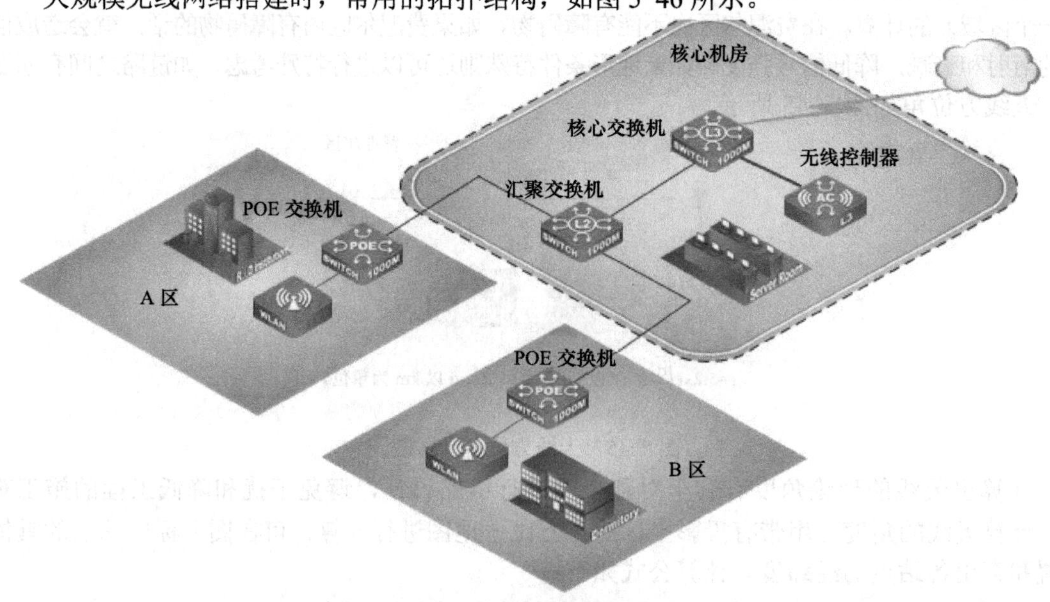

图5-46 常用组网结构

拓扑说明：

1）AP 通过 POE 交换机接入。POE 交换机通过光纤连接核心机房的汇聚交换机，汇聚交换机连接核心交换机。

2）AC 通过旁路方式连接到核心交换机。

3）AP 管理 VLAN、用户业务 VLAN 的地址池都建立在汇聚交换机上。

4）AP 零配置，配置全部在无线控制器进行，所有 AP 和无线客户端的管理都在无线控制器上完成。

2. 典型瘦 AP 组网优点

配置简单：AP 零配置、所有的配置集中在无线交换机上完成，简单便捷。

维护方便：管理、维护针对无线交换机来实现，不需要对每一台 AP 进行操作。

优化方便：通过 AC 对 AP 组群进行自动信道分配和选择，自动调整发射功率，降低 AP 之间的互干扰，提高网络动态覆盖特性。

易于升级：针对特性增加带来的软件版本升级需求，只需要对无线交换机进行操作即可，不需要对每一台无线 AP 单独升级。

安全可控：容易实现非法 AP 检测和处理、安全访问控制等功能。

更易扩展：根据需要，可以灵活增加补点 AP，支持二层 / 三层漫游，方便扩展支持无线监控、话音应用等业务。

3. AP 注册管理

AP 工作在瘦模式时需要注册到 AC 上，成功注册后才能接受 AC 的统一管理。AP 注册上 AC 有两种注册方式：AC 发现 AP、AP 发现 AC

AC 发现 AP 有两种模式：二层发现模式、三层发现模式。

AP 发现 AC 也有两种模式：静态发现模式、动态发现模式。

注意：不论使用 AC 发现 AP 或 AP 发现 AC，AP 要成功注册到 AC 上的前提是 AC 的无线 IP 地址和 AP 的 IP 地址路由可达。

4. AP 自动发现

（1）AC 二层发现 AP

概念：AC 通过二层广播发现报文方式来发现 vlan 内的 AP。

要求：AC 和 AP 在同一个二层网络中。

基本原理：AC 上面可以指定二层自动发现的 vlan 列表，向列表中的各个 VLAN 发送自动发现报文。收到广播发现报文的 AP 会向 AC 作出响应。

注意：只有 AC 发出的 Discovery 报文是广播的，后续 AC-AP 间交互的报文均是单播（UDP）。

配置方法：

```
DCWS-6222>enable                                          // 进入特权用户配置模式
DCWS-6222#config                                          // 进入全局配置模式
DCWS-6222 （config）#wireless                             // 进入无线配置模式
DCWS-6222 （config-wireless）#enable                      // 打开交换机无线特性功能
DCWS-6222 （config-wireless）#no auto-ip-assign           // 关闭自动分配 IP 地址
```

```
DCWS-6222（config-wireless）#ap authentication none        //使用AP免认证方式
DCWS-6222（config-wireless）#static-ip 172.16.0.10         //为AC指定静态IP地址
DCWS-6222（config-wireless）#discovery vlan-list 100
//AC通过广播发现在vlan100中发现AP
DCWS-6222（config-wireless）#discovery ip-list 10.150.0.20
//AC通过单播方法发现IP地址是172.16.0.20的AP
```

（2）AC三层发现AP

概念：AC通过三层单播发现报文方式来发现AP。

要求：AC和AP路由可达。

基本原理：AC上面可以指定自动发现的IP列表，向列表中的各个IP发送自动发现报文。收到发现报文的AP会向AC作出响应。

配置方法：

```
DCWS-6222（config-wireless）#discovery ip-list 172.16.0.20
//AC通过单播方法发现IP地址是172.16.0.20的AP
```

（3）静态发现模式

AP主动发现AC只能通过AC的无线IP地址进行单播发现。AP通过静态AC地址主动发现AC，AP上面配置静态AC地址（最多配置4个）。

配置方法：

```
AP#set managed-ap switch-address-1  172.16.1.10  //配置静态AC地址
AP#save-running                                  //保存配置
```

（4）动态发现模式

AP通过DHCP Option43获取AC地址并发现。

DHCP Option43和Option60配合使用。Option60为厂商标识字段，如“udhcp 1.18.2”。Option43为自定义字段，这里将AC的无线地址作为Option43的内容下发给AP。DHCP服务器会同时配置这两个选项，只有AP发出的Option60与服务器一致，服务器才会回应Option43。

配置方法：

```
DCWS-6222（config）#ip dhcp pool AP-Manage                             //建立dhcp pool
DCWS-6222（dhcp-ap-manage-config）#option 43 hex 010411100114          //配置AC地址
DCWS-6222（dhcp-ap-manage-config）#option 60 ascii udhcp 1.18.2        //配置厂商标识字段
```

注意：0104为固定值，后面根据实际AC使用的无线地址换算为十六进制，例如17.16.1.10应该为010411100114。

（5）AP自动注册

AP注册到AC时，AC需要对AP进行认证。主要认证方式：

MAC认证：通过检查AP的mac地址来决定AP是否能够注册到AC上。默认的认证方式。AC上面通过ap database来添加AP的mac地址。大规模部署时比较麻烦，不建议使用。

None：免认证，即AP自动注册，便于部署。推荐使用这种方式。

配置方法：

1）MAC 认证：

```
DCWS-6222（config-wireless）# ap database xx-xx-xx-xx-xx-xx   //AC 通过单播方法发现 AP
```

2）AP 免认证：

```
DCWS-6222（config-wireless）# ap authentication mode none
```

5. 无线控制器 AP 管理重要表项介绍

在无线控制器中可通过命令：show wireless ap status 来查看 AP 状态信息，如图 5-47 所示。

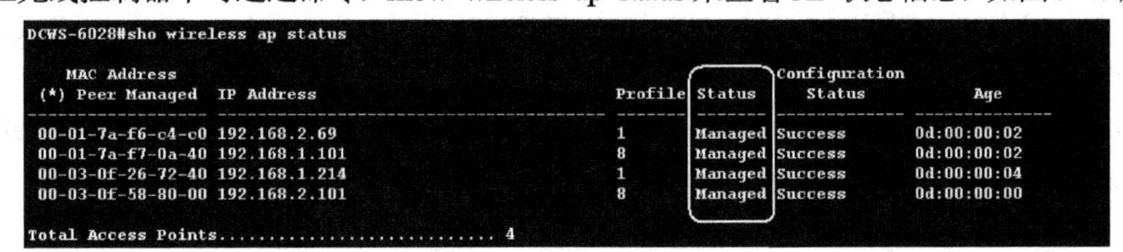

```
DCWS-6028#sho wireless ap status

   MAC Address                                                   Configuration
 (*) Peer Managed  IP Address               Profile Status       Status           Age
 ----------------- -----------------------  ------- -------  -------------  -------------
 00-01-7a-f6-c4-c0 192.168.2.69             1       Managed  Success        0d:00:00:02
 00-01-7a-f7-0a-40 192.168.1.101            8       Managed  Success        0d:00:00:02
 00-03-0f-26-72-40 192.168.1.214            1       Managed  Success        0d:00:00:04
 00-03-0f-58-80-00 192.168.2.101            8       Managed  Success        0d:00:00:00

Total Access Points........................... 4
```

图 5-47　AP 管理重要表项

AP 管理表项主要分为管理状态和配置状态：

管理状态，Status 项：

Managed AP 表示 AP 处于管理状态；Failed AP 表示 AP 未处于管理状态。

配置状态，Configuration Status 项：

Success 表示 AP 配置成功；No config 表示 AP 配置不成功。

6. AP 统一配置管理

（1）AP 统一配置的逻辑架构

1）Profile 的作用。每个 AP 关联一个 profile，每个 profile 下面只能是一个类型的 AP，并需设置 AP 相应的 hwtype 值，默认情况 AP 会关联到 profile1 上，AC 最多支持 1024 个 Profile。

2）Network 的作用。全局配置，主要配置 SSID、vlanID、加密方式等，AC 最多支持 1024 个 Network。

3）Radio 的作用。配置射频模式、射频功率、射频扫描等，每个 radio 都有 16 个 VAP（VAP0 ～ VAP15），其中 VAP0 自动打开，VAP1 ～ VAP15 需手动开启，不同 VAP 可调用不同的 Network，每个 VAP 同时只能调用一个 network，默认情况下 VAP0 ～ VAP15 分别调用 Network1 ～ Network16，如图 5-48 和图 5-49 所示。

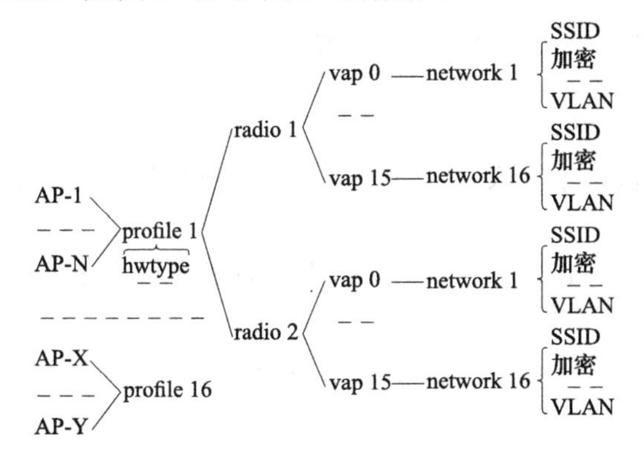

图 5-48　AP 统一配置的逻辑架构

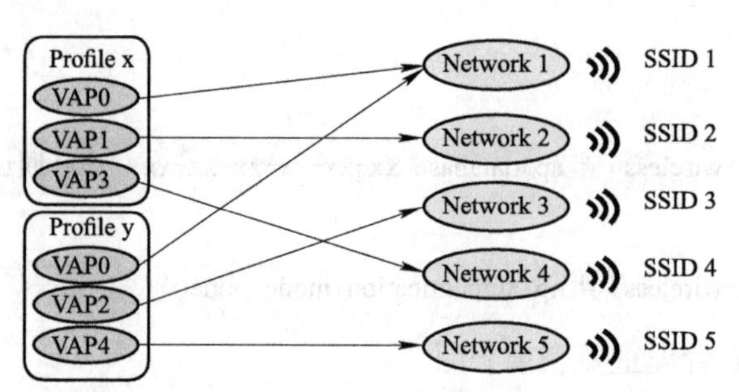

图 5-49　默认情况 VAP 与 Network 对应关系

注意：1）radio1 对应 AP 上 2.4GHz 工作频段，radio2 对应 AP 上 5GHz 工作频段。

2）AP 注册到 AC 上时，AC 会自动下发 profile 配置。

3）更改全局或 profile、radio 的配置，都要将 profile 下发一次，下发命令是 wireless ap profile apply X，其中 X 表示 profile 序号，所有应用这个 profile 的 AP 都会更新配置。

7．基本无线网络参数设置

（1）SSID 设置

```
DCWS-6222（config-wireless）# network 1                //进入 network1 模式
DCWS-6222（config-network）#ssid DCN_WLAN              //配置 ssid 为 DCN_WLAN
```

（2）用户 vlan 设置

```
DCWS-6222（config-wireless）# network 1                //进入 network1 模式
DCWS-6222（config-network）#vlan 10                    //配置用户业务 vlan 成 vlan10
```

（3）AP 描述设置

```
DCWS-6222（config-wireless）# ap database xx-xx-xx-xx-xx-xx    //进入 ap database 模式
DCWS-6222（config-network）# location Room-8210                //设置位置信息
```

（4）AP 信道设置

```
DCWS-6222（config-wireless）# ap database xx-xx-xx-xx-xx-xx    //进入 ap database 模式
DCWS-6222（config-network）# radio 1 channel 6                 //设置 AP 信道
```

（5）无线加密设置

```
DCWS-6222（config-wireless）# network 1                //进入 network1 模式
DCWS-6222（config-network）#security mode none         //设置成 open 方式
DCWS-6222（config-network）#security mode wpa-personal //加密方式为 WPA 个人版
DCWS-6222（config-network）#wpa key 12345678           //加密秘钥设置成 12345678
DCWS-6222#wireless ap profile apply 1                  /* 下发 profile 1 中的配置
```

注意：1）WPA Version 可以设置为 WPA、WPA2 以及 WPA/WPA2 混合模式，默认为 WPA/WPA2 混合模式。

2）profile、network、ap database 下的配置如有修改都需要重新下发配置。

（6）多 AP 组差异化配置方法

多 AP 组差异化配置，可通过设置 AP 所属 profile 信息来实现。

```
DCWS-6222（config-wireless）# ap database xx-xx-xx-xx-xx-xx    //进入 ap database 模式
DCWS-6222（config-network）# profile 10                        //把 AP 放在 profile10 里面
```

8．FAT AP 组网方式组网模式

（1）配置胖 AP

AP 默认 IP 是 192.168.1.10，账号是 admin，密码是 admin，支持 Web 方式登录。

AP 接入有线网络后，如果有 DHCP 服务器，则会从 DHCP 上自动获取 IP，且自动获取的 IP 优先级高于默认 IP，即自动获取 IP 后，AP 的 IP 地址就变更为此 IP，如果网络中没有可用 AC，则 AP 会工作在胖 AP 模式。胖 AP 模式下，Radio 会自动广播 SSID，名称分别为 DCN_VAP_2G 和 DCN_VAP_5G。

1）更改 AP 的 IP 地址，见图 5-50。

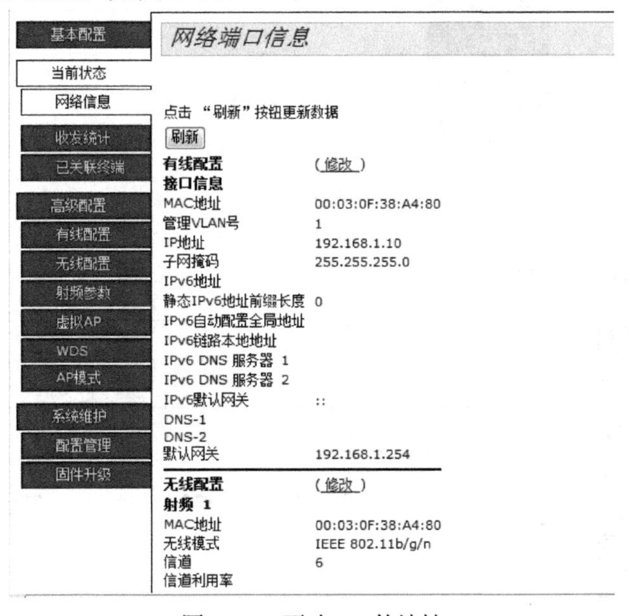

图 5-50　更改 AP 的地址

2）设置 SSID，见图 5-51。

图 5-51　设置 SSID

3）信道设置，见图 5-52。

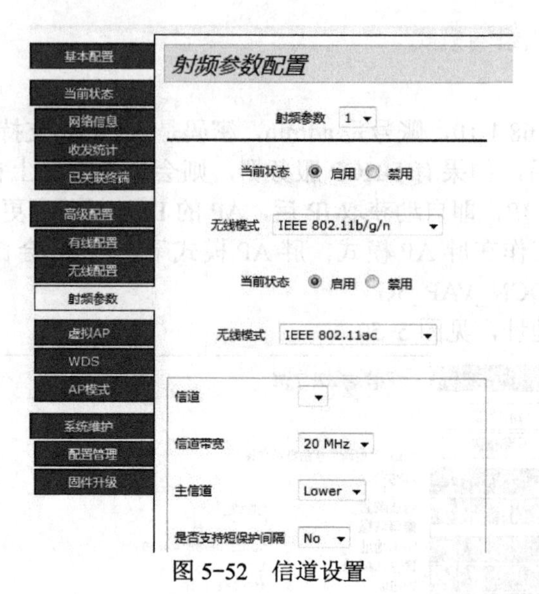

图 5-52　信道设置

4）软件升级，见图 5-53。

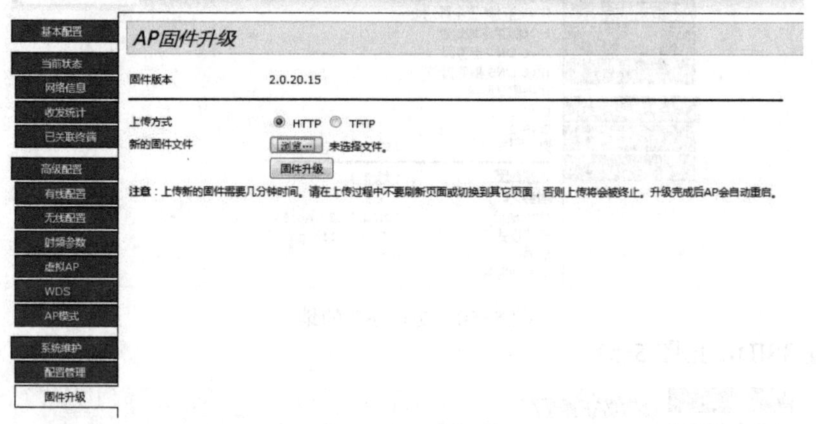

图 5-53　软件升级

5）恢复出厂设置，见图 5-54。

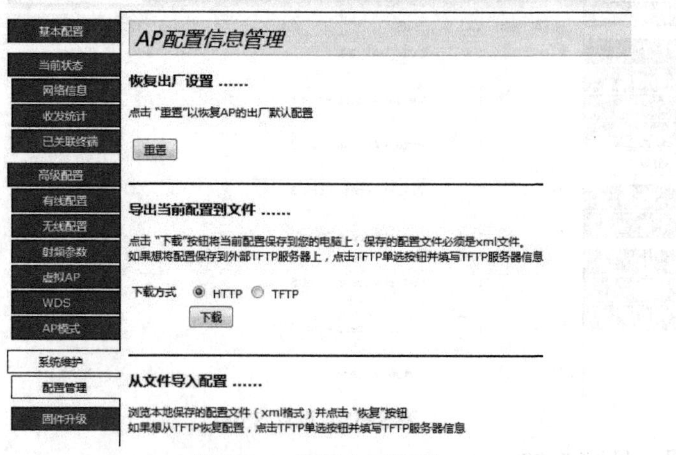

图 5-54　恢复出厂设置

（2）本地转发

1）本地转发介绍。

本地转发是一种在 AP 上完成客户端之间数据交互的转发模式。

本地转发的优点：本地转发是由 AP 直接转发客户端数据，这样可以大大减轻 AC 上面的流量压力。

本地转发的缺点：由于本地转发是由 AP 直接转发客户端数据，流量不一定会经过 AC，所以无法实现对数据流量进行集中监控。

本地转发本身能够很好地支持客户端的二层漫游，不支持三层漫游。默认情况 AC 采用本地转发。

2）本地转发原理。

本地转发主要指在无线客户端（Station）先期认证、关联、配置阶段需要 AC 的介入，而在后期的数据转发过程中，不需要 AC 的直接参与，完全以 AP 为主进行数据转发，如图 5-55 所示。

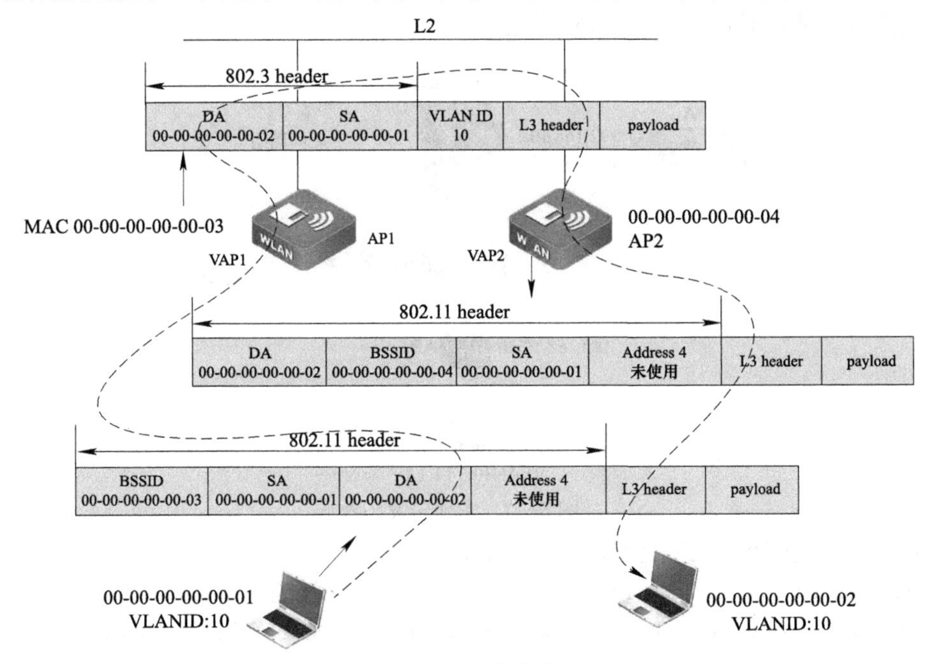

图 5-55　本地转发数据转发流程

3）无线数据包帧格式转换。

帧格式转换：当报文经过 AP 的有线口的时候，涉及到 802.11 和 802.3 之间帧格式的转换，如图 5-56 所示。

Frame Control	Duration/ID	Address1	Address2	Address3	Sequence Control	Address4	QOS Control

MAC Header

数据方向	Address1	Address2	Address3	Address4
上行	BSSID	SA	DA	未使用
下行	DA	BSSID	SA	未使用

图 5-56　无线数据包帧格式转换

4）帧格式转换说明。

AP 有线端口的 untagged/tagged 特性：

①报文从 802.11 格式转换为 802.3 格式的时候，会添加 sta 所在 vlan 的 tag。

②默认情况下，AP 有线端口是 untagged 方式（不建议修改）。

③出方向报文 vlan 与 AP 的 untagged vlan 相同时，去掉 tag 转发出去，否则保留原有的 tag 转发（untag vlan 不建议修改）。

④如果关闭 untagged 功能，则所有报文带原有的 tag 出去。

⑤入方向的报文，untagged 报文会打上 untagged vlan 的 tag，否则保留原有的 vlan tag。

5）本地转发组网。

集中式转发组网举例，如图 5-57 所示。

案例简介：AC 通过旁路的方式连接到有线网络的核心交换机上，AP 连接到接入层交换机上。无线客户端业务 VLAN 为 VLAN10，采用本地转发，管理 VLAN 为 VLAN20。AC 与核心交换机的端口只需管理 VLAN 通过。

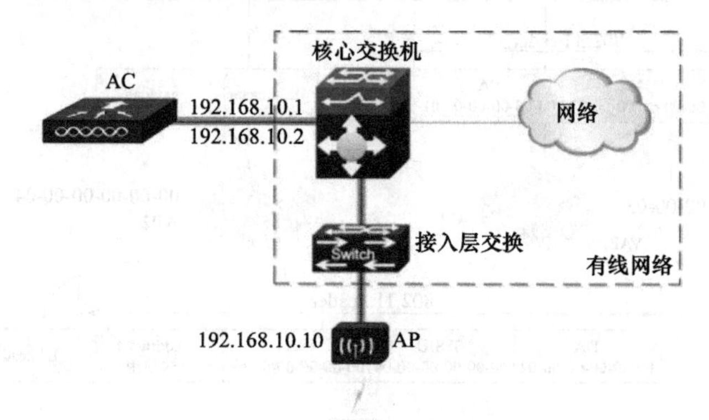

图 5-57　本地转发拓扑

接入层交换机配置，AP 上线部分配置省略。

```
Switch（config）# int ethernet 1/0/1-24                    // 进入连接 AP 的端口
Switch（config-if-port-range）#switchport mode trunk     // 设置交换机端口为 trunk
Switch（config-if-port-range）#switchport trunk allowed vlan 10，20
// 设置端口允许 vlan10，vlan20 通过
Switch（config-if-port-range）#switchport trunk native vlan 20
// 设置端口 native vlan 为 20
```

注意：在默认情况下 AC 采用本地转发；接入层交换机需要透传所用业务 vlan 本地转发漫游。

本地转发拓扑，如图 5-58 所示。

漫游过程描述如下：

①Station 和 AP1 解关联。

②Station 漫游到 AP2，重新认证关联。

③在 Station 漫游后，由 AP2 代替 Station 向上行发一个 ARP 报文，以使上行交换机可以更新 MAC 地址表。

④交换机更新 MAC 地址表项，将 Station 对应的端口更新为 port2，数据还可以到达 Station。

注意：本地转发只支持二层转发。

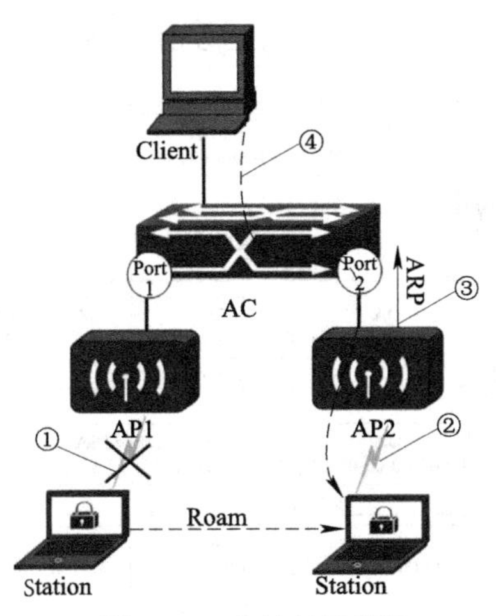

图 5-58　本地转发漫游

（3）集中转发

1）集中转发介绍

在现实的网络环境中，由于很多企业或运营商客户需要监控网络中的所有流量，以保证其安全性，集中式转发就可做到所有流量集中到 AC，即无线控制器上，以实现对流量的集中控制，而不是像本地转发那样分布到各个 AP 上直接处理，从而无法监控网络中的流量。

另外，很多无线用户有漫游的需求，即从一个 AP 漫游到另外一个 AP，而且很多应用还要求在漫游后不期望 IP 地址改变，如 IP 电话。对于这种三层漫游的情况，集中式转发也可以很好的支持。而且 AC 是硬件转发，对于流量可以满足需求。

2）集中式转发原理。

集中式转发采用 CAPWAP 隧道协议（即集中式隧道）封装用户数据，CAPWAP 报文外层使用 UDP，这使得 AC 和 AP 之间可以穿越 IP 网络传递无线数据，从而使得无线网络的部署非常灵活。尤其是在已有 IP 网络的基础上部署无线网络时，可以在保持原有网络不改变的情况下进行无线部署，集中转发数据转发流程如图 5-59 所示。

3）集中式隧道建立与删除。

①集中式隧道创建。

每个 AP 和 AC 关联后，都会在它们之间建立一条集中式隧道（该隧道优先使用 IPv4 地址建立，IPv4 的路由不通时才考虑使用 IPv6 地址建立），隧道起点和终点的地址分别为 AC 和 AP 的 IP 地址。但这时数据还是通过 VLAN 进行本地转发的。只有把某个 VLAN 的集中式转发使能后（即把该 VLAN 添加到隧道转发的 VLAN 列表中），这个 VLAN 的数据包就可以通过集中式隧道转发了。

通过将 QoS Policy 绑定到使能了集中式转发的 vlan 上，可以对用户的数据报文进行 QoS 控制。

②集中式隧道的删除。

AP 和 AC 解除关联时，最终会解除 TLS 安全连接，这时，会触发集中式隧道的删除。当 AP 端 TLS 连接 timeout 时，同样会解除 TLS 安全连接，这时，也会删除集中式隧道。

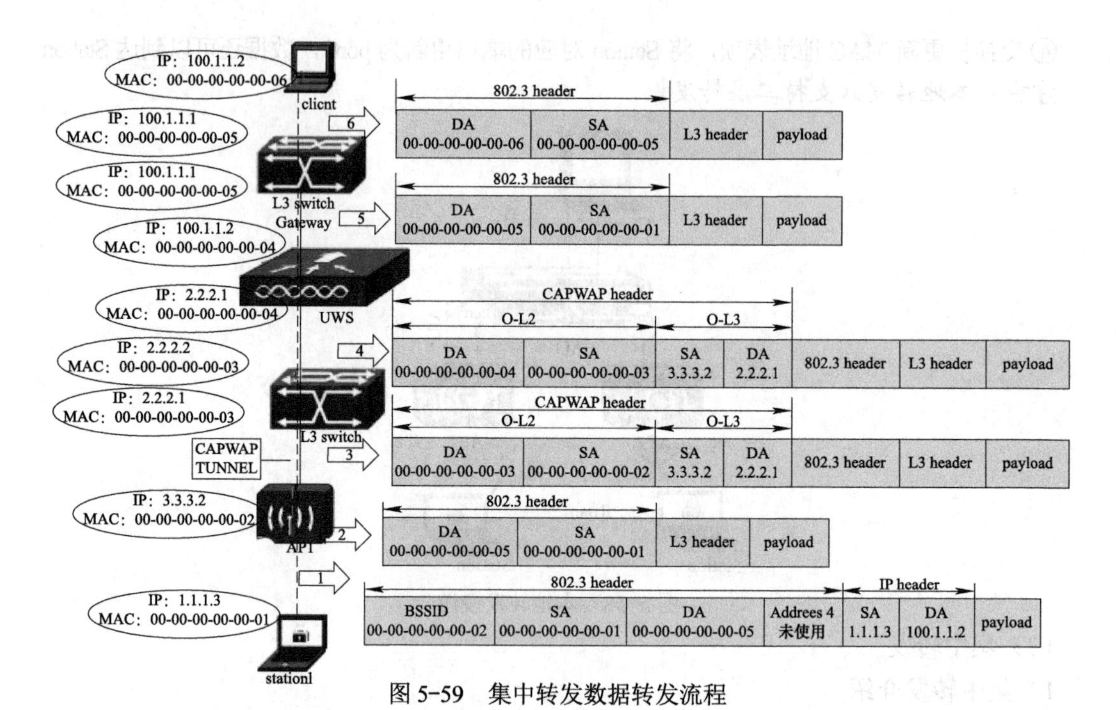

图 5-59　集中转发数据转发流程

4）集中式转发配置。

把 VLAN 加入到 tunnel VLAN list 中。

```
DCWS-6222>enable                                        // 进入特权用户配置模式
DCWS-6222#config                                        // 进入全局配置模式
DCWS-6222（config）#wireless                            // 进入无线配置模式
DCWS-6222（config-wireless）# l2tunnel vlan-list 10     // 设置 vlan10 采用集中转发
```

5）集中式转发组网。

集中式转发组网举例，如图 5-60 所示。

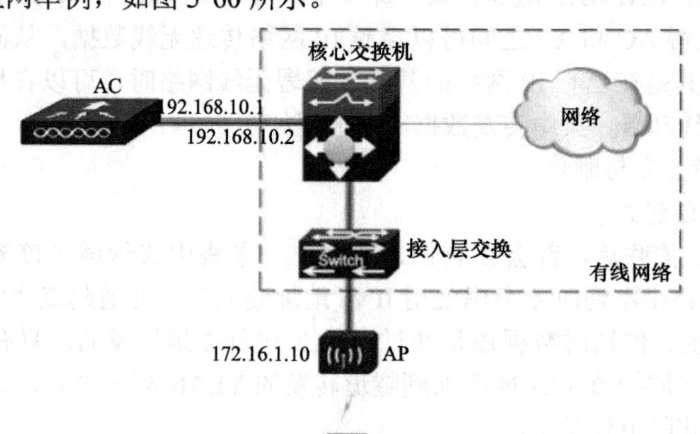

图 5-60　集中转发拓扑

案例简介：AC 通过旁路的方式连接到有线网络的核心交换机上，AP 连接到接入层交换机上。无线客户端属于 VLAN10，采用集中式转发。AC 上面需要添加默认路由，下一跳为核心交换机的接口地址 192.168.10.2。

AC 配置，AP 上线部分配置省略。

```
DCWS-6222（config）#vlan 10
DCWS-6222（config-vlan10）#exit
DCWS-6222（config） #interface vlan 10
DCWS-6222（config-if-vlan10） #ip address 10.1.1.254 255.255.255.0
DCWS-6222（config-if-vlan10） #exit
DCWS-6222（config） #interfAce vlan 1
DCWS-6222（config-if-vlan1） #ip address 192.168.10.1 255.255.255.0
DCWS-6222（config）#ip route 0.0.0.0/0 192.168.10.2
// 配置默认路由指向核心交换机
DCWS-6222（config）#wireless
DCWS-6222（config-wireless）#enable                       // 开启 AC 无线功能
DCWS-6222（config-wireless）#l2tunnel vlan-list 10        /* 设置 vlan10 采用集中转发 */
```

6）集中式转发漫游。

集中式转发漫游拓扑，如图 5-61 所示。

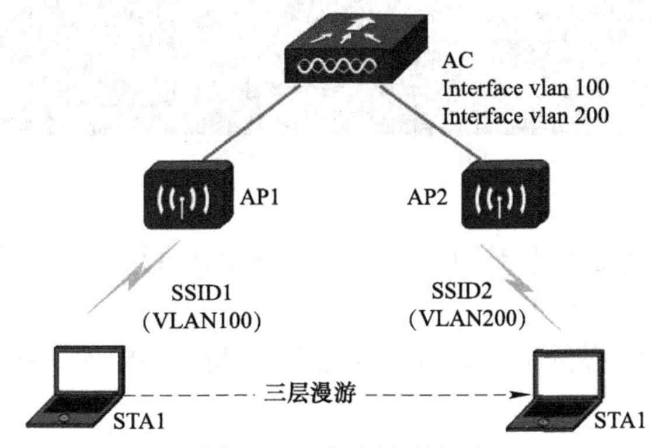

图 5-61　集中转发拓扑

漫游过程描述如下：

1）AP1 与 AP2 分别与 AC 建立 CAPWAP 隧道。

2）无线用户 STA1 与 AP1 关联，接入网络；AP 会将用户的报文封转在隧道中送给 AC 处理。

3）当无线用户从 AP1 往 AP2 方向移动时，无线用户向 AP2 发起认证和重关联请求（此重关联请求中携带无线用户与 AP1 协商出的 PMK 对应的 PMKID。

4）AP2 透传重认证请求到 AC 上。

5）AC 检查发现此无线用户已经在 AP1 上通过认证，且通过 PMKID 成功查询得到对应的 PMK，表明此无线用户为漫游用户。

6）重关联成功后，AC 直接通知无线用户使用原有的 PMK 进行四次握手（4-Way Handshake）协商，得到实际数据加密使用的 PTK。

7）无线用户与 AP1 解除关联，所有用户数据通过 AP2 进行转发。整个协商过程中，未和认证服务器进行交互，且用户无需重新登录。

9．AC、AP 升级方法

（1）AC 升级

无线控制器软件版本升级拓扑如图 5-62 所示。

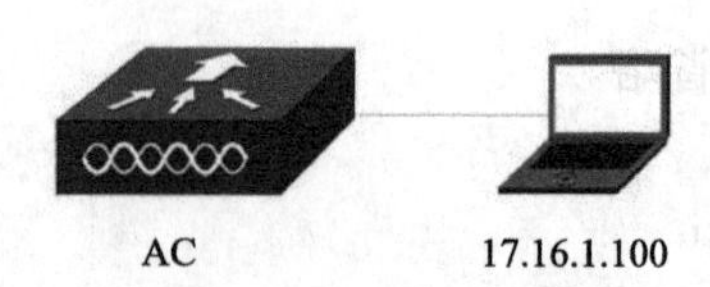

图 5-62　AC 升级拓扑

升级方法举例。

```
DCWS-6222#copy tftp：//17.16.1.100/DCWS-6028_7.0.3.5（R0035.0002）_nos.img nos.img
Confirm to overwrite the existed destination file ?  [Y/N] y
```

升级完成后执行 reload 命令重启控制器，启动后使用 show　version 命令查看版本号是否正确，如图 5-63 所示。

```
DCWS-6028#show version
  DCWS-6028 Device, Compiled on Aug 27 18:59:48 2014
  sysLocation China
  CPU MAC            00-03-0f-14-8f-a3
  VLAN MAC           00-03-0f-14-8f-a2
  Software Version   7.0.3.5(R0136.0002)
  Bootrom Version    7.0.24
  Hardware Version   R01
  CPLD Version       0.08
  Serial No          AA33004902
  Copyright (C) 2001-2014 by Digital China Networks Limited.
  All rights reserved
  Last reboot was cold reset.
  Uptime is 0 weeks, 0 days, 0 hours, 1 minutes
DCWS-6028#_
```

图 5-63　AC 版本查看

（2）AP 升级

AP 版本升级有两种方法可以选择，一种是登录 AP 直接升级版本；另一种是通过 AC 以及 TFTP 服务器对 AP 统一升级。

单独升级每一台 AP 时，使用 telnet 或者串口登录（波特率 115 200）AP 后使用命令行升级，拓扑如图 5-64 所示。

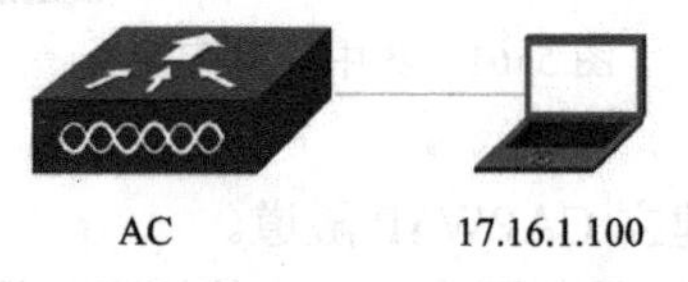

图 5-64　AP 单独升级拓扑

使用如下命令升级：

```
WLAN-AP# firmware-upgrade tftp：// 17.16.1.100/ DCWL-7900AP _2_1_2_22.tar
```

升级后使用 get　system 命令查看版本号是否正确，如图 5-65 所示。

```
DCN-WLAN-AP# get system
Property                   Value
------------------------------------------------------------
model                      Indoor Dual Band Radio 802.11ac
version                    2.1.2.22
altversion
protocol-version           2
base-mac                   00:03:0f:46:88:c0
serial-number              WL017010EC08000022
system-name
system-contact
system-location
apmode                     fit
apescape-client-persist    down
DCN-WLAN-AP#
```

图 5-65　单台 AP 版本查看

当AP处于管理状态之后，可以通过无线控制器AC对AP集中升级，参考拓扑如图5-66所示。

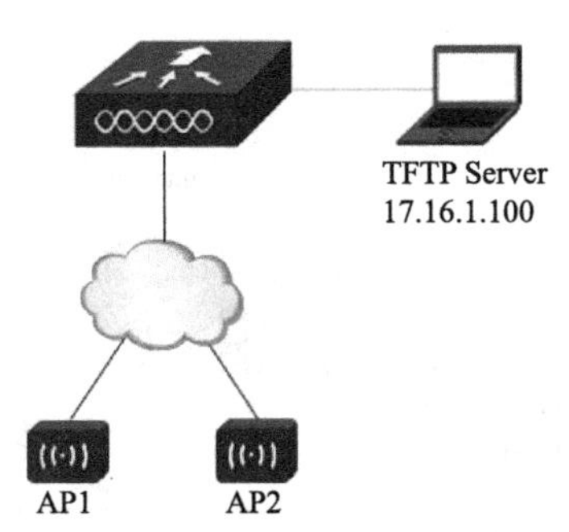

图 5-66　AP 集中升级拓扑

（3）AP 集中升级配置操作

操作步骤如下：

1）参考拓扑，保证 AP 与 TFTP 服务器之间的连通。

2）在 AC 上通过命令 show wireless ap status 确认 AP 是否处于管理状态。

3）在 AC 上设置 AP 升级文件的 TFTP 路径，例如：

```
DCWS-6222（config-wireless）#wireless ap download image-type 2 tftp：// 17.16.1.100/DCWL-7900AP_2_1_1_48.tar
```

注意：此例中 AP 的 image-type 设置为 2。查看硬件类型对应 image-type 值，可在 AC 上通过 show wireless ap capability image-table 命令查看，如图 5-67 所示。

```
DCWS-6028(P)#show wireless ap capability image-table

Image Type ID    Image Type Description
-------------    ----------------------
1                Supported AP Hardware Type:  1 2 3 4 13
2                Supported AP Hardware Type:  5 6 7 14 15 21 22 23 16 17 24 25
3                Supported AP Hardware Type:  8 9 10
4                Supported AP Hardware Type:  11 12
5                Supported AP Hardware Type:  26
6                Supported AP Hardware Type:  28
7                Supported AP Hardware Type:  27
8                Supported AP Hardware Type:  29
9                Supported AP Hardware Type:  30
10               Supported AP Hardware Type:  36
11               Supported AP Hardware Type:  31 32
12               Supported AP Hardware Type:  33
```

图 5-67　AP 硬件类型与 image-type 对应关系

4）在 AC 上面给 AP 下发升级的指令。

```
DCWS-6222#wireless ap download start
```

注意：当所有 AP 升级完成并重新上线以后，在 AC 上面通过 show wireless ap version status 命令查看 AP 版本，如图 5-68 所示。

```
DCWS-6028(P)#show wireless ap version status

   MAC Address
 (*) Peer Managed   Software Version   Uboot Version   Hardware Version
 -----------------  -----------------  --------------  ----------------
 00-03-0f-20-d9-40  2.1.1.48           1.1.6           R5.0
 00-03-0f-20-e4-60  2.1.1.48           1.1.6           R5.0
 00-03-0f-21-f4-60  2.1.1.48           1.1.6           R4.0
 00-03-0f-2b-f1-e0  2.0.60.58          1.1.6           R4.0
 00-03-0f-35-77-60  2.0.60.18          4.1.6           1.0.1
 00-03-0f-37-a7-10  2.2.2.10           4.1.6           1.0.1
 00-03-0f-38-59-20  2.1.2.19           4.1.6           1.0.1
 00-03-0f-3a-29-d0  2.1.1.37           1.1.4           1.0.1
 00-03-0f-46-88-c0  2.1.2.22           4.2.2           1.0.1
DCWS-6028(P)#
```

图 5-68　批量查看 AP 版本

5.4.2 汇聚及接入交换机调试

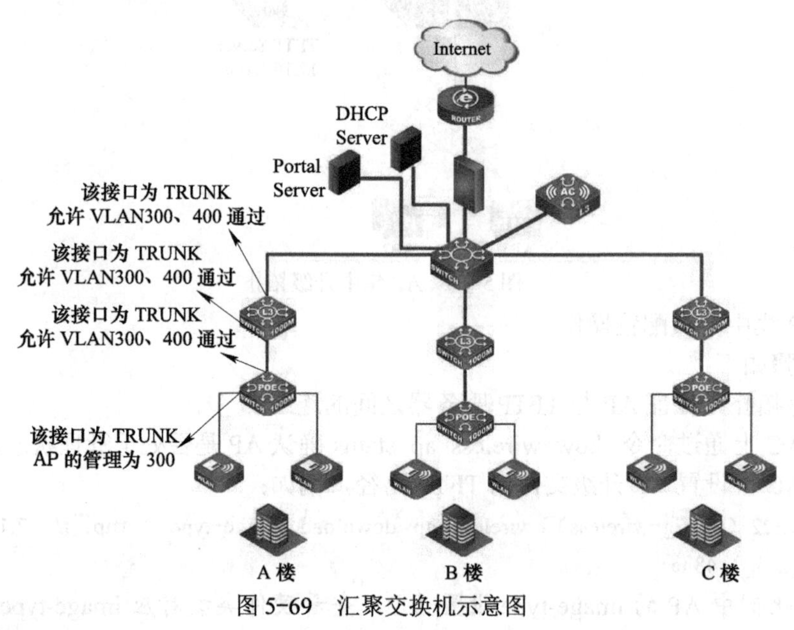

图 5-69 汇聚交换机示意图

1．汇聚交换机配置如下：

（1）进入配置模式

```
cs6200-48T4S-E1>enable
cs6200-48T4S-E1#config
cs6200-48T4S-E1（config）#
```

（2）创建 VLAN

```
cs6200-48T4S-E1#config
cs6200-48T4S-E1（config）#vlan 300
cs6200-48T4S-E1（config-vlan300）#vlan 400
cs6200-48T4S-E1（config-vlan400）#
```

（3）配置接口

```
cs6200-48T4S-E1（config）#vlan 300
cs6200-48T4S-E1（config-vlan300）#vlan 400
cs6200-48T4S-E1（config）#interface ethernet 1/0/15
cs6200-48T4S-E1（config-if-ethernet1/0/15）#switchport mode trunk
Set the port Ethernet1/0/15 mode Trunk successfully
cs6200-48T4S-E1（config-if-ethernet1/0/15）#description to6222AC
cs6200-48T4S-E1（config-if-ethernet1/0/15）#switchport trunk allowed vlan 300，400
cs6200-48T4S-E1（config-if-ethernet1/0/15）#quit
cs6200-48T4S-E1（config）#interface ethernet 1/0/16
cs6200-48T4S-E1（config-if-ethernet1/0/16）#switchport mode trunk
Set the port Ethernet1/0/16 mode Trunk successfully
cs6200-48T4S-E1（config-if-ethernet1/0/16）#description topoesw
cs6200-48T4S-E1（config-if-ethernet1/0/16）#switchport trunk allowed vlan 300，400
```

```
cs6200-48T4S-E1（config-if-ethernet1/0/16）#
```

（4）保存配置

```
cs6200-48T4S-E1#write
Confirm to overwrite current startup-config configuration [Y/N]: y
Write running-config to current startup-config successful
cs6200-48T4S-E1#
```

2．接入交换机配置

（1）检查版本

```
6-2-2#show version
  DCS-3650-8C-POE Device， Compiled on Sep 16 11：27：39 2015
  sysLocation China
  CPU Mac 00：03：0f：62：6b：dd
  Vlan MAC 00：03：0f：62：6b：dc
  SoftWare Version 7.0.3.5（R0217.0121）
  BootRom Version 7.1.3
  HardWare Version 1.0.1
  CPLD Version N/A
  Serial No.：SW034355F509000321
  Copyright （C） 2001-2015 by Digital China Networks Limited.
  All rights reserved
  Last reboot is warm reset.
  Uptime is 11 weeks， 1 days， 13 hours， 34 minutes
```

（2）配置

```
6-2-2#config
6-2-2（config）#
```

（3）创建 VLAN

```
6-2-2#config
6-2-2（config）#vlan 300
6-2-2（config-vlan300）#vlan 400
6-2-2（config-vlan400）#
```

（4）配置接口

```
6-2-2（config）#interface  ethernet 1/9
6-2-2（config-if-ethernet1/9）#switchport  mode trunk
Set the port Ethernet1/9 mode Trunk successfully
6-2-2（config-if-ethernet1/9）#switchport trunk allowed vlan add  300，400
6-2-2（config-if-ethernet1/9）#description to6200
6-2-2（config-if-ethernet1/9）#quit
6-2-2（config）#config
6-2-2（config）#interface ethernet 1/8
6-2-2（config-if-ethernet1/8）#description toap
6-2-2（config-if-ethernet1/8）#switchport mode  trunk
```

```
Set the port Ethernet1/8 mode Trunk successfully
6-2-2（config-if-ethernet1/8）#switchport trunk allowed vlan add  300，400
6-2-2（config-if-ethernet1/8）#switchport  trunk native vlan 300
Set the port Ethernet1/8 native vlan 300 successfully
6-2-2（config-if-ethernet1/8）#quit
```

（5）保存配置

```
1-2-2#write
Confirm to overwrite current startup-config configuration [Y/N]：y
Write running-config to current startup-config successful
1-2-2#
```

5.4.3 认证服务器调试

WEP 开放式系统认证配置方法，加密示意图如图 5-70 所示。

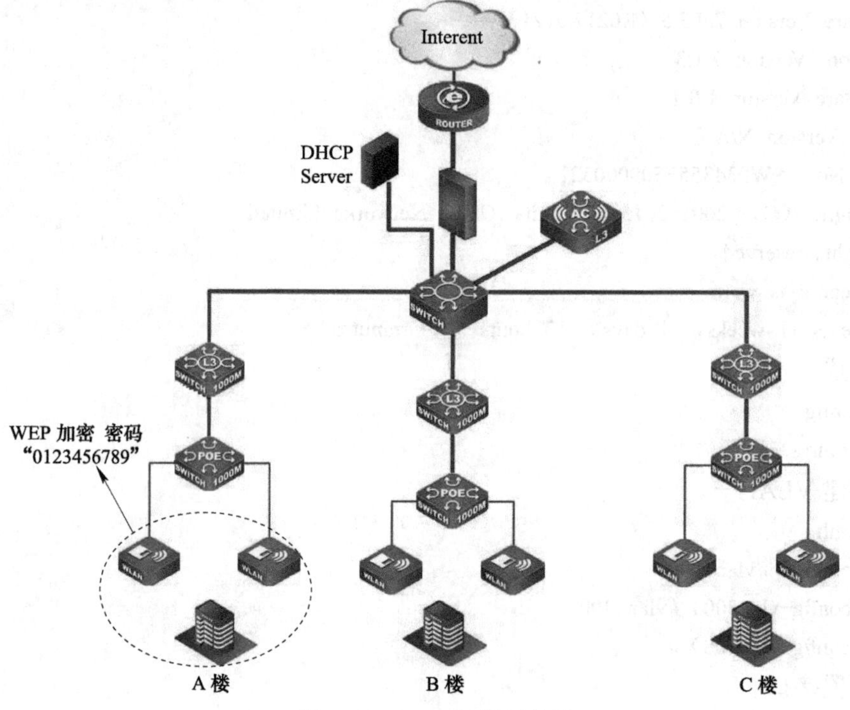

图 5-70　WEP 加密示意图

1．WEP 开放式系统认证配置方法

```
DSCC（config-network）#security mode static-wep
DSCC（config-network）#wep authentication open-system
DSCC（config-network）#wep key type ascii
DSCC（config-network）#wep key 1 password1234567890
```

2．WEP 共享式系统认证配置方法

```
DSCC（config-network）#security mode static-wep
DSCC（config-network）#wep authentication shared-key
```

```
DSCC（config-network）#wep key type ascii
DSCC（config-network）#wep key 1 password1234567890
```

3．WPA-PSK 配置

WPA-PSK 对应到 AC 的 WLAN 服务是 wpa-personal。

WPA personal=PSK+TKIP/CCMP。

WPA2 personal=PSK+TKIP/CCMP+ 预先身份认证。

WPA WLAN 可以支持 TKIP 加密机制，而且可以兼容 WEP 加密机制（组播和广播可以使用 WEP 加密机制进行保护）如图 5-71 所示，目前 WPA 也支持 CCMP 加密。WPA2 WLAN 支持 CCMP 加密机制，但是必须指定 TKIP 加密机制或者 CCMP 加密机制。这种认证方式利用 PSK 经过密钥协商生成 PTK。PTK 会用于网络通信数据的加密解密。

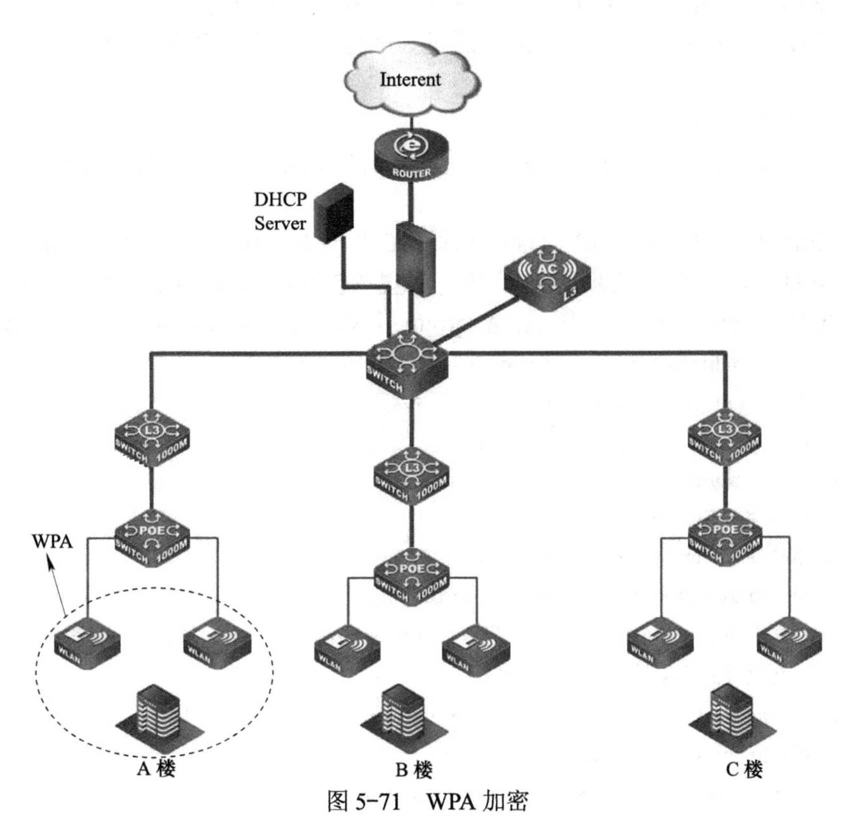

图 5-71　WPA 加密

具体配置实现方法如下：

在 network 模式下配置，security mode 设置为 wpa-personal，wpa version 可以设置为 WPA、WPA2 以及 WPA/WPA2 混合模式，默认为 WPA/WPA2 混合模式，设置客户端认证的密码使用 WPA KEY，配置完成下发 AP 配置生效。

（1）WPA 配置方法

```
DSCC（config-network）#security modewpa-personal
DSCC（config-network）#wpa versions wpa
DSCC（config-network）#wpa key password
```

（2）WPA2 配置方法

```
DSCC（config-network）#security modewpa-personal
DSCC（config-network）#wpa versions wpa2
DSCC（config-network）#wpa key password
```

（3）WPA/WPA2 混合配置方法

```
DSCC（config-network）#security modewpa-personal
DSCC（config-network）#wpa versions
DSCC（config-network）#wpa key password
```

4．WPA-Enterprise 配置

WPA-Enterprise 对应到 AC 的 WLAN 服务是 wpa-enterprise。

WPA Enterprise=IEEE 802.1x/EAP+TKIP/CCMP。

WPA2 Enterprise=IEEE 802.1x/EAP+TKIP/CCMP+ 预先身份认证。

WPA/WPA2 Enterprise 认证服务能够通过 802.1x 认证动态生成 PMK，最后通过密钥协商利用 PMK 生成 PTK。

具体配置实现方法如下：

WPA-Enterprise 方式需要使用 Radius 认证，所以需要在 AC 上面先进行 Radius 相关的配置。

配置 Radius 认证的服务器 IP 地址；配置 AC 与 radius 服务器通信的密钥；配置 radius 认证的 nas ip 地址，该地址要填写无线 IP；配置 AC 发送 radius 报文使用的源地址，该地址要填写无线 IP；使能 AAA，配置 AAA group 并关联之前配置的 Radius 服务器。

```
DSCC（config）#radius-server authentication host 100.100.100.100
DSCC（config）#radius-server key 0 test
DSCC（config）#radius nas-ipv4 10.10.10.10
DSCC（config）#radius source-ipv4 10.10.10.10
DSCC（config）#aaa enable
DSCC（config）#aaa group server radius wlan
DSCC（config-sg-radius）#server 100.100.100.100
```

在 network 模式下，security mode 设置为 wpa-enterprise，wpa version 设置为 WPA、WPA2 或者混合模式，配置 Radius 认证服务器名称。

```
DSCC（config-network）#security mode wpa-enterprise
DSCC（config-network）#wpa versions
DSCC（config-network）#radius server-name auth wlan
```

5．外置 Portal+Radius 认证配置

拓扑图，如图 5-72 所示。

为了完成 AC 上的外置 Portal 认证的功能，建立如图 5-79 所示的网络拓扑图，包括 1 个 AC、1 个 AP、1 个 Client、一台城市热点 Radius 服务器、一台城市热点 Portal 服务器。AP 接入到 AC，被 AC 管理。Client 接入到 AP 的网络上。AC 与 Portal Server 和 Radius Server 之间相通。

如图 5-72 所示为一个与 E-Portal 服务器进行联调的案例配置现场，其中可以看到，Portal Server 和 Radius Server 并不在一个主机上，它们是分开的两个服务器。

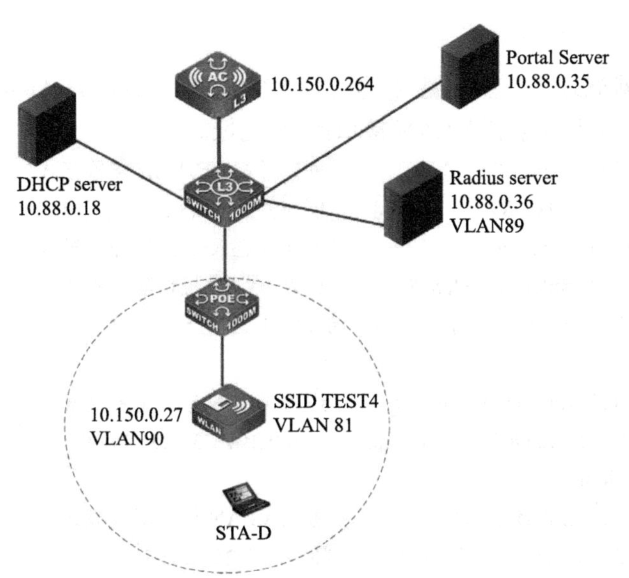

图 5-72　外置 Portal+Radius 认证配置

在介绍配置 AC 上相关 Portal 配置之前，首先需要保证 AC 和 Portal Server、AC 和 Radius Server 是相通的，AP 与 AC 关联，STA 为一个无线的用户，关联上 AP 上的 SSID 之后能通过 DHCP 获取到 IP 地址，同时需要保证，在 AC 未开启 Portal 的情况下，STA 与 AC、AP、Portal Server 是相通的。

6. 无线网络数据规划

明确了网络的部署方式后，还需进行详细的数据规划，具体包括无线 AP、无线用户和服务器的数据规划。在实际的网络部署中，可能会包含若干个无线 AP 管理 VLAN 与若干个无线用户 VLAN，以用来区分不同地理位置或不同功能划分的无线用户。在本例中，网络拓扑中只有一个 AP、一个 Client，这里将 AP 管理 VLAN、用户 VLAN 以及 Server 所在 VLAN 进行分开。外置 Portal 服务器认证案例现场数据规划见表 5-10。

表 5-10　外置 Portal 服务器认证案例现场数据规划

设　备	网关 / 设备	所在 VLAN	网段 /IP	DHCP 服务器
AC		VLAN90	10.150.0.254	无
AP	AC	VLAN90	10.150.0.27	AC
STA	AC	VLAN81	10.47.0.0/18	AC
Portal 服务器	AC	VLAN89	10.88.0.35	无
Radius 服务器	AC	VLAN89	10.88.0.36	无

7. AC 配置

在 AC 上进行以下配置：AC 无线特性的配置、VLAN 的配置、DHCP Server 的配置、network 的配置、AP PROFILE 的配置、管理 AP 的基本配置等等。通过这些配置成功布好拓扑，AC 成功管理 AP。

8．创建和配置 VLAN

由无线网络数据规划，需要创建创建管理 VLAN90、数据 VLAN81、以及与 Server 通信的 VLAN89，同时需要并配置 VLAN 接口的 IP 地址。

```
DCWS-6222（config）#vlan 81                // 创建并进入 VLAN 配置模式
DCWS-6222（config）#vlan 89                // 创建并进入 VLAN 配置模式
DCWS-6222（config）#vlan 90                // 创建并进入 VLAN 配置模式
DCWS-6222（config）#interface vlan 81      // 进入 VLAN 接口配置模式
DCWS-6222（config-if-vlan81）#ip address 10.47.0.1 255.255.192.0
// 配置 Vlan81 接口地址
DCWS-6222（config）#interface vlan 90      // 进入 VLAN 接口配置模式
SXWS-6222（config-if-vlan90）#ip address 10.150.0.254 255.255.192.0
// 配置 Vlan90 接口地址
DCWS-6222（config）#interface vlan 89      // 进入 VLAN 接口配置模式
DCWS-6222（config-if-vlan89）#ip address 10.88.0.37 255.255.192.0
// 配置 Vlan89 接口地址
```

9．配置 DHCP 服务

本例中 AC 作为 DHCP 服务器分别给 AP 和 Client 自动分配地址，因此需要在 AC 上配置相关 DHCP 服务信息，包括开启 dhcp 服务，创建 DHCP 地址池等。

```
DCWS-6222（config）#service dhcp                        // 启动 dhcp 服务
DCWS-6222（config）#ip dhcp pool client_pool           // 创建并配置 client 的 IP 地址池
DCWS-6222（dhcp-client_pool-config）# network-address 10.47.0.0  255.255.192.0
DCWS-6222（dhcp-client_pool-config）# default-router 10.47.0.1
 // 配置 client 的默认路由
DCWS-6222（dhcp-client_pool-config）#exit
DCWS-6222（config）#ip dhcp pool ap_pool
 // 创建并配置 AP 的 IP 地址池
DCWS-6222（dhcp-ap_pool-config）# network-address 10.150.0.0 255.255.192.0
DCWS-6222（dhcp-ap_pool-config）#default-router 10.150.0.1
```

10．配置 network

```
DCWS-6222（config-wireless）#network 1001     // 进入 network 配置模式
DCWS-6222（config-network）#ssid TEST4         // 配置 network 1001 的 SSID
DCWS-6222（config-network）#vlan 81            // 配置 network 1001 的默认 VLAN ID
```

11．配置 AP profile

配置 AP profile1001，并下发给 AP。

```
DCWS-6222（config-wireless）#ap profile 1001             // 进入 ap profile 配置模式
DCWS-6222（config-ap-profile）#hwtype 1                  // 配置 AP 的 hwtype 值
DCWS-6222（config-ap-profile）#radio 1                   // 进入 ap profile 的 radio 配置模式
DCWS-6222（config-ap-profile-radio）#vap 0               // 进入 VAP 0 配置模式
DCWS-6222（config-ap-profile-vap）#network 1001          // 指定 VAP 0 属于 network 1001
DCWS-6222（config-ap-profile-vap）#enable                // 开启 radio 1 上的 VAP 0
```

12．AC无线特性配置

无线功能默认是关闭的，因此在配置完上述配置后，还要开启无线功能。设置AC无线地址为静态地址，设置为10.150.0.254。

```
DCWS-6222>enable                                          //进入特权用户配置模式
DCWS-6222#config                                          //进入全局配置模式
DCWS-6222（config）#wireless                              //进入无线配置模式
DCWS-6222（config-wireless）#enable                       //打开交换机无线特性功能
DCWS-6222（config-wireless）#no auto-ip-assign            //关闭自动分配IP地址
DCWS-6222（config-wireless）#ap authentication none       //使用AP免认证方式
DCWS-6222（config-wireless）#static-ip 10.150.0.254       //为AC指定静态IP地址
DCWS-6222（config-wireless）#discovery vlan-list 90
// AC通过广播方在vlan90中发现AP
```

启动无线，等待AP上线。等看到AC上有Interface capwaptnl1，changed state to administratively UP提示时，查看AP的状态，若状态为“managed”，配置状态为“success”，则表明AP成功上线。通过命令show wireless ap status查看AP上线状态。

13．AAA配置

进行Portal认证时，还需要配置AAA相关的信息，保证Portal用户能正常进行radius认证。该部分的配置包括：开启AAA认证和计费，配置Radius认证相关的服务器信息，共享密钥，NAS-IP等。

（1）开启AAA模式和计费模式

```
DCWS-6222（config）#aaa-accounting enable                 // 开启aaa计费
DCWS-6222（config）#aaa enable                            // 开启aaa模式
DCWS-6222（config）# radius nas-ipv4 10.150.0.254         // 配置radius nas-ip
```

（2）配置Radius服务器

```
DCWS-6222（config）#radius-server authentication host 10.88.0.36 key 0 test
//  配置RADIUS认证服务器，共享密钥为“test”的明文密钥
DCWS-6222（config）#radius-server accounting host 10.88.0.36 key 0 test
// 配置RADIUS计费服务器，共享密钥为“test”的明文密钥
DCWS-6222（config）#aaa group server radius radius
// 创建AAA服务器群组radius（可任意取名）
DCWS-6222（config-sg-radius）# server 10.88.0.36
 // 群组中指定一个radius服务器
```

14．Captive Portal配置

需要开启Portal功能、配置Portal Server服务器信息以及Free Resource信息等。

```
DCWS-6222（config）#captive-portal                        // 进入captive portal配置模式
DCWS-6222（config-cp）#enable                             //开启全局portal功能
DCWS-6222（config-cp）#external portal-server server-name e_poral ipv4 10.88.0.35 port 2000
// 配置portal服务器
DCWS-6222（config-cp）#free-resource 1 destination ipv4 10.88.0.35/32 source any
```

```
// 配置到 portal server 的 free resource
```

注意：全局配置 Portal Server 服务器时，如 external portal-server server-name e_portal ipv4 10.88.0.35 port 2000，这里 port 为 2000，配置的是 Portal Server 在接收报文时监听的端口，需要根据实际 portal server 在接收报文时规定的监听端口来设定。

15．CP Instance 配置

创建 CP instance 来完成 Portal 认证。

```
DCWS-6222（config）#captive-portal                         // 进入 captive portal 配置模式
DCWS-6222（config-cp）#configuration 1                     // 创建一个 cp instance，并进入该模式
DCWS-6222（config-cp-instance）#enable                      // 开启 configuration portal 功能
DCWS-6222（config-cp-instance）#radius accounting           // 开启 Radius 计费功能
DCWS-6222（config-cp-instance）#radius-acct-server radius radius
// 绑定 Radius 计费服务器
DCWS-6222（config-cp-instance）#radius-auth-server radius    // 绑定 Radius 认证服务器
DCWS-6222（config-cp-instance）#redirect attribute ssid enable
// 重定向地址中携带 ssid 属性
DCWS-6222（config-cp-instance）#redirect attribute nas-ip enable
// 重定向地址中携带 nas-ip 属性
DCWS-6222（config-cp-instance）#ac-name 0100.0010.010.00    // 配置 ac name
DCWS-6222（config-cp-instance）#redirect url-head http：//10.88.0.35/control
// 配置重定向地址头部
DCWS-6222（config-cp-instance）#portal-server ipv4 e_portal
// 绑定 portal 服务器
DCWS-6222（config-cp-instance）# free-resource 1
// 绑定一条到 portal 服务器的 free resource
DCWS-6222（config-cp-instance）#interface ws-network 1      // 绑定 network 1
```

注意：与 e-portal 进行联调时，e-portal 服务器要求的重定向 URL 头部的形式为 http://10.88.0.35/control，当 AC 推出这种形式的重定向 URL 给用户时，用户访问该重定向 URL，AP 并不放行访问 10.88.0.35 端口为 80 端口的地址（放行访问 10.88.0.35 端口为 8443 端口的地址），这样就要求配置一条到 portal server 服务器的 free resource，让用户在获取到重定向地址时，能够正常访问到 portal 服务器，得到重定向页面。

16．无感知认证

MAC 认证具备“一次认证，多次使用”用户体验。如果开通了 MAC 快速认证，用户首次登录 Portal 页面成功认证后，后续只要关联 WLAN 就可以用任意应用上网。

（1）无感知认证配置方法

拓扑图，如图 5-73 所示。

（2）Portal 全局配置

```
DCWS-6222（config）#captive-portal                          // 进入 captive portal 配置模式
DCWS-6222（config-cp）#enable                               // 开启全局 portal 功能
DCWS-6222（config-cp）#external portal-server server-name e_portal ipv4 10.88.0.35 port 2000
```

```
// 配置 portal 服务器
DCWS-6222（config-cp）#free-resource 1 destination ipv4 10.88.0.35/32 source any
// 配置到 portal server 的 free resource
```

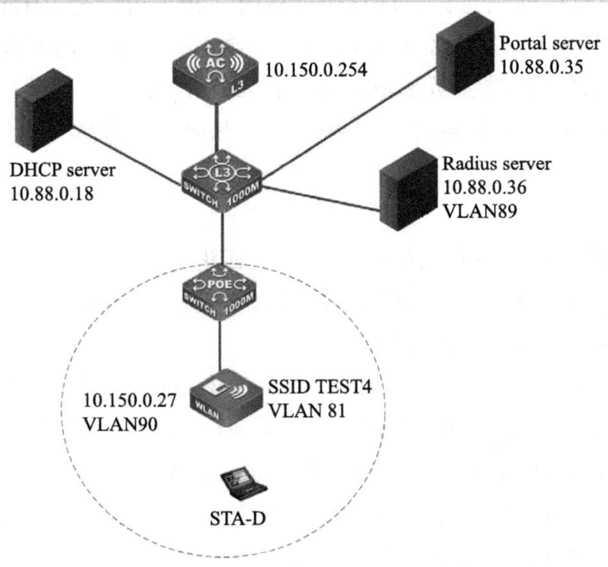

图 5-73　无感知认证

（3）CP Instance 配置

创建 CP instance 来完成 Portal 认证。

```
DCWS-6222（config）#captive-portal                          // 进入 captive portal 配置模式
DCWS-6222（config-cp）#configuration 1                      // 创建一个 cp instance，并进入该模式
DCWS-6222（config-cp-instance）#enable                      // 开启 configuration portal 功能
DCWS-6222（config-cp-instance）#radius accounting           // 开启 Radius 计费功能
DCWS-6222（config-cp-instance）#radius-acct-server radius   // 绑定 Radius 计费服务器
DCWS-6222（config-cp-instance）#radius-auth-server radius   radius
// 绑定 Radius 认证服务器
DCWS-6222（config-cp-instance）#redirect attribute ssid enable
// 重定向地址中携带 ssid 属性
DCWS-6222（config-cp-instance）#redirect attribute nas-ip enable
// 重定向地址中携带 nas-ip 属性
DCWS-6222（config-cp-instance）#ac-name 0100.0010.010.00 // 配置 ac name
DCWS-6222（config-cp-instance）#redirect url-head http：//10.88.0.35/control
// 配置重定向地址头部
DCWS-6222 （config-cp-instance）# fast-mac-auth             // 开启无感知认证功能
DCWS-6222（config-cp-instance）#portal-server ipv4 e_portal // 绑定 portal 服务器
DCWS-6222（config-cp-instance）# free-resource 1
// 绑定一条到 portal 服务器的 free resource
DCWS-6222（config-cp-instance）#interface ws-network 1      // 绑定 network 1
```

注意：无感知认证需要进行一次正常的 Radius 认证过程，因此需要配置 Radius 认证的相关配置。

17. 重定向页面发起认证没有反应

在重定向页面上输入用户名和密码发起认证时没有任何反应，客户端认证超时，在AC上打开相应debug，没有任何信息。出现这个问题时，极大可能是Portal Server发送认证报文的UDP端口和AC监听的UDP监听端口不一致导致的。这时需要保证UDP报文端口的一致性。可以通过在AC上配置监听Portal Server发送UDP报文的端口。

具体也可以通过在Portal服务器上抓包，查看Portal服务器是否正确发送Portal请求报文。

Debug说明

为了方便测试、研发和售后人员能够快速定位在进行Portal认证时处理的情况，在AC上添加了详细的debug命令来及时打印Portal认证的情况。主要有：

1）debug captive-portal-redirect info。

打开Captive Portal认证功能重定向信息。通过该debug可以实时查看client发起重定向TCP请求的过程，TCP请求通过AP转发发送给AC，由AC来完成重定向地址的推送。

2）debug captive-portal packet {send|receive|dump|all}。

打开Captive Portal的发包/收包/解析包/所有包的调试信息。通过该debug可以查看到AC与Portal Server之间进行报文交互的情况。

3）debug captive-portal trace。

打开Captive Portal认证功能的跟踪情况调试。通过该debug能够快速定位到Portal处理到哪个流程。

4）debug captive-portal detail event。

打开Captive Portal认证功能的报文细节信息调试开关。通过该debug能够详细的查看到与Portal Server交互报文中的每个字段的值。

5）debug captive-portal error。

打开Captive Portal认证功能的错误调试开关。如果出现异常，则通过该debug能够快速查看到出现问题的部分所在。

注：在上述所有的debug反命令是在前面加上no，即关闭相应debug。

由于Portal认证功能是由AC、AP和Portal Server和Radius Server来共同完成的，因此在进行使用时，需要检查各个部分是否都进行了正确的配置，只有保证在正确的配置下，才能快速顺利的完成Portal认证。在进行Portal认证时还有以下地方需要注意：

1）需要检查网络路由是否可达：关闭Portal，Client与AC和Portal Server能ping通。

2）检查AC上配置的重定向URL头部是否正确。该URL头部是Portal Server能够识别且支持重定向页面的URL，URL中一般包括协议类型、HOST部分以及访问端口。

3）由于目前AP只针对8443端口和8800端口放行，需要配置一条到Server的Free Resource，让AP放行重定向URL，正常进行重定向。

4）需要确定AC和Portal Server在进行报文协议交互时各自监听的UDP端口，否则将无法正确接收到请求报文并进行回复。

5）AC与Portal Server之间进行的用户接入认证方式是CHAP认证还是PAP认证是由Portal Server决定并发起相应认证流程的，AC是被动触发认证流程的。

6）在没有DNS服务器的情况下，进行Portal重定向时，在Client浏览器中需要输入实际的IP地址。同时需要注意不能输入一个不存在的且与Client同一网段的IP，否则Client不会发送TCP报文，导致无法重定向。这个问题也正是测试处反映的输入某地址段无法进行Portal重定向的原因。

18．外置Portal+本地认证配置

拓扑图，如图5-74所示。

在组网中，AC设备担任认证服务器的角色，完成用户认证检验的工作。在AC上配置Portal服务，配置本地认证用户数据，配置Portal服务器。

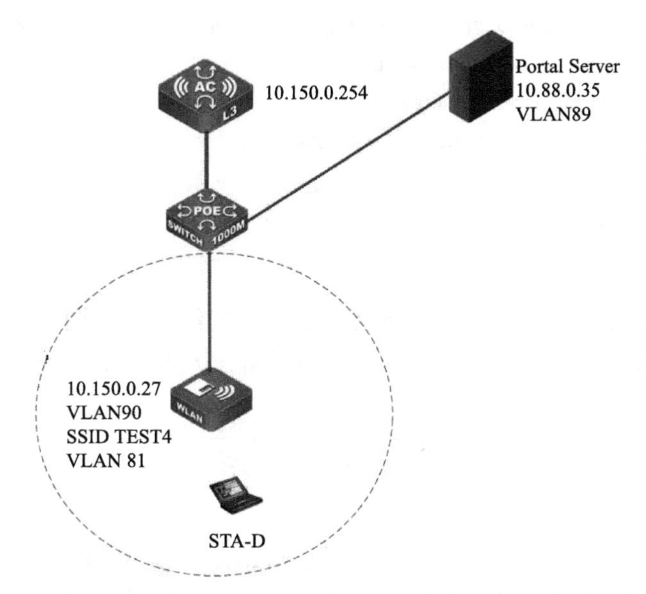

图5-74　外置Portal+本地认证配置案例的组网结构图

步骤一：Captive Portal配置。

```
DCWS-6222（config）#captive-portal   //进入captive portal配置模式
DCWS-6222（config-cp）#enable        //开启全局portal功能
DCWS-6222（config-cp）#external portal-server server-name e_portal ipv4 10.88.0.35  port 2000
//配置portal服务器
DCWS-6222（config-cp）#free-resource 1 destination ipv4 10.88.0.35/32 source any
//配置portal服务器的free-resource
```

步骤二：配置本地认证用户。

```
DCWS-6222（config-cp）#user aaa                          //创建本地用户，用户名为aaa
DCWS-6222（config-cp-local-user）#password  123456 //用户aaa的密码是123456
DCWS-6222（config-cp-local-user）#group test1           //用户aaa所属的群组是test1
```

注意：本地认证用户创建后，需要绑定一个群组。同时将configuration设置为本地认证。

步骤三：CP Instance 配置。

```
DCWS-6222（config）#captive-portal // 创建一个 cp instance
DCWS-6222（config-cp）#configuration 1 // 开启 configuration portal 功能
DCWS-6222（config-cp-instance）#enable // 开启 configuration portal 功能
DCWS-6222（config-cp-instance）#verification local  // 开启本地认证方式
DCWS-6222（config-cp-instance）#group test1 // 设置比所属群组为 'test1'
DCWS-6222（config-cp-instance）#redirect attribute ssid enable
// 重定向地址中携带 ssid 属性
DCWS-6222（config-cp-instance）#redirect attribute nas-ip enable
// 重定向地址中携带 nas-ip 属性
DCWS-6222（config-cp-instance）#ac-name 0100.0010.010.00 // 配置 ac name
DCWS-6222（config-cp-instance）#redirect url-head http：//10.88.0.35/control
// 配置重定向地址头部
DCWS-6222（config-cp-instance）#portal-server ipv4 e_portal  // 绑定 portal 服务器
DCWS-6222（config-cp-instance）#free-resource 1
// 绑定一条到 portal 服务器的 free resource
DCWS-6222（config-cp-instance）#interface ws-network 1
// 绑定 network 1
```

19．内置 Portal+Radius 认证配置

（1）拓扑介绍：

如图 5-75 所示为内置 Portal+Radius 认证配置案例的组网结构图。在组网中，AC 设备担任 Portal 服务器的角色，用认证用户推送重定向页面、认证成功 / 失败页面、下线页面等。

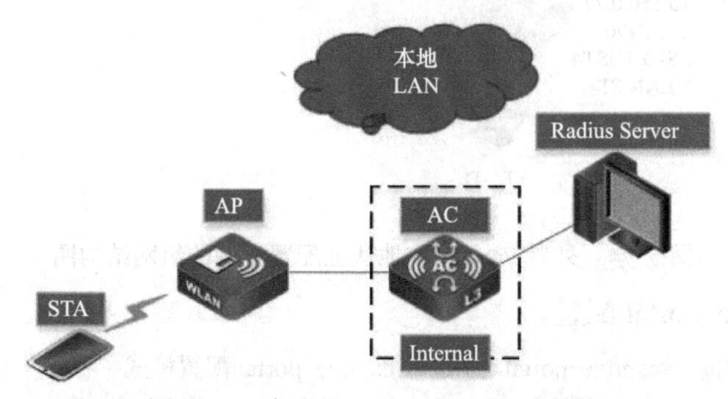

图 5-75　内置 Portal+Radius 认证配置

（2）Captive Portal 配置

配置认证类型为内置 Portal 认证方式。

```
DCWS-6222（config）#captive-portal                          // 进入 captive portal 配置模式
DCWS-6222（config-cp）#enable                               // 开启全局 portal 功能
DCWS-6222（config-cp）# authentication-type internal  // 配置为内置 Portal
```

（3）CP Instance 配置

创建 CP instance 来完成 Portal 认证。

```
DCWS-6222 （config）#captive-portal               // 进入 captive portal 配置模式
DCWS-6222 （config-cp）#configuration 1          // 创建一个 cp instance 1，并进入该模式
```

```
DCWS-6222 （config-cp-instance）#enable              // 开启 configuration 1 portal 功能
DCWS-6222 （config-cp-instance）#radius accounting    // 开启 Radius 计费功能
DCWS-6222 （config-cp-instance）#radius-acct-server radius    // 绑定 Radius 计费服务器
DCWS-6222 （config-cp-instance）#radius-auth-server radius  radius
// 绑定 Radius 认证服务器
DCWS-6222 （config-cp-instance） #protocol http         // 配置认证协议为 http 方式
DCWS-6222 （config-cp-instance）#interface ws-network 1    // 绑定 network 1
```

注意：1）内置 Portal 不需要配置与服务器对接的 URL 参数。

2）目前内置 Portal 不支持 protocol https 方式，因此需要配置 protocol 为 http 方式，配置为 https 方式时，会导致认证成功页面无法打开。

20．内置 Portal+ 本地认证配置

（1）拓扑介绍

如图 5-76 所示为内置 Portal+ 本地认证配置案例的组网结构图。

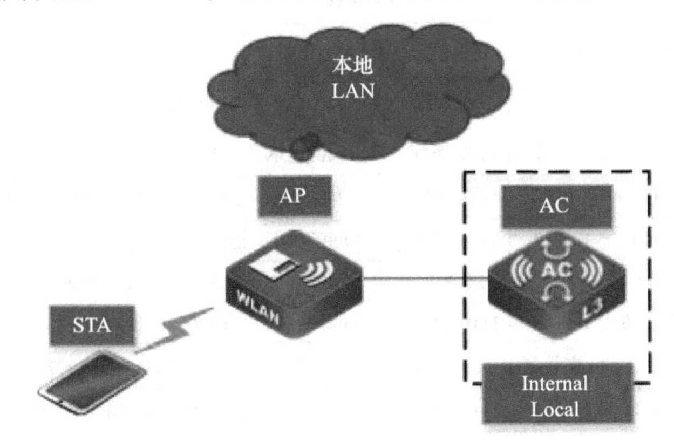

图 5-76　内置 Portal+ 本地认证配置

在组网中，AC 设备担任 Portal 服务器的角色，用认证用户推送重定向页面、认证成功 / 失败页面、下线页面等，同时又担任认证服务器的角色，完成用户的认证过程。

该运用场景推荐为典型的内置 Portal 运用场景。

（2）Captive Portal 配置

配置认证类型为内置 Portal 认证方式。

```
DCWS-6222（config）#captive-portal                      // 进入 captive portal 配置模式
DCWS-6222（config-cp）#enable                           // 开启全局 portal 功能
DCWS-6222（config-cp）# authentication-type internal    // 配置为内置 Portal
```

创建本地认证用户数据。

```
DCWS-6222（config-cp）#user aaa
// 创建本地用户数据，用户名为 aaa，密码为 123456，所属组为 test1
DCWS-6222（config-cp-local-user）#password 123456
DCWS-6222（config-cp-local-user）#group test1    // 绑定该用户名所属群组
```

（3）CP Instance 配置

创建 CP instance 来完成 Portal 认证。

```
DCWS-6222（config）#captive-portal          // 进入 captive portal 配置模式
```

```
DCWS-6222（config-cp）#configuration 1                          // 创建一个 cp instance，并进入该模式
DCWS-6222（config-cp-instance）#enable                          // 开启 configuration portal 功能
DCWS-6222（config-cp-instance）#verification local              // 开启本地认证方式
DCWS-6222（config-cp-instance）#group test1                     // 设置比所属群组为‘test1’
DCWS-6222（config-cp-instance） #protocol http                  // 配置认证协议为 http 方式
DCWS-6222（config-cp-instance）#interface ws-network 1          // 绑定 network 1
```

5.5 项目交付

上述项目走完时，可以按照合同要求对网络做性能测试，逐项记录结果，组织项目完工报告，会同监理一起走完工流程，提交如下资料。

1．提供 AP 点位图（见图 5-77）

1 号学员楼

AP 名称	AP 名称	AP 编号	安装位置	AP 型号	SN	MAC
AP-43	XYL1-1F-DT	1- 大厅	1 层大厅	AP4030DN	21500826412SF5900730	FCB698D448C0
AP-44	XYL1-1F-1102	1-1102	1102 房间	AP4030DN	21500826412SF5901737	FCB698D4C6A0
AP-45	XYL1-1F-1122	1-1122	1122 房间	AP4030DN	21500826412SF5901458	FCB698D4A3C0
AP-46	XYL1-1F-119	1-1119	1119 房间	AP4030DN	21500826412SF5901413	FCB698D49E20
AP-47	XYL1-1F-HYS	1- 会议室	1 层会议室	AP4030DN	21500826412SF5900728	FCB698D44880
AP-48	XYL1-1F-1110	1-1110	1110 房间	AP4030DN	21500826412SF5901324	FCB698D49300
AP-49	XYL1-1F-DLT	1- 东楼梯	1 层东侧楼梯	AP4030DN	21500826412SF5900747	FCB698D44AE0
AP-50	XYL1-1F-1114	1-1114	1114 房间	AP4030DN	21500826412SF5900852	FCB698D45800

图 5-77　AP 点位图

2．提交个点的测试记录和报告（见图 5-78）

楼名	楼层	有 AP 房间信号强度（dB）		公共区域信号强度（dB）		测试人签字
主楼	1	1091	1075	走廊	楼梯	
		−36 ～ −50	−39 ～ −49	−59 ～ −68	−60 ～ −73	
	2	2114	2128	走廊	楼梯	
		−34 ～ −56	−36 ～ −55	−56 ～ −69	−53 ～ −70	
	3	3110	3082	走廊	楼梯	
		−40 ～ −56	−44 ～ −58	−56 ～ −65	−56 ～ −65	
	4	4109	4015	走廊	楼梯	
		−38 ～ −56	−45 ～ −60	−55 ～ −71	−65 ～ −71	
出版函授楼	1	103	112	南楼道	北楼道	
		−36 ～ −59	−39 ～ −55	−55 ～ −77	−60 ～ −75	
	2	203	209	南楼道	北楼道	
		−47 ～ −55	−42 ～ −55	−56 ～ −75	−56 ～ −60	
	3	304	310	南楼道	北楼道	
		−36 ～ −60	−39 ～ −55	−53 ～ −70	−59 ～ −73	
	4	404	415	南楼道	北楼道	
		−45 ～ −50	−44 ～ −52	−59 ～ −71	−56 ～ −69	

图 5-78　测试记录和报告

3. 提交整网设备配置说明，包括核心交换机、汇聚交换机、接入交换机配置和密码等（见图 5-79）

设备名称	设备型号	登陆方式	设备管理地址	用户名	管理 I 码
防火墙	U200-A	TELNET	192.168.25.1	admin	UBMQIB2013
汇聚交换机	S7506	TELNET	192.168.25.254	admin	UBMQIB2013
无线控制器	DCWS-6222	TELNET	192.168.25.253	admin	UBMQIB2013
POE 交换机	S5120	TELNET	192.168.25.81	admin	UBMQIB2013

图 5-79　配置表

4. 提交工程阶段性测试验收（初验、终验）报审表（见图 5-80）

工程阶段性测试验收初验报审表

承建单位：某公司　　　　　　　　　　　　合同段名称：某学校建设改造工程

监理单位：某工程监理咨询有限公司　　　　编　　　号：

工程名称	某学校建设改造工程

致某工程监理咨询有限公司

我方已按要求完成了 某无线覆盖 工程，经自检合格，请予以验收。

附件：某学校 Wi-Fi 项目验收方案

承建单位（章）：　　　　　项目经理（签字）：　　　　　日期：　年　月　日

监理单位审查意见：

经审核，该工程：

1）符合 / 不符合我国现行法律、法规要求。

2）符合 / 不符合我国现行工程建设标准。

3）符合 / 不符合设计方案要求。

4）符合 / 不符合承建合同要求。

综上所述，可以 / 不可以组织验收。

监理单位（章）：　　　　　总监理工程师（签字）：　　　　　日期：　年　月　日

业主单位意见：

业主单位（章）：　　　　　项目负责人（签字）：　　　　　日期：　年　月　日

说明：

1）本表一式 3 份，监理单位、承建单位、业主单位各一份。

2）收到此申请后，总监理工程师应该组织监理工程师对报验内容进行初步验收。并将验收情况、结论和意见（必要时，以监理专题报告方式）向业主单位进行汇报。

图 5-80　试验收（初验、终验）报审表

第 6 章　无线网络维护与优化

6.1　无线网络项目排障

1．无线网络中，会出现的问题主要体现如下

1）AP 异常下线。

2）接入交换机故障。

3）汇聚交换机故障。

4）光纤链路故障。

5）无法上网。

问题一：用户无线网卡无法搜索到无线信号

初步预判可能原因：

1）确认当地环境存在无线网络覆盖。

2）用户网卡已经被禁用，打开“网络连接”选中无线网卡将其启用。

3）用户笔记本式计算机无线网卡的硬件开关没有打开，当前很多主流笔记本式计算机都有无线网卡的硬件启用开关，或者键盘上有快捷键开启无线网卡。

4）用户开启了无线网卡软件配置客户端。

例如，用户使用的是 Intel 网卡，当其开启了 Intel 配置网卡软件和其他无线网络配置软件时，可在 Windows 无线网络配置栏中显示如图 6-1 所示内容。

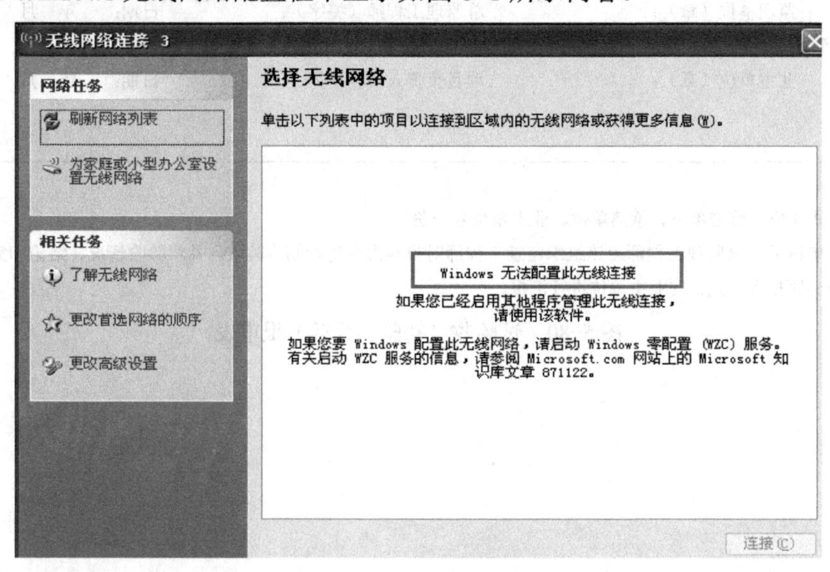

图 6-1　选择无线网络

此时只能使用网卡自带的配置软件来配置，如果需要使用 Windows 操作系统来配置其无线网络需要在网卡中勾选“用 Windows 配置我的无线网络设置”，如图 6-2 所示。

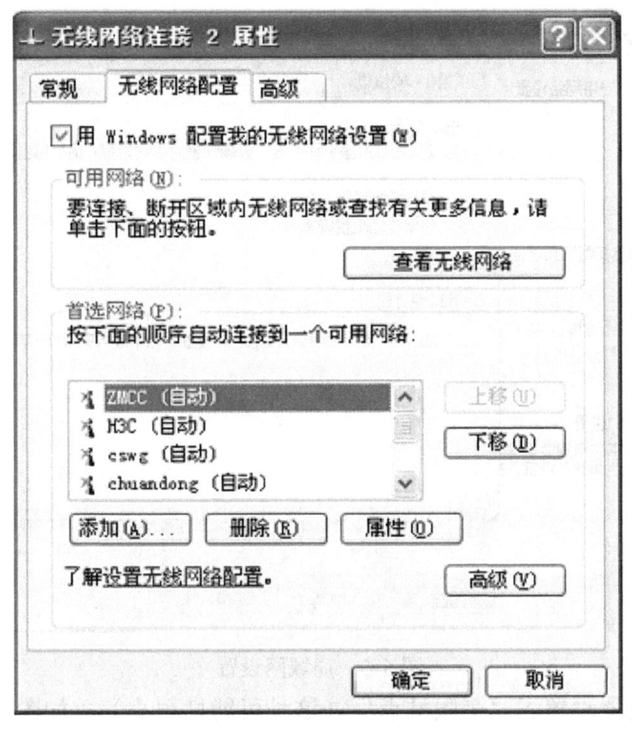

图 6-2　无线网络连接

5）AP 掉电。在 AC 上查看设备运行状态或维护人员现场查看。

6）AP 数据配置问题。

7）AP 自身硬件问题。

问题二：用户无法获得 IP 地址

初步预判可能原因：

1）运行“cmd”→“ipconfig/renew”命令查看网络配置。

2）客户端网卡故障，禁用后启用网卡或者重启计算机尝试解决。

3）AP 掉电。在 AC 上查看设备运行状态或维护人员现场查看。

4）业务 vlan 不通。

5）DHCP Server 的 IP 地址池中的地址用完。

6）AP 自身硬件问题导致不转发报文。

问题三：用户无法打开 Portal 认证页面

初步预判可能原因：

1）用户无线网卡手工设置了 IP 地址，应该改为自动获取 IP 地址。

2）用户 IE 浏览器设置了代理服务器，如图 6-3 所示。

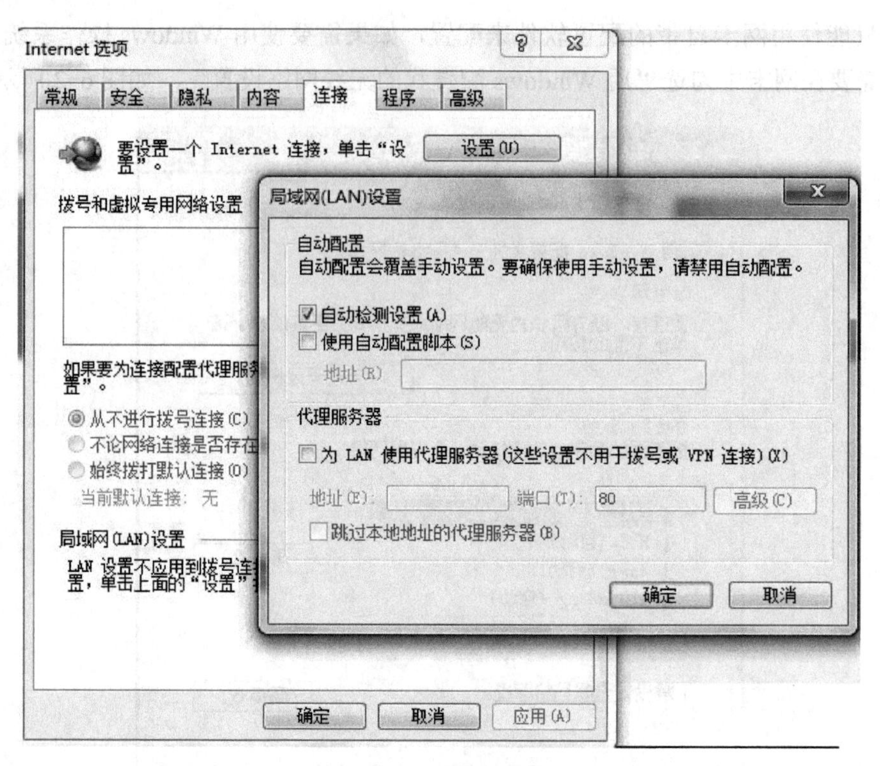

图 6-3　局域网设置

3）用户 IE 浏览器设置了“受限站点”（这种可能性很小），如图 6-4 所示。

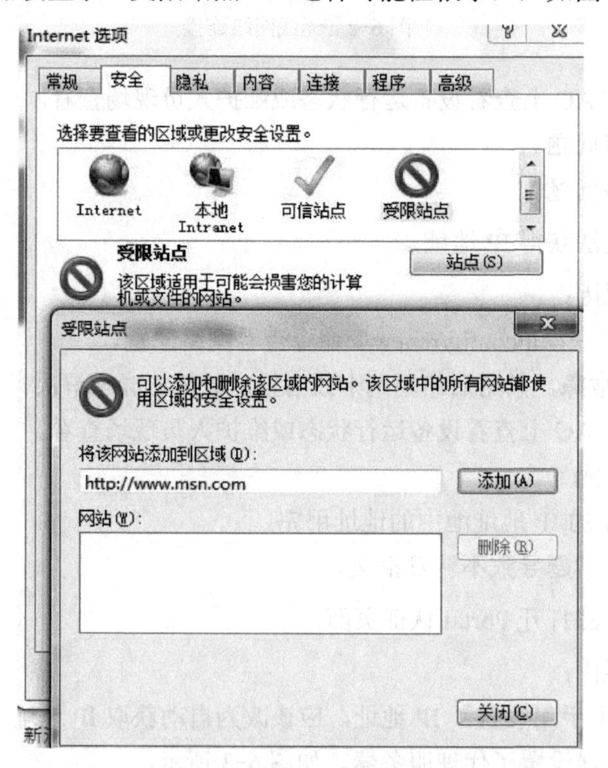

图 6-4　设置了受限站点

4）用户浏览器故障或其他设置导致，恢复浏览器默认设置或重启计算机尝试解决。

判断可能的原因：

Portal 认证服务器故障，可以尝试 ping Portal 服务器地址。

问题四：上网速度变慢

初步预判可能原因：

1）用户上网位置环境发生较大变化、环境信号强度和质量降低。

2）用户无线网络环境突然存在干扰，无线网卡附近存在微波炉、开启了其他 AP 设备或其他无线客户端设备（客户端存在 AdHoc 的干扰情况）。

3）一台 AP 上接入用户数量超过了 20 个。

4）有线网络带宽问题，上层设备是否有带宽限制。

5）有线网络存在丢包，可以尝试 ping AP 或交换机管理地址来判断。

6）确认 AP 的配置是否存在带宽限制的配置，与标准配置比较，AP 默认不会设置带宽限制。

7）用户上网位置环境发生较小的变化，但环境信号强度降低。

8）Portal 认证服务器故障。

问题五：网络中断问题

初步预判可能原因：

1）用户上网位置环境发生较大变化、环境信号强度和质量降低。

2）用户无线网络环境突然存在干扰，无线网卡附近存在微波炉、 开启了其他 AP 设备或其他无线客户端设备（客户端存在 AdHoc 的干扰情况）。

3）网卡是否还连接在无线网络上，是不是已经切换到其他 SSID。

4）提示“系统检测连接已断开”，重新认证是否能恢复，如果能恢复则需要在 Portal 认证服务器上查找相关账号异常或失败的记录。

5）在 AC 上查看用户是否正常连接。

在 AC 上查看在线用户情况，此处可能需要在得到用户登录账号后，通过认证服务器关联查找到用户的 MAC 地址来确认其连接情况。

6）是否是跨越不同 vlan 之间漫游造成的。

问题六：Fit AP 无法正常注册问题

初步预判可能原因：

1）是否是因为 AP 供电发生变化，例如，POE 交换机或本地模块损坏。

2）观察连接 AP 交换机的指示灯是否有频繁切换的现象或指示灯狂闪的现象，需要排除是否有网络广播风暴或环路的可能。

3）AC 和 AP 的版本是否正常匹配。

4）网线是否正常。

5）交换机工作是否正常（是否掉电）。

6）交换机上联光路是否连通。

7）查看 AP 是否能够正确获得 IPv4 地址，并 ping 通。观察 AP 的射频指示灯是否正常闪烁。

8）在 AC 上通过命令查看 AP 运行状况，查看相关 log 信息。

9）切断相关 AP 电源，观察 AP 是否能够恢复注册。

10）查看 AP 上联交换机是否关闭 STP 功能。

11）查看端口流量，观察 AP、上联端口等环节的报文统计变化。

12）打开 LWAPP 的调试开关，观察是否启动 LWAPP 程序。

13）查看 DHCP Server 是否正常运行。

14）查看 POE 交换机端口状态。

2. WLAN 开通故障处理

问题一：Fit AP 二层组网没有注册成功的快速排查步骤

步骤 1：

二层组网的 WLAN 排查的基本原则：

1）Fit AP 是否上电。

2）Fit AP 网线是否接错（检查是否接入在以太网口，而不是 Consle 口）。

3）交换机配置是否正确。

4）该 VLAN 网络中是否存在唯一的 DHCP 服务器。

5）AC 上是否为已经安装的 Fit AP 配置了对应的接入 AP 模版。

6）AP 模版的序列号和类型配置是否正确。

7）AC 上是否已经存在 AP 对应的版本文件。

基本情况下，如果能够保证上面的信息正确，Fit AP 设备应该能够成功和 AC 建立连接。但是还是在考虑异常角度，关注 Fit AP 和 AC 之间为二层组网连接情况下，如何进行网络排查使 AP 恢复和 AC 的注册。

步骤 2：等待一段时间的原因为“当 AP 设备一次没有能够成功和 AC 建立连接，则 AP 会有一个周期的链接尝试，这个时间大约为 4min，所以建议等待一段时间以便收集到全面的信息”。

步骤 3：主要通过调试信息检查网络中是否存在“游离于 AC”之外的 AP，以便及时更新 AC 的 AP 配置，解决这些 AP 的注册问题。

步骤 4：通过前面几个步骤的处理，相信 99% 的软件问题已经可以排除掉了。随后需要逐步确定 AP 安装是否存在问题以及直联的交换机是否存在问题。

对于步骤 4 之后的操作，需要一个前提“能够获得 AP 的安装情况，也就是希望定位的 AP 链接的交换机（如果能够知道 AP 的接入端口将更方便）”，当然如果能够知道 AP 的 MAC 地址，对于问题定位也会有很大的帮助。

但是实际的组网应用中，由于 AP 数量比较多，可能不太容易获得上面的信息，但是至少可以分片了解 AP 的链接的交换机以便定位。

问题二：Fit AP 三层组网没有注册成功的快速排查步骤

三层组网的 WLAN 排查的基本原则：

1）Fit AP 是否上电。

2）Fit AP 所接入的 VLAN 网络是否可以动态获得地址。

3）Fit AP 所在的网络中的 DHCP 服务器是否唯一。

4）确定 AC 和 Fit AP 所在的网络三层可达。

5）如果使用 DHCP option43 功能，则需要确定 DHCP 服务器上对于 AC 地址列表配置正确。

6）如果使用 DNS 方式，需要确定 DHCP 服务器上的 DNS 服务器和域名配置正确；并确定 Fit AP 所在的网络和 DNS 服务器为三层可达。

7）AP 模版的序列号和类型配置是否正确。

8）AC 上是否已经存在 AP 对应的版本文件。

基本情况下，如果能够保证上面的信息正确，Fit AP 设备应该能够成功和 AC 建立连接。但是还是在考虑异常角度，关注 Fit AP 和 AC 之间为三层组网连接情况下，如何进行网络排查使 AP 恢复和 AC 的注册。

对于三层组网的 WLAN 网络，网络互通、通过 DHCP 服务器下发正确的信息（AC 地址列表或者 DNS 服务器地址以及域名）以及可以通过 DNS 服务器获取合法的 AC 地址列表是后续 AP 注册的前提。

对于使用 DHCP option43 组网的 WLAN 网络，需要关注服务器的 Option 43 的配置。

对于通过 DNS 方式组建的 WLAN 网络，需要同时关注 DHCP 服务器的配置以及 DNS 服务器的配置。

3．DCN WLAN 产品供电说明

（1）DCN AP 支持的供电方式

DCN AP 支持两种供电方式，分别是以太网 POE 供电和本地电源供电。其中本地电源采用 12V/1A 直流电，可以通过电源适配器变交流为直流的方式实现。

（2）DCN AP 采用 POE 供电时的要求和限制

DCN AP 采用 POE 供电方式，即通过网线供电，可以通过 POE 交换机或者 POE 模块实现。在采用 POE 供电时，建议 POE 供电端到 AP 受电端距离不要超过 80m，网线为超 5 类以上，同时注意水晶头的质量（保证没有被氧化）。

（3）DCN AP 的 POE 受电方式为空闲线还是信号线

DCN 交换机供电方式都是采用信号线供电，大部分 POE 供电模块是采用空闲线供电方式。DCN AP 对于这两种供电方式都支持。

（4）DCN AP 指示灯的状态说明

DCN AP 面板上有 3 个指示灯，其中两个无线指示灯，一个电源 / 系统状态指示灯。电源指示灯慢速闪烁表示设备正常上电运转，快速闪烁表示内存自检不通过，如果出现常亮或者常灭现象，则表示设备出现故障。

其他两个无线指示灯处于常亮状态时表示链路正常，快速闪烁表示有数据收发，如果出现灭的状态则表示无线链路未初始化或者出现故障，需要进行排查。

注：指示灯状态出现异常时，也不排除指示灯本身损坏的可能。

（5）DCN AP 室内覆盖环境下设备问题处理方式

1）定期检查设备指示灯，根据指示灯来快速简便对故障及问题进行定位，一般设备上

会有以下三种灯。

电源灯：指示设备是否是在通电状态，此灯常亮。

射频灯：当有用户连在 AP 上时不亮、长亮或有规律的闪烁都是不正常的，不规律的闪烁是因为不时的终端信号处理导致，所以不规律的闪烁是正常的。

以太网灯：当用户连到设备上并有数据发送时灯会不规则的闪烁。

2）信号强不等于信号好，不要盲目追求 AP 覆盖的信号强度，一但 AP 发射功率大于终端接受灵敏度后会导致网络中断连接，严重的会导致终端无线网卡不工作，若发现终端离 AP 较近且信号强度很强时可微调 AP 的发射功率。

3）在 Portal 认证模式下，AP 可以广播出 SSID 并可以连到此 SSID 上，但终端无法获得 IP 地址从而不能得到正常的网络服务，原因可能是由于此 SSID 没有划到 Portal 认证的 VLAN 或 AP 与上连交换机之间没有把 Portal 认证 VLAN 透传上去。

4）在对 AP 设备进行升级时不要对 AP 设备进行断电重启，重启后可能会造成设备文件丢失，严重的将无法正常启动。

5）在对 AP 设备进行更改配置前请备份 AP 设备配置文件，在确认 AP 修改配置并生效后请及时进行保存。

6）AP 安装方式是壁挂式还是摆放式。壁挂式需检查 AP 与支架间的锁孔是否已上锁，摆放式看摆放位置是否为易取处，是否放置于机箱中，以确保设备的安全性。

7）确保设备安装环境是适合设备工作的，包括温度、湿度、防雷接地是否合格，因一但安装设备安装调试后再进行整改会比较烦琐且会造成较高成本让用户感觉到设备的稳定性差。

（6）设备供电方式有两种直接供电方式与 POE 供电方式

直接供电方式：要保证电源插座质量若质量欠佳会导致设备短路，尽量与上连交换机使用同一电源排插，且排插要尽量远离管道，防止管道对设备造成伤害。

POE 供电方式：首前要确保供电线路的质量，因 POE 供电方式是把电源与网络数据放在网线上同时进行传输，要保证供电网线长度在以太网最大传输距离以内。

（7）DCN AP 室外覆盖环境下设备问题处理方式

1）定期检查 AP 设备工作环境温度与湿度，因室外 AP 设备一般工作在复杂恶劣的环境下，因此定期检查 AP 的工作环境是为了 AP 更加稳定高效的运行。

2）定期检查 AP 与外接天线之间的接头是否良好与天馈防雷器是否进行有效连接，以防止在雷雨季节时 AP 设备被雷击损坏（室外 AP 安装场景）。

3）在 AP 天线与覆盖区域间不要有树林的遮挡，因为风吹动树叶会使 AP 信号衰减十分大。

4）在楼与楼之间进行室外覆盖时，两楼之间距离不超过 100m，楼层为 6 层且 AP 天线安装在楼顶，这时由于室外天线覆盖角度问题会造成 1 层与 2 层覆盖效果欠佳，这时可以适当调整覆盖天线角度或把 AP 的天线从楼顶下移到 3 楼位置，这时会改善覆盖区域的效果。

5）在接到用户投诉信号差时，首先检查投诉区域是否是有效覆盖区域，如不是天线主覆盖区域请根据实际情况调整天线覆盖水平与垂直角度。

6）减少周围无线干扰源，在允许或可以调节的情况下把同频干扰减少到最小，同时也要注意周围是否有无线电微波干扰源。若有一个微波炉在工作，那周围的无线信号会乱的一塌糊涂。

7）用户若投诉 AP 信号弱、时有时无的故障现象，这时如果可以再现故障现象，需等到 AP 设备上查看 AP 发射功率是否正常等参数，若参数全部正常需检查终端网卡与接入软件，看是否是终端设置问题或终端网卡功率与性能问题。

8）能正常连接到 AP 上并可以得到网络服务，但过一段时间后发现上网速度越来越慢，最后导致与外网断开连接，但还仍然能连接到 AP 上。遇到这样情况时分两部分来排除定位故障，首先定位是否是无线端问题，由终端向 AP 进行大数据包长 ping 操作，如果网络一直正常则说明问题不在无线端；定位是否有线端存在问题可以由 AP 向上层或公网地址进行大数据包长 ping 看一段时间后延迟与丢包率会变成什么样，若延迟很大丢包率又很严重，那可以定位是有线端问题。

9）当附近有较多干扰源且信号强度不是很强的情况下，可以开启 AP 上的防干扰功能，原理是提高接受灵敏度的门限值不去接收一些信号较弱的干扰源信号，但这个功能要慎用，此功能也会把正常接入的较弱终端信号拒绝掉。在射频模块下执行 ani enable 命令。

4．DCN 室外无线产品要求

（1）保证设备按照要求进行可靠接地

良好的接地系统是无线设备稳定可靠运行的基础，是设备防雷击、抗干扰、防静电的重要保障。用户必须为整个无线网络提供良好的接地系统。

在无线网络良好接地后，方可对无线网络上电。保证机箱的保护地线与大地保持良好接触。保证交流电源插座的接地点与大地良好接触。可以考虑在电源的输入前端加入电源避雷器，这样可大大增强电源的抗雷击能力。

（2）做好防静电措施

在网络设备运行的环境中，静电可以说是无处不在，尤其气候干燥时，静电尤为严重。静电会危害设备电路，且容易造成静电吸附，不但影响设备寿命，而且容易造成通信故障。

为了避免静电对无线设备的电子器件造成损坏，除了对安装设备的场所要采取防静电措施外，还要注意在安装设备的各种部件时必须佩带防静电手腕。

（3）减少无线干扰源

无线网络可以使用的信道很有限，如果工作信道存在干扰，则会降低无线网络的稳定性，影响无线网络使用效果。所以在无线使用环境中，尽量不要引入干扰源，如私加无线接入点、微波炉随意放置等。另外，对于电子设备，防止电磁干扰一直都是需要特别关注，并注意采取相关措施予以避免的。

（4）保证有线网络部分状态健康

WLAN 是作为网络接入层部分存在的，在实际网络组网中，可以独立与有线网共存，也可以作为有线网的补充。所以不可避免的是，有线网络的状态会影响无线网络的使用状况。

（5）室外环境下需要注意规范和安全

无线设备安装在室外时，需要特别注意其规范性和安全性要求。一般在施工过程中和验收时都会对规范和安全方面的要求比较严格，而在使用维护过程中则容易忽视对其的监控。

针对室外安装的设备，在定期检查中，注意其安装规范是否出现偏差，设备环境是否出现安全隐患。在发现问题时，需要及时知会相关方进行校正和维修，以免造成设备故障，影响网络使用。

6.2 无线网络项目优化

无线网络完成后，在后期维护时，主要的问题主要体现在如下：

1）网络吞吐量下降。

2）用户接入受限。在 WLAN 项目建设与运营过程中，除工程勘测、方案设计、工程实施、测试验收、业务上线之外，有些工作必须通过网络优化这一步骤完成，比如，对用户业务的分析和数据侧的优化，或者对于用户的分布、业务量、使用模式发生变化时的适应调整等。有效的网络优化不仅能够保证用户使用的效果与最终体验，还可以提高设备接入用户数量，延长设备使用寿命，从而在一定程度上保护客户的已有投资，最大可能地发挥无线网络的使用价值。

无线网络优化一般按照确定标准、分析问题、信号侧优化、数据侧优化、测试效果 5 个步骤进行。而在实际的项目中，根据具体问题的不同，相关步骤可能需要循环进行。

步骤 1：确定标准。确定无线网络验收的一般标准，例如，某运营商网络验收标准为主要覆盖区域信号强度不低于 –70dBm，一般覆盖区域信号强度不低于 –75dBm，丢包率不高于 3% 等。

步骤 2：分析问题。分析造成现有无线网络使用问题的内在原因，如客户端无法打开 Portal 认证页面或无线上网速度太慢的根本原因可能是丢包严重或数据发送速率较低。

步骤 3：信号侧优化。按照无线覆盖的一般原则（如蜂窝覆盖）完成工程安装规范、设备功率、信道、覆盖方式方面的调整，以保证无线信号强度与质量的要求。

步骤 4：数据侧优化。在信号侧优化的基础上，如有必要，需要深入分析用户数据类型及应用特点，并做出有针对性的参数、配置调整。

步骤 5：测试效果。以一般验收标准测试优化后的网络效果，如信号强度、丢包率是否满足要求，在此基础上以最终客户应用模式的标准和实际业务模型进行测试，保证实际应用的稳定。

1. 信道设置

（1）无线网络优化

IEEE 802.11b/g 工作在 2.4 ～ 2.4835GHz 频段。

见表 6-1，802.11 协议在 2.4GHz 频段定义了 14 个信道，每个频道的频宽为 22MHz。两个信道中心频率之间为 5MHz。信道 1 的中心频率为 2.412GHz，信道 2 的中心频率为

2.417GHz，依此类推至位于 2.472GHz 的信道 13。信道 14 是特别针对日本所定义的，其中心频率与信道 13 的中心频率相差 12MHz。

表 6-1 802.11b/g/n 在各国授权使用的频段

信 道	频率 /GHz	美国 / 加拿大	欧 洲	日 本
1	2.412	√	√	√
2	2.417	√	√	√
3	2.422	√	√	√
4	2.427	√	√	√
5	2.432	√	√	√
6	2.437	√	√	√
7	2.442	√	√	√
8	2.447	√	√	√
9	2.452	√	√	√
10	2.457	√	√	√
11	2.462	√	√	√
12	2.467		√	√
13	2.472		√	√
14	2.484			√

北美地区（美国和加拿大）开放 1 ～ 11 信道，欧洲开放 1 ～ 13 信道。中国与欧洲一样，开放了 1 ～ 13 信道。

（2）无线网络优化图 1 802.11b/g 工作频段划分

802.11b/g 工作频段划分如图 6-5 所示。可以看到，信道 1 在频谱上和信道 2、3、4、5 都有交叠的地方，这就意味着如果有两个无线设备同时工作，且它们工作的信道分别为 1 和 3，则它们发送出来的信号会互相干扰。

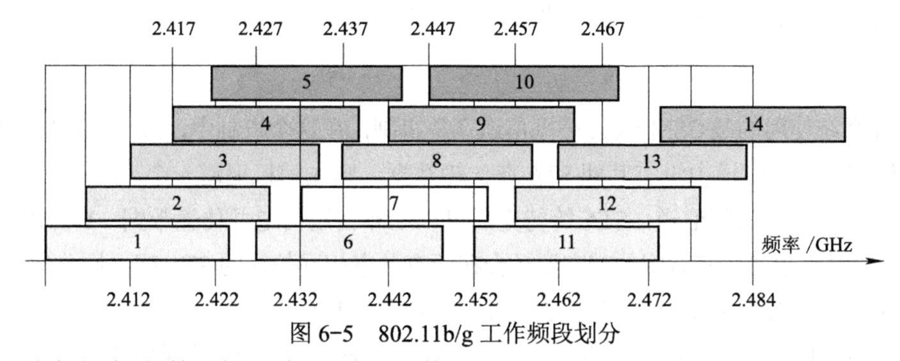

图 6-5 802.11b/g 工作频段划分

为了最大程度地利用频段资源，可以使用 1、6、11；2、7、12；3、8，13；4、9、14 这 4 组互相不干扰的信道来进行无线覆盖。

由于只有少部分国家开放了 12 ～ 14 信道频段，所以一般情况下，使用 1、6、11 这 3 个信道进行蜂窝式覆盖（见图 6-6 所示）并遵循以下原则。

1）任意相邻区域使用无频率交叉的频道，如 1、6、11 频道。

2）适当调整发射功率，避免跨区域同频干扰。

3）蜂窝式无线覆盖实现无交叉频率重复使用。

6
6
6
11
11
1
1
1
6
6
11
11
11
1
1
6
6
6
11
11

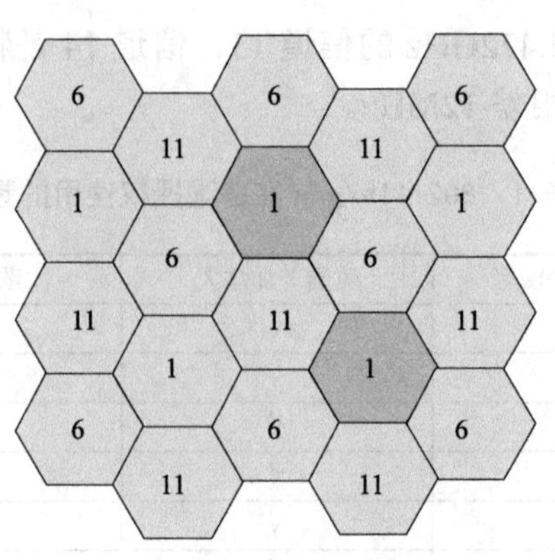

图 6-6　蜂窝式覆盖

在二维平面上使用 1、6、11 这 3 个信道可以实现任意区域无相同信道干扰的无线部署。当某个无线设备功率过大时，会出现部分区域有同频干扰，这时可以通过调整无线设备的发射功率来避免这种情况的发生。但是，在三维空间上，要想在实际应用场景中实现任意区域无同频干扰是比较困难的。因此在信道设置时需要考虑三维空间的信号干扰，如图 6-7 所示。

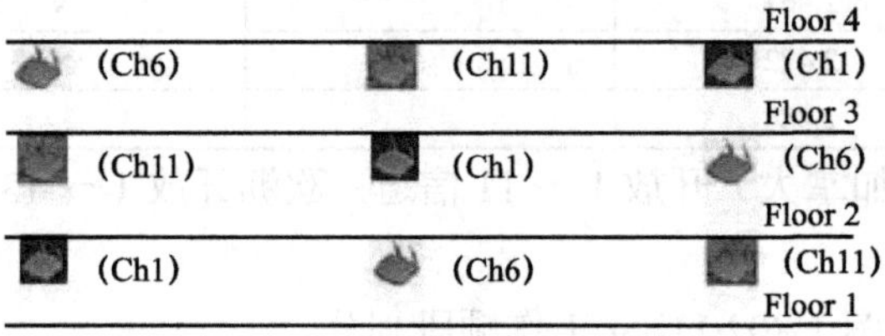

Floor 4
(Ch6)
(Ch11)
(Ch1)
Floor 3
(Ch11)
(Ch1)
(Ch6)
Floor 2
(Ch1)
(Ch6)
(Ch11)
Floor 1

图 6-7　信道设置

在 1 楼部署 3 个 AP，从左到右的信道分别是 1/6/11，此时在 2 楼部署的 3 个 AP 的信道就应该划分为 11/1/6，同理 3 楼为 6/11/1。这样就最大可能地避免了楼层间的干扰，无论是水平方向还是垂直方向都做到无线的蜂窝式覆盖。

2．功率调整

WLAN 系统使用的是 CSMA/CA 公平信道竞争机制，在这个机制中，STA 在有数据发送时，首先监听信道，如果信道中没有其他 STA 在传输数据，则先随机退避一个时间，如果在这个时间内没有其他 STA 抢占到信道，STA 等待完后可以立即占用信道并传输数据。WLAN 系统中每个信道的带宽是有限的，其有限的带宽资源会在所有共享相同信道的 STA 间平均分配。

为避免 AP 间的同频干扰，必要时应对同信道的 AP 功率进行适当调整，保证客户端在一个位置可见的同信道较强信号的 AP 只有一个，同时要满足信号强度的要求（如不低于 –75dBm）。

3．数据侧优化

开启无线用户二层隔离功能，减少非必要的广播报文对空口带宽的影响。

基于无线用户进行空口限速，将空口有限资源进行合理分配。

调整管理帧的发送间隔、取消对某些无效管理帧的回应，以减少管理报文对有效带宽的影响。

关闭低速率应用，在满足覆盖范围的前提下，可以关闭低速率应用以提高空口的带宽利用率。

将无线客户端的电源管理属性设置为最高值，以增强无线终端的工作性能，提高数据下载的效率与稳定性。

4．案例分析

（1）问题分析

某学院采用 AC + FIT AP 方案，使用某公司 FIT AP 进行无线校园网建设，主要针对其学生公寓、图书馆、教学楼、实验楼及食堂等热点区域进行覆盖。无线网络主要实现两类业务，一是校园网数据业务，另一个是外网访问业务，分别对应汇聚交换机的两个出口，如图 6-8 所示。

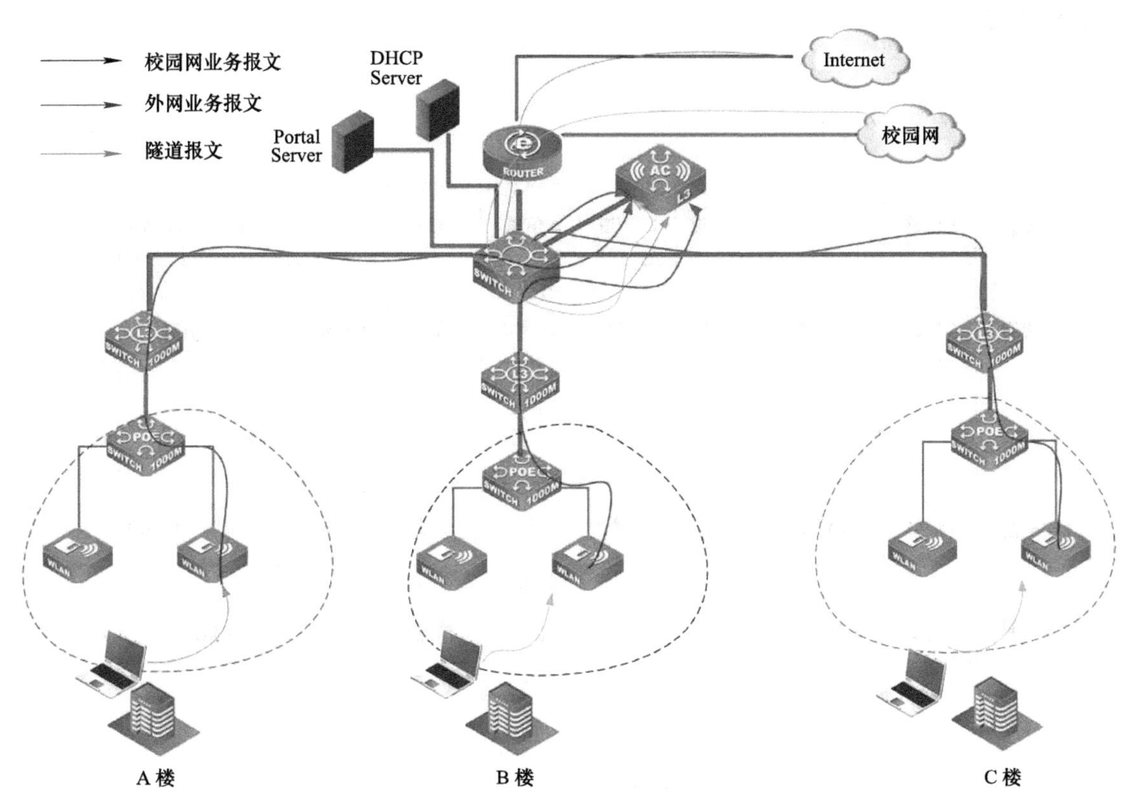

图 6-8　某学院无线网络部署

在未进行网络优化之前发现存在以下问题：

1）某些区域信号时有时无，无线客户端无法成功连接 SSID。

2）某些区域信号强度满足要求，但无线客户端连接后很难打开 Portal 认证页面，ping 包丢包严重（高于 5%）。

3）当用户在线时，无线网络不稳定，网游容易断线、在线视频出现停顿。

问题 1 和问题 2 主要是由信号强度不够或信号干扰严重所造成，可根据具体情况有针对性地对无线信号质量进行优化，重新规划信道、调整功率后情况即有所好转，如图 6-9

所示。

其中个别区域由于覆盖方式问题而造成信号强度不够，需要调整覆盖方式。例如，在衡量墙壁等对于AP信号的穿透损耗时，需考虑AP信号入射角度。此方案中某些区域采用了信号斜射的方式，严重影响信号覆盖的效果，如图6-10所示。斜射时无线信号实际穿墙厚度远远大于直射时，严重影响信号质量，应避免此类方式的覆盖。对于不方便从室外直射覆盖的区域或远距离室外覆盖的区域，可改为室内覆盖方式或更改AP安装位置。

问题3主要集中在学生宿舍区。对学生宿舍无线流量分析后发现：BT、网游、在线视频等为主要应用，而此类流量以小包为主，严重影响信道的使用效率。同时学 生网络中存在大量非法广播报文和认证前的互访流量，如在宿舍区选择一个问题点AP进行数据流量分析，此分析点使用某AP设备，所有抓包信息在上行交换机的端口进行镜像后获取，分析结果见表6-2。

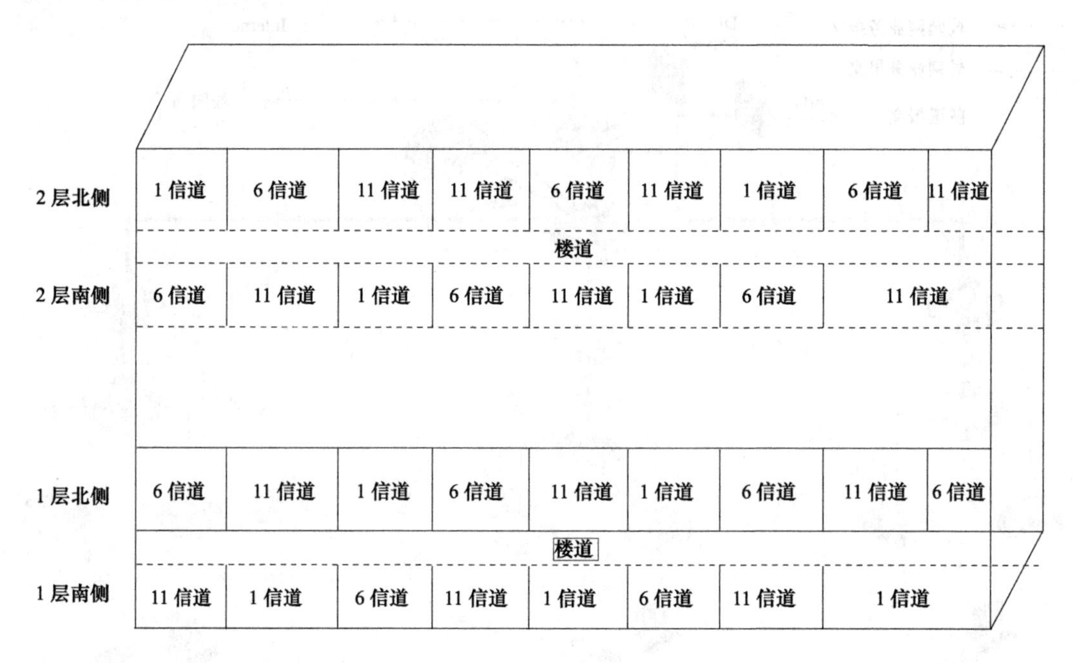

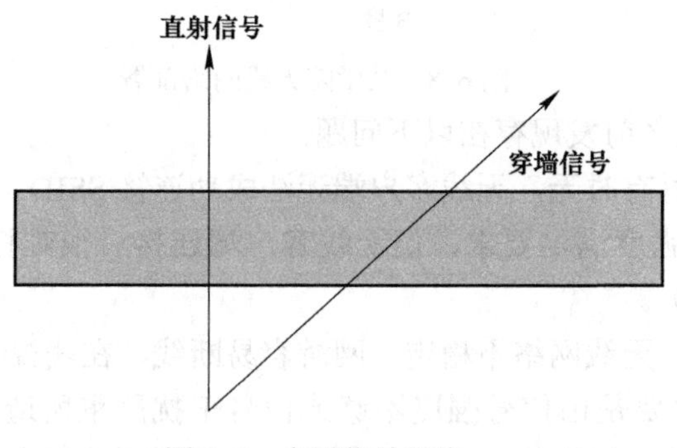

图6-9 全网信号优化

表 6-2　信号入射角度

编号	抓包时间长度 /min	用户数	总报文数	大于 1250	大于 1000 小于 1250	大于 750 小于 1000	大于 500 小于 750	大于 250 小于 500	大于 100 小于 250	小于 100
1	31.48	18	11 711	2285	1017	68	534	375	1016	6412
				20%	9%	1%	5%	3%	9%	55%
2	21.3	7	4613	876	62	37	222	748	484	2152
				19%	1%	1%	5%	16%	10%	47%
3	21.34	7	6168	1875	271	77	215	251	448	2999
				30%	4%	1%	3%	4%	7%	49%
合计			22 492	5036	1350	182	971	1374	1948	11563
				22%	6%	1%	4%	6%	9%	51%

通过表 6-2 的实际数据可以看出，在这个校园网的实际应用中，小报文的比例很高，远远超过 50%。而小报文会严重影响空口的使用效率，从而降低整个 WLAN 网络的性能，见表 6-3 所示。

表 6-3　WLAN 网络的性能

	802.11b	802.11g	802.11a
物理层最大速率	11M	54M	54M
理论最大传输速率（1500Byte 报文）	5M	22M	25M
88Byte 报文传输速率	1.6M	3.2M	3.5M
512Byte 报文传输速率	3.5M	14M	15M
综合实际应用速率	2.77M	9.73M	10.8M
按照 80% 干扰计算应用速率	2.21M	7.78M	8.64M

（2）网络优化方案

针对校园网宿舍区域的上述应用特性，进行以下方面的数据优化。

开启空口的无线限速功能，限制每用户最大空口带宽为 500Kbit/s。

限制每 AP 的最大用户接入数量，设置每 AP 的最大用户接入数量为 15 人。

开启用户隔离功能，减少广播报文和用户间流量对网络的影响，同时还可以避免一些 ARP 攻击的发生，使无线网络使用起来稳定安全。

关闭低速率应用，以减少低速率应用对无线空口带宽的影响。

优化后，对此校园网的应用进行效果测试，结果如下。

ping 丢包率小于 3%，延时小于 10ms。

下载速率稳定在 200Kbit/s 左右（以迅雷为例测试）。

观看在线视频，稳定流畅（以新浪视频为例测试）。

5．无线覆盖常见场景

（1）学生宿舍

1）A 覆盖方式。

AP 部署在楼道位置，通过功分器将天线引入某些宿舍内，注意信道划分，如图 6-10 所示。

适用同一楼层寝室数量较多、各寝室间墙体对信号衰减较小的情况。

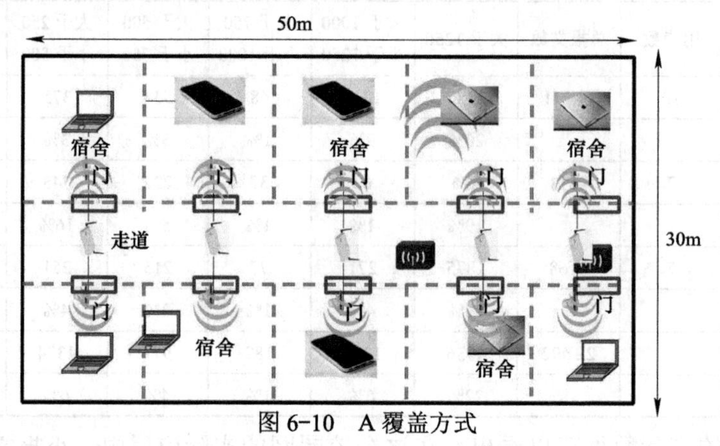

图 6-10　A 覆盖方式

2）B 覆盖方式。

AP 部署在楼道位置，通过功分器将天线引入每个宿舍内，注意信道划分，如图 6-11 所示。适用同一楼层寝室数量较多、各寝室间墙体对信号衰减较大的情况。

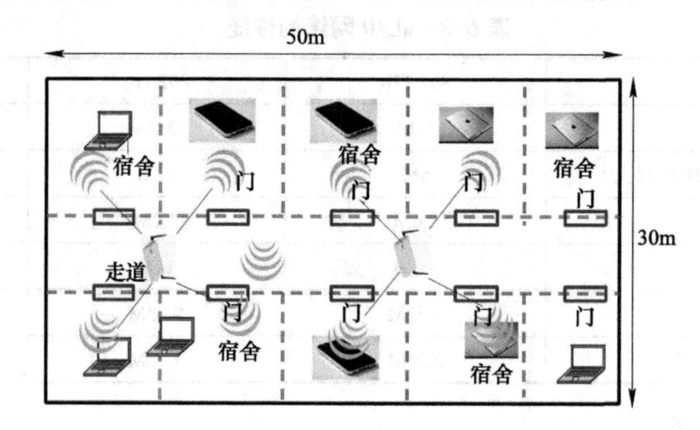

图 6-11　B 覆盖方式

3）C 覆盖方式。

AP 部署在某些宿舍内，注意信道划分，如图 6-12 所示。适用同一楼层寝室数量较多、用户数量较多的情况。

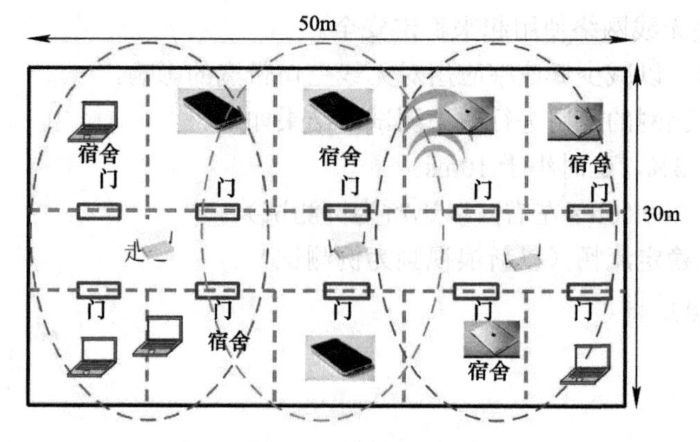

图 6-12　C 覆盖方式

（2）室外覆盖

室外区域主要指广场、草坪、户外活动区等，此类区域用户较少，流量较小，一般只要保证信号强度和丢包率满足验收标准即可，同时实施时一定严格保证室外设备安装的规范性，以保证覆盖效果，如图 6-13 所示。

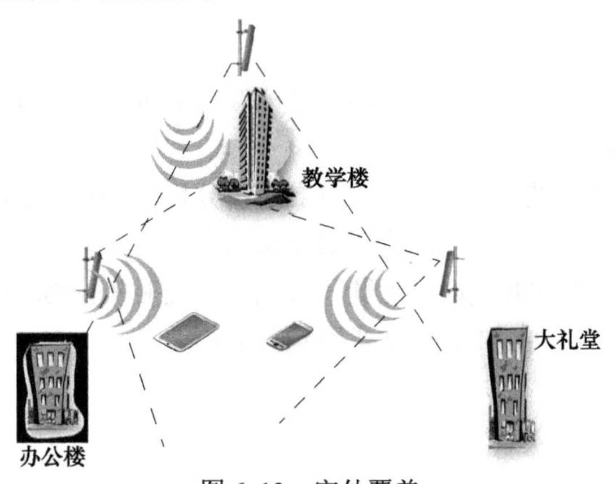

图 6-13　室外覆盖

（3）无线高密度区域

无线高密度区域，如会议中心、学术中心等可采用双波段（802.11b/g 和 802.11a）无线网络覆盖的方式。

适用于高密度集中覆盖接入需求，降低 AP 发射功率，实现同频重叠最小化，采用 2.4GHz 和 5GHz 混合部署，增加用户接入能力，有效实现用户接入的均衡分担，如图 6-14 所示。

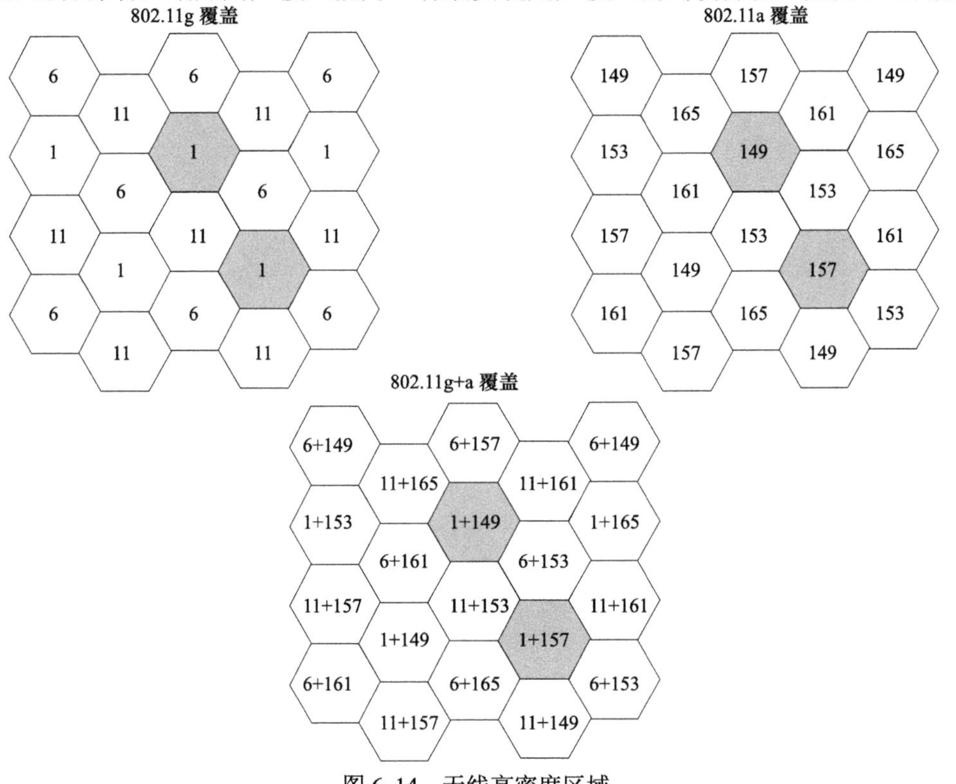

图 6-14　无线高密度区域

随着无线网络业务应用的日趋丰富、覆盖范围的不断扩大，如何在复杂的应用环境中提供最优的无线网络，是当前无线网络项目建设与运营的关键，专业有效的网络优化不仅可以提高 WLAN 设备的使用效率，提升最终用户的使用满意度，还可以减少大量的维护工作，从而最大可能地发挥无线网络的最优性能，保证客户的投资回报。

6．无线网络优化的常用工具

1）Network Stumbler 主要用于简单地查看 WLAN 网络信号强度；AP 使用的信道、MAC 地址、SSID 等信息。

2）AirMagnet Laptop 主要用于 WLAN 网络性能分析与 802.11 报文解析。

3）Ethereal 主要用于 802.3 报文解析和数据流量分析。

4）netiq 主要用于链路性能，如吞吐量、丢包率、延时等指标测试与评估。

5）Agilent 频谱分析仪，主要用于物理层频谱分析。

第2部分

实验案例部分

第7章　一个典型的无线网络

"无线"代表一种生活方式，改变着大家的工作和生活。作为有线网络的延伸，无线网络未来会成为云时代的主要信息载体。大多初学者都体验过无线上网的轻松与惬意，但无线网络配置与管理又显得非常神秘。无线局域网的搭建、接入与安全管理，都是网络学习者必备的知识和技能。

目前，在全国职业院校技能大赛中职组企业网搭建项目中，对无线网络的要求是采用无线交换机+Fit AP架构模式，考点内容包括无线协议与标准、无线网络设备的认知、接入与开通，还包括无线局域网的安全，如WPA加密、MAC认证等管理策略。因此了解无线网络技术，掌握无线设备的基础管理和安全配置都是学习无线网络的基本内容和重要技能。

除了无线网络开通与调试、安全管理之外，还需要了解并掌握无线网络漫游、无线AC的安全控制等网络优化策略，这会使实际的无线网络维护与升级管理工作非常高效。

7.1　项目描述

学校已经部署路由器交换机，构建了校园网的基本连接，在防火墙上实现主校区和分校区的安全连接，远程办公用户拨入主校区校园网的安全连接以及防火墙上的病毒防护和网站过滤功能，为了进一步加强学校信息化建设，学校决定实现全校无线网络无缝覆盖，可以使全校师生在任何教育楼通过无线网络接入上网，在不改变原有网络拓扑的基础上进行无线网络设备的部署。学校将这个任务交给了系统集成公司规划并实施，公司工程师和小黄一起认真分析客户需求、规划方案，小黄通过之前的项目虽然已经掌握了路由交换技术和实际配置，并对防火墙和VPN技术有了深入的了解，但对于无线技术小黄还是一无所知，小黄决定在项目实施前先自行学习无线网络的理论知识，查看产品手册了解配置，积极配合公司工程师完成此次无线部署任务。

7.2　项目分析

小黄在学校毕业后，在朋友开的网吧里当网管，后经熟人推荐来到某公司做网络工程师，由于之前没有使用过无线网络，所以他的师父李工程师交代给他以下4个任务目标：

1）了解Wi-Fi是什么？

2）了解无线网络的基础协议。

3）了解无线网络的一些基础概念。

4）学习无线网络的现场勘测，制订无线网络搭建方案。

7.3 实训任务

7.3.1 无线局域网概述和勘测

学校向系统集成公司采购的神州数码公司的DCN DCWS-6222无线控制器和WL8200-i2的无线接入点，以及一款型号为DCWL-PoEINJ-G的PoE适配器已经到货，在项目实施之前，小黄先了解和比较了当前主流的几种无线技术，熟悉以上无线设备，学习正确的安装和配置无线设备。

分析学校网络实际需求，稳定运行的以太网需要扩充无线部分，考虑到网络的兼容性，方便校内师生和校外来访人员接入，网络的部署应依据当前的主流技术IEEE 802.11 WLAN标准。

详细了解AC、AP及POE设备的功能后，结合公司的上网人员组成，可以确定整个网络的架构采用中心组网模式，由无线控制器DCWS-6222作为无线网络的核心，负责管理网络中的无线AP（WL8200-i2），无线接入点WL8200-i2AP负责提供基于802.11的无线接入服务。整个认知与分析过程如图7-1所示。

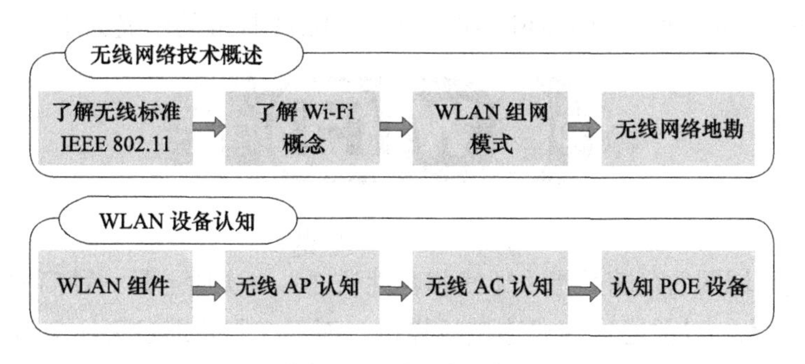

图7-1　项目流程图

小黄在项目实施之前，首先要对当今主流的几种无线网络技术及协议标准进行了解和比较，学习无线网络的现场勘测，最后与工程师一起分析和制订无线网络搭建方案。

首先对无线网络的基础概念进行了解，然后再重点对比当前无线网络通信的标准802.11家族的a/b/g/n/ac各协议标准，了解无线传输使用的频段和信道，以便对拟使用的组网设备的技术参数做精确分析，最后进行现场勘测，以规划无线AP的部署位置。

一、WLAN技术认知

1. IEEE 802.11协议

无线技术使用电磁波在设备之间传送信息。802.11协议是一套IEEE（国际电子电气工程师协会）标准，该标准定义了如何使用免授权2.4GHz和5GHz频带的电磁波进行信号传输，具体见表7-1。

表 7-1　802.11 协议标准介绍

	802.11a	802.11b	802.11g	802.11n	802.11ac
工 作 频 段	5GHz	2.4GHz	2.4GHz	2.4GHz 和 5GHz	5GHz
信 道 数	最多 23	3	3	最多 14	最多 23
信 道 宽 度	20MHz，40MHz	20MHz	20MHz	20MHz，40MHz	20MHz，40MHz，80MHz，160MHz
调 制 技 术	OFDM	DSSS	DSSS 和 OFDM	MIMO-OFDM	MIMO-OFDM MU-OFDM
数 据 流 数				4	8
调 制 技 术	64QAM	64QAM	64QAM	64QAM	256QAM
数据传输速度	<54Mbit/s	<11Mbit/s	<54Mbit/s	最高可达 600Mbit/s	可达 3.7Gbit/s
发 布 时 间	1999 年	1999 年	2003 年	2009 年	2013 年 12 月

2．Wi-Fi（Wireless Fidelity）概念

Wi-Fi 是 Wi-Fi 联盟制造商的商标，可做为产品的品牌认证，是一个基于 IEEE 802.11 标准的无线局域网络（WLAN）设备，是目前应用最为普遍的一种短程无线传输技术。基于两套系统密切相关，也常有人把 Wi-Fi 当做 IEEE 802.11 标准的同义词术语，如图 7-2 所示。

图 7-2　Wi-Fi 标识

Wi-Fi 在无线局域网的范畴是指“无线相容性认证”，实质上是一种商业认证，同时也是一种无线联网的技术，以前通过网线连接计算机，而现在则是通过无线电波来联网；常见的就是一个无线路由器，那么在这个无线路由器的电波覆盖的有效范围都可以采用 Wi-Fi 连接方式进行联网，如果无线路由器连接了一条 ADSL 线路或者别的上网线路，则被称为“热点”。

3．WLAN 组网模式

（1）Ad-hoc 模式

就是所谓的点对点直接通信模型。这种组网模式不需要使用无线接入点，无线信号直接从一台终端设备（STA）到另一台 STA，如图 7-3 所示。

图 7-3　Ad-hoc 组网模式

（2）Infrastructure 模式

也称为集中管理模式，需要 AP 提供接入服务，所有 STA（无线终端设备）关联到 AP 上，访问外部以及 STA 之间交互的数据均由 AP 负责转发，如图 7-4 所示。

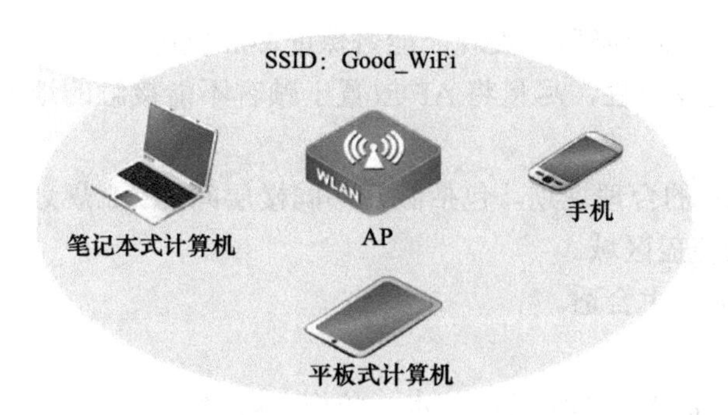

图 7-4　Infrastructure 模式

（3）桥接模式

即两个或多个网络（LAN 或 WLAN）或网段，通过无线网桥等无线网络互联设备连接起来，如图 7-5 和图 7-6 所示。

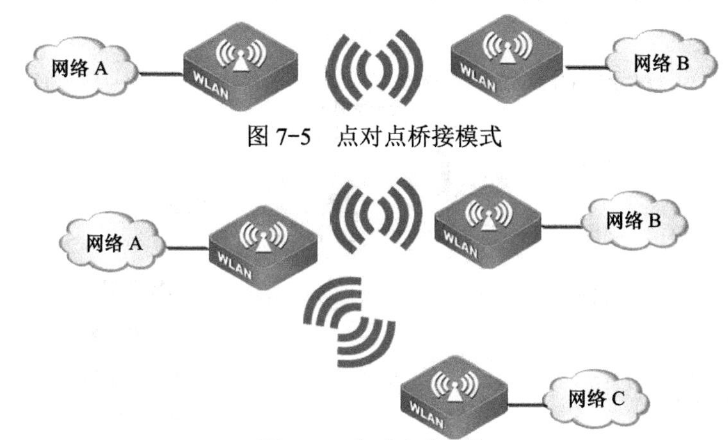

图 7-5　点对点桥接模式

图 7-6　点对多点桥接

（4）中继模式

也称为桥接模式。即两个或多个网络（LAN 或 WLAN）或网段，通过无线中继器、无线网桥或无线路由器等无线网络互连设备连接起来，如图 7-7 所示。

图 7-7　中继模式

二、无线网络地勘

通过现场勘查，可以更清楚地了解无线网络实际环境，确定以下事宜：

1）无线覆盖区域接入用户的密度。

2）勘点区域是否已经有 WLAN 覆盖，无线的信道利用率情况。

3）个别重点保障区域容量问题，如会议室、报告厅、教室。

4）网线路由走向，需要隐蔽、美观，能否保证 24h 供电。

5）AP 放置要考虑安全性，尽量将 AP 放置于顾客不能接触的地方，以防 AP 丢失的情况发生。

6）垂直范围内 AP 的合理规划，包括戳开不同楼层间的 AP 规划。

7）如何确定无线覆盖区域。

8）AP 覆盖重叠区多大合适。

9）频点布局。

10）特定场景下的需求，如温度、防水、防盗、防爆、防雷等。

11）勘测穿透性，对于钢筋混凝土墙不建议隔墙覆盖，对于普通砖墙，建议 AP 覆盖不超过 2 堵的穿射，对于玻璃墙，建议 AP 覆盖不超过 4 堵的穿射，对于木质墙体，建议 AP 覆盖不超过 6 堵的穿射。

勘查结果：画出现场提交勘测报告和测试结果，经过技术分析与计算，最后画出站点图，如图 7-8 所示。

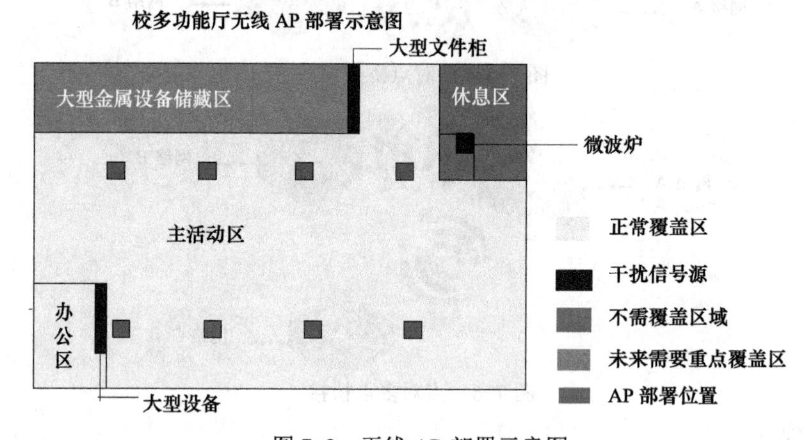

图 7-8　无线 AP 部署示意图

通过本次任务的实施，了解了无线局域网的相关技术和协议标准，勘测了现场情况，为局域网的施工作了理论准备，具体评价见表 7-2。

表 7-2　评价表

评 价 内 容	评 价 标 准
无线网络技术概述	掌握无线网络的基础概念、协议标准、信道使用、组网模式
无线网络现场勘测	根据现场情况进行勘测，进行分析计算后画出站点图

最后，对网络实验室进行技术分析和现场勘查，制订一个供学生使用的无线局域网规划部署方案。

7.3.2　无线局域网设备认知

系统集成公司工程师和小黄制定了无线网络部署方案，学校购买的无线网络控制器、无线接入点，POE 供电模块也已经到位，在设备安装和调试之前工程师建议小黄首先认真学习各种无线设备的安装须知、功能以及各项技术指标，为后面的配置工作做准备。

项目中采用的设备包括神州数码公司的DCWS-6222有线无线智能一体化控制器（以下简称AC）、WL-8200i2型号的无线接入点（AP）以及供电给AP的DCWL-PoEINJ-G型号的POE适配器。安装施工之前必须详细了解每款产品的工作环境、安装步骤及运行状态。

一、无线接入点（Access Point）

1．功能介绍

DCN WL8200-i2 AP的外观如图7-9所示。支持Fat和Fit两种工作模式，根据网络规划的需要，可灵活地在Fat和Fit两种工作模式中切换。当AP作为瘦AP（Fit AP）时，需要与DCN智能无线控制器产品配置使用，作为胖AP（Fat AP）时，可独立组网。

DCN WL8200-i2 AP支持2.4GHz 802.11n和5GHz 802.11ac，可同时工作在2.4GHz和5GHz两个频段上。上行接口采用千兆以太网接口接入，带宽可以满足网络未来的升级需求。

图7-9　WL8200-i2无线接入点

2．接口与按钮介绍

千兆POE接口、百兆有线接口、Console（控制）接口如图7-10所示。

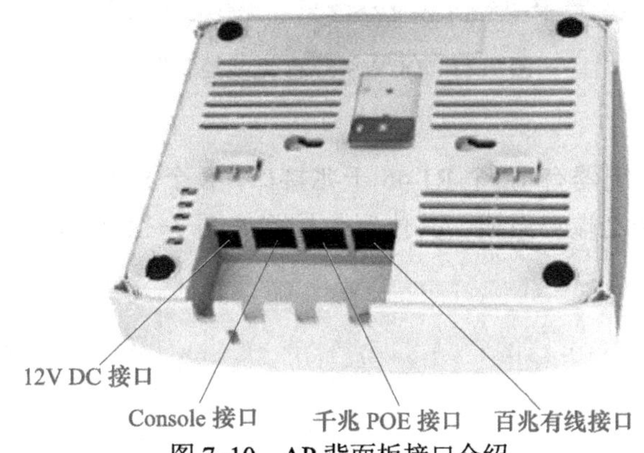

图7-10　AP背面板接口介绍

3．LED指示灯介绍

无线指示灯有3种状态，绿色、快速闪绿色、灭，代表的意义见表7-3。

表7-3　无线AP的LED指示灯状态

LED/按钮	说　明
WLAN1	灭：无线服务未启用
	绿色：无线服务已启用
	快速闪绿色：无线服务启用，数据传送中
WLAN2	灭：无线服务未启用
	绿色：无线服务已启用
	快速闪绿色：无线服务启用，数据传送中

4．记录 AP MAC 地址

现场施工时，硬件安装工程师需记录 AP 的“MAC 地址”，提供给调试工程师用于远程配置管理 AP。硬件安装工程师采集时，需把粘帖在 AP 设备的“MAC 地址”标签撕下，粘贴到表 7-4 所示表格中的对应位置，并记录下 AP 安装的实际位置。

表 7-4　记录 MAC 地址

序　　号	设 备 型 号	MAC 地址	设备所处位置
1	WL8200-12		×× 楼 ×× 房间

二、无线控制器 AC

DCWS-6222 智能无线控制器外观如图 7-11 所示，最多可管理 1024 台智能无线 AP。支持高速率 IEEE 802.11ac 系统设计，配合 DCN802.11ac 系列无线 AP，可提供传输带宽高达单路 300Mbit/s、双路 1 ～ 166Gbit/s 的无线网络。自动发现 AP，并灵活控制 AP 上的数据交换方式。

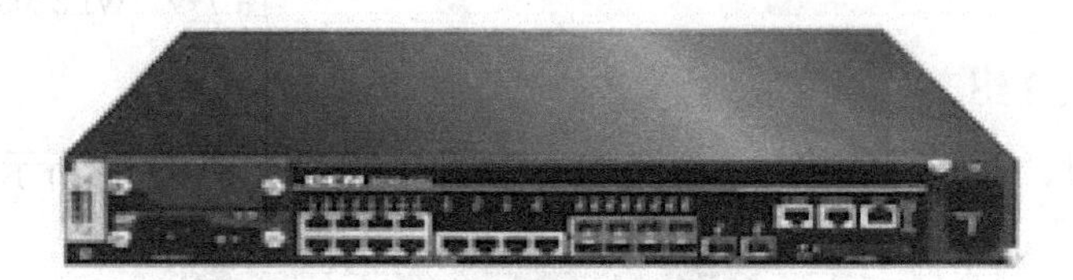

图 7-11　DCWS-6222 无线控制器

1．接口介绍

DCWS-6222 无线控制器有 12 个 RJ-45 千兆接口，8 个 SFP 接口，2 个万兆（SFP+）接口，1 个 RJ-45 型串行控制端口组成，其位置与排列如图 7-12 所示。

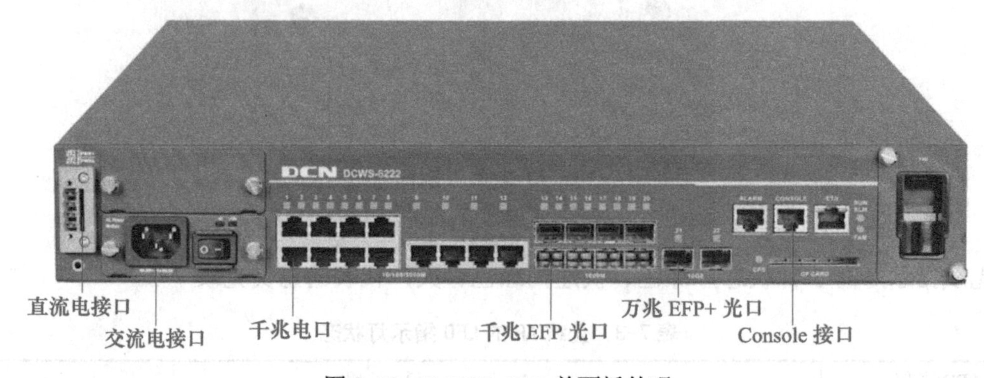

图 7-12　DCWS-6222 前面板外观

DCWS-6222 提供了一个 RJ-45 型接口的串行控制口，通过这个接口，用户可完成对 AC 的本地配置，管理方法同路由器 / 交换机。网络的 RJ-45 接口支持 10M/100M/1000Mbit/s 自适应 5 类非 UTP，支持 MDI/MDI-X 网线类型自适应。8 个扩展的 SFP 接口可以扩展为光纤接口，支持单模、多模光纤接入。2 个万兆 SFP+ 接口可作为万兆上联接口。包括 1 个 220V 交流电源插座、1 个直流备份电流（-48V）插座、1 个接地端子。

2．指示灯的状态

从图 7-12 前面板示意图中看到，无线 AC 共有 22 个端口指示灯和 2 个功能指示灯。系统指示灯的状态和端口指示灯状态分别参考表 7-5 和表 7-6。

表 7-5　DCWS-6222 系统指示灯说明

指　示　灯	面 板 标 示	状　　态	含　　义
系统运行指示灯	RUN/ALM	绿灯	正常运行
		灭	运行错误或不在运行状态
风扇灯	FAM	绿灯	风扇在位
		灭	风扇不在位
CF 指示灯	CFS	绿灯	CF 卡在位
		灭	CF 卡不在位或故障

表 7-6　端口指示灯状态说明

LED 指示灯	状　　态	说　　明
Link/Activity	琥珀灯	端口处在 10Mbit/s 或 100Mbit/s 的连接状态
	绿灯	端口处在 1000Mbit/s 的连接状态
	闪烁的琥珀灯	端口处在 10Mbit/s 或 100Mbit/s 的活动状态
	闪烁的绿灯	端口处在 1000Mbit/s 的活动状态
	灭	没有连接或连接失败

3．AC 的安装要求

AC 必须工作在清洁、无尘，温度在 0 ～ 50℃、湿度 5% ～ 95% 无凝结的环境中。AC 必须置于干燥阴凉处，四周应留有足够的散热间隙，以便通风散热，具体的安装环境与要点参见安装指南。无线 AC 的尺寸是按照 19in 标准机柜设计的，可以安装在标准机柜上，如图 7-13 所示。

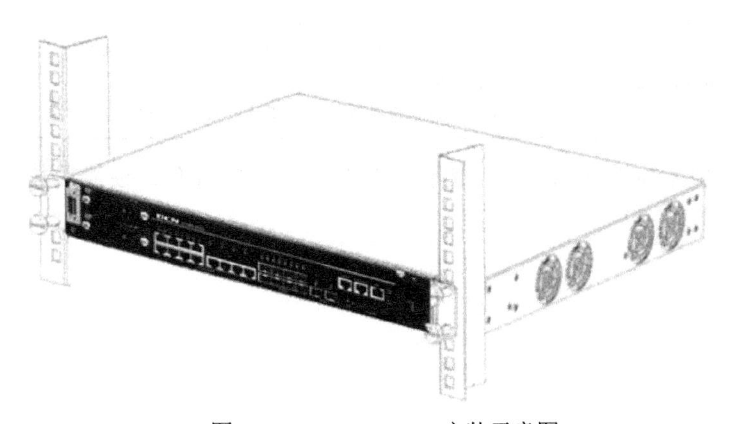

图 7-13　DCWS-6222 安装示意图

三、POE 设备

负责给无线 AP 供电的是 DCWL-PoEINJ-G 千兆单端口 POE 以太网供电模块，外观如图 7-14 所示，支持 MDI/MDIX 缆线自识别，避免因直连 / 交叉缆线的错误使用而导致不必要的网络问题。

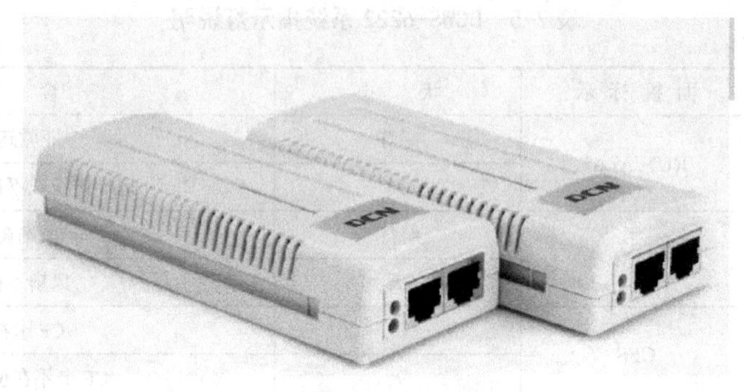

图 7-14　POE 以太网供电模块

POE 供电设备与无线 AC、AP 的连接如图 7-15 所示。

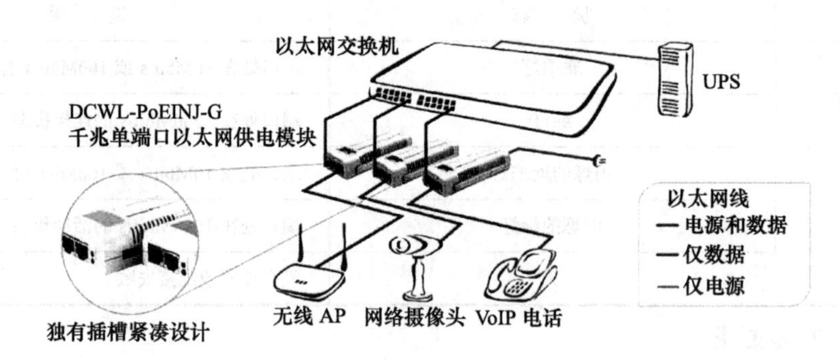

图 7-15　POE 供电设备与 AC、AP 连接示意图

通过本次任务的实施，了解常用无线网络组件的原理与功能特点，评价见表 7-7。

表 7-7　评价表

评价内容	评价标准
无线 AP、无线 AC、POE 供电设备	1）了解无线 AP 的接口、按钮及指示灯的状态以及 AP 的安装 2）熟悉无线 AC 的功能、接口、指示灯状态及安装方法 3）了解 POE 供电设备的具体性能及与 AC、AP 的连接方法

最后，收集多种无线设备的资料，比较各种品牌设备的外观、性能参数和安装环境。

第 8 章　无线胖 AP 配置与管理

8.1　项目描述

系统集成公司工程师带领小黄对无线的几种主流技术和协议标准进行了比较，结合学校的实际需要，最终决定校园网无线架设标准为 IEEE 802.11ac，兼容 11b/g/n 终端接入；实地勘测了无线信号覆盖情况，以此确定无线 AP 的部署位置；考虑到学校面积大，教学楼多，实施上需要部署大量的 AP，最后确定了部署无线控制器 +FIT AP 的组网方式，AP 注册到无线控制器，配置由无线控制器统一下发到各个 AP，减少了单独配置各个 AP 的工作量。下面需要做的就是 AP 的配置与管理，使 AP 能注册到无线控制器。

8.2　项目分析

根据学校网络使用人群，进行了需求分析，确定了公司无线网采用有线无线一体化高性能无线控制器 DCWS-6222，多台智能无线接入点 WL8200-i2 AP。部署多个 WLAN，广播多个 SSID，个别使用开放式接入，其余采用 WEP 或者 WPA 加密，进行用户隔离并限制访问速率。整个项目流程如图 8-1 所示。

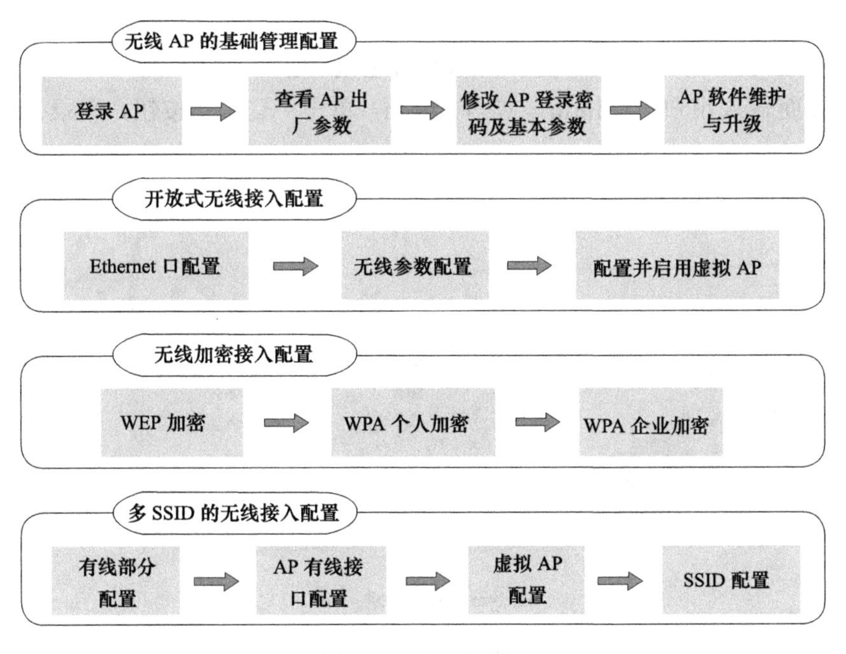

图 8-1　项目流程图

8.3 实训任务

8.3.1 无线 AP 基础管理配置

系统集成公司的工程师和小黄对学校无线网络的规划完成后，下面就要进入无线设备的配置与调试阶段，首要任务就是对 AP 进行管理和基本配置。

因为学校采购的 WL8200-i2 型无线接入点是可以工作在胖模式和瘦模式两种场景，在小型的办公室网络部署时，可直接使用胖模式配置来实现无线用户接入。在配置无线网络之前，需要先对无线 AP（胖）进行基础管理，以保证胖 AP 的正常工作。

知识链接

WL-8200i2 AP 可以工作在胖模式和瘦模式两种场景。胖模式指 AP 可以独立进行配置控制无线信号的发射和管理；瘦模式不支持 AP 的配置，所有的配置与管理都在无线控制器 AC 上进行，AC 上发配置到 AP 上，管理 AP 的工作。

一、登录 AP

将 AP 加电启动，网线的一端连接 AP LAN 口，另一端连接计算机网口，将计算机的 IP 地址设为 192.168.1.20，在 IE 浏览器地址栏输入 AP 默认管理 IP 地址：192.168.1.10，并按 <Enter> 键确定，如图 8-2 所示。

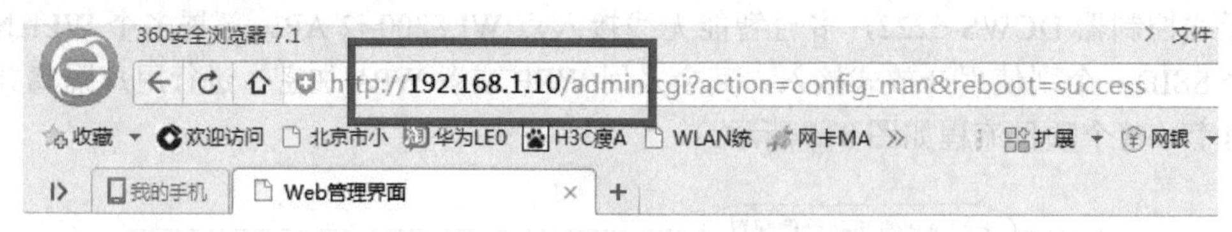

图 8-2 输入 AP 管理地址

在登录界面输入用户名 admin，密码 admin，单击“登录”按钮，登录 AP，如图 8-3 所示。

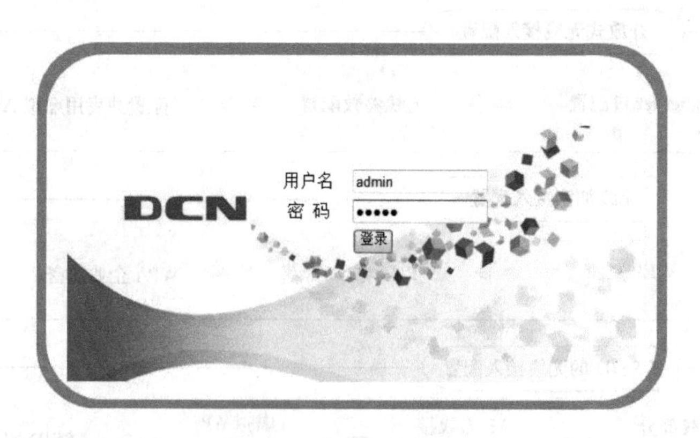

图 8-3 AP 登录页面

登录成功，进入 AP 管理界面，如图 8-4 所示。

http://192.168.1.10/admin.cgi?action=basic_settings
DCN
Digital China 无线AP
基本配置
基本配置查看和修改
AP地址及版本
下列属性表示特定于AP的信息。
IP地址
192.168.1.10
IPv6地址
IPv6自动配置全局地址
IPv6链路本地地址
MAC地址
00:03:0F:38:A4:80
固件版本
2.0.20.12
设备信息
产品ID
WL8200-I2
硬件版本
1.0.1
序列号
WL014210E822000492
设备名称
WL8200-I2
设备描述
Wireless Infrastructure Platform Reference AP

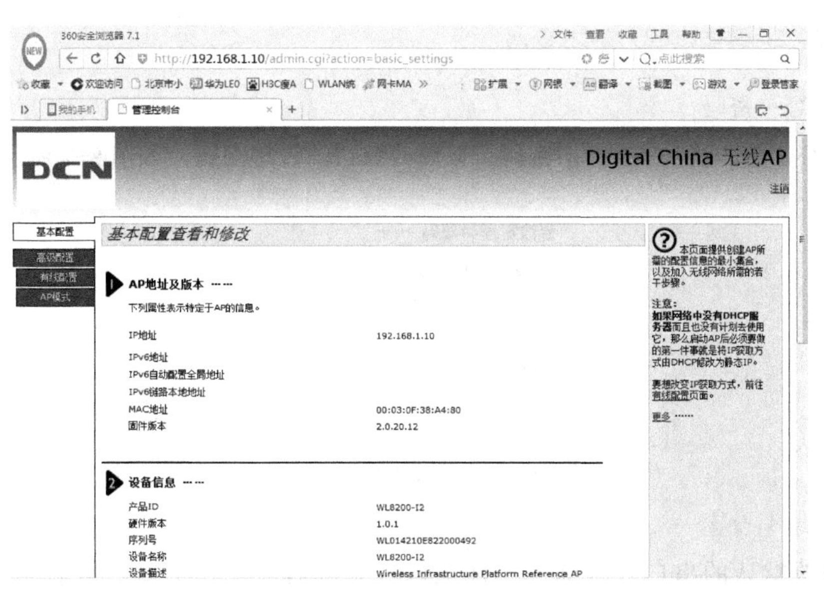

图 8-4　AP 管理页面

二、查看 AP 出厂参数

1. AP 设备描述与设备的物理信息

如图 8-5 所示，管理页面上显示了当前设备的基本状态，包括管理地址、MAC 地址等。设备类型、硬件版本、序列号等物理信息在图 8-6 中显示。

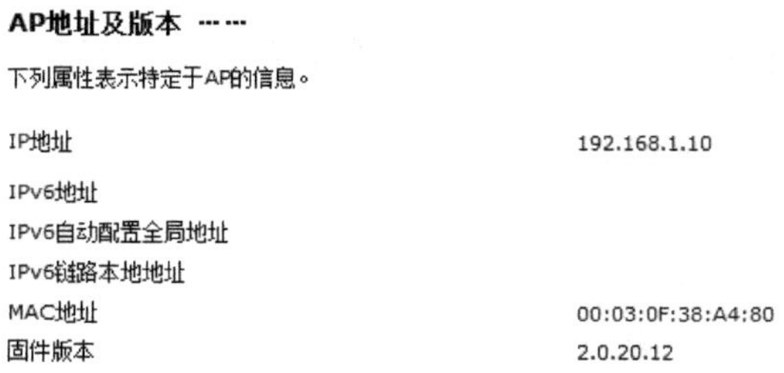

AP地址及版本 ……
下列属性表示特定于AP的信息。
IP地址
192.168.1.10
IPv6地址
IPv6自动配置全局地址
IPv6链路本地地址
MAC地址
00:03:0F:38:A4:80
固件版本
2.0.20.12

图 8-5　设备描述

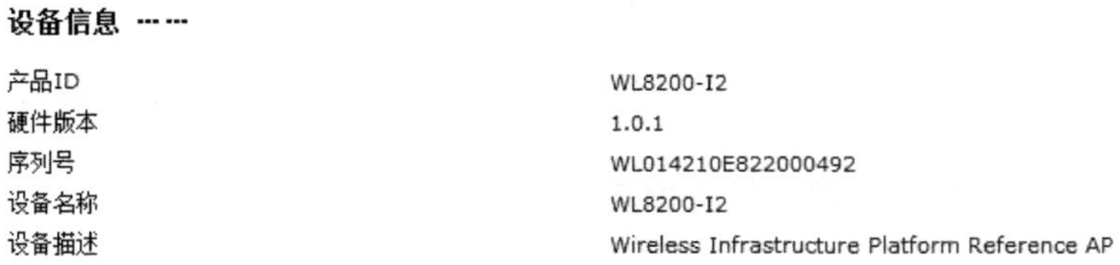

设备信息 ……
产品ID
WL8200-I2
硬件版本
1.0.1
序列号
WL014210E822000492
设备名称
WL8200-I2
设备描述
Wireless Infrastructure Platform Reference AP

图 8-6　设备状态

经验分享

在此页面可以获取 AP 的固件版本信息、序列号、硬件版本等信息。AP 管理地址修改不在此页面。

三、修改AP登录密码及基本参数

1. 修改登录密码

为了系统安全，输入AP的旧密码可以修改默认的管理密码，如图8-7所示。

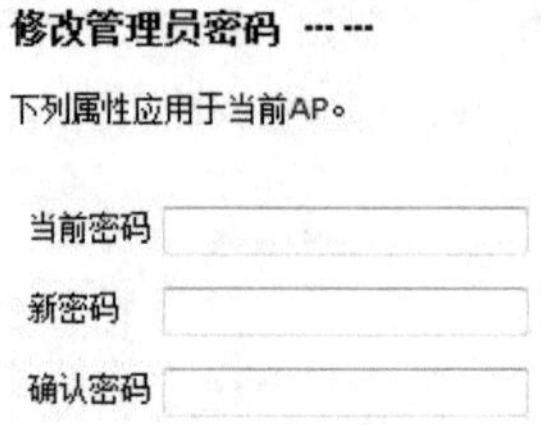

修改管理员密码 ---

下列属性应用于当前AP。

当前密码

新密码

确认密码

图8-7　修改AP管理密码

2. 串口速率设置

可以修改默认的串口登录速率。注意修改完以后需保存更新后重启AP，如图8-8所示。

串口配置 ---

波特率 115200

图8-8　修改默认的登录速率

3. 系统设置

可修改系统名称、厂商服务电话、厂商位置等，如图8-9所示。

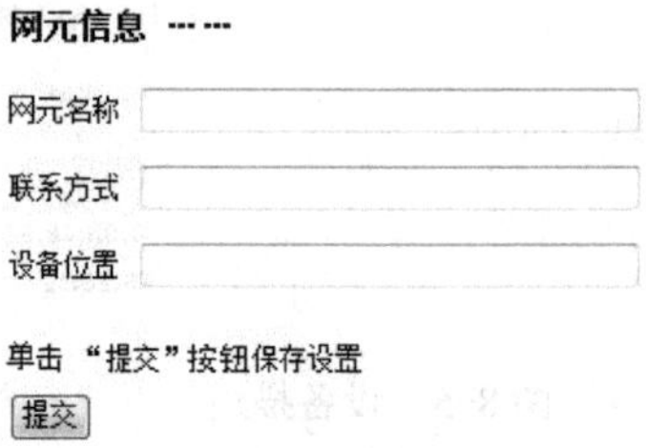

网元信息 ---

网元名称

联系方式

设备位置

单击“提交”按钮保存设置

提交

图8-9　修改系统名称与位置

温馨提示

配置完成后单击“提交”按钮保存配置。

四、AP维护与升级

1. 备份当前配置

步骤1：选择AP管理页面左侧主菜单中的“maintaince”→“configuration”选项，维护页面的上部如图8-10所示。

步骤2：单击“Download”按钮会出现如图8-11提示，确认下载配置文件。

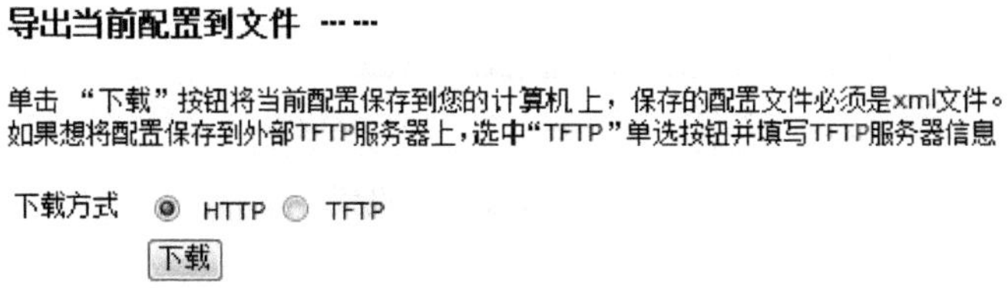

导出当前配置到文件 ……

单击 “下载” 按钮将当前配置保存到您的计算机上，保存的配置文件必须是xml文件。
如果想将配置保存到外部TFTP服务器上，选中“TFTP”单选按钮并填写TFTP服务器信息

下载方式　HTTP　TFTP

下载

图 8-10　备份当前配置页面

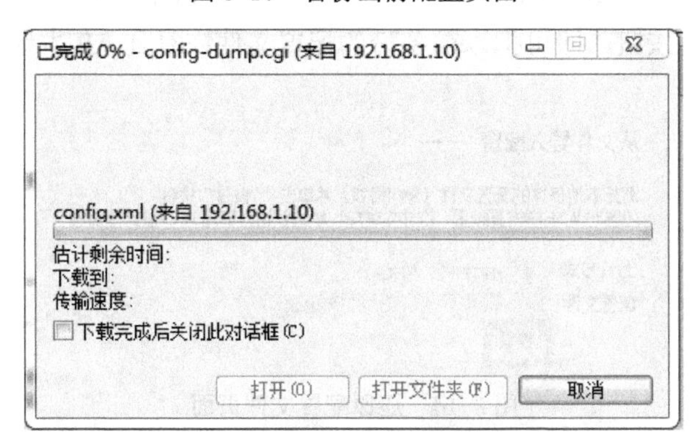

图 8-11　确认备份配置文件对话框

步骤 3：在弹出的如图 8-12 所示的对话框中，选择配置文件保存路径，单击“保存”按钮即完成备份操作。

图 8-12　选择配置文件保存位置

2. AP 恢复出厂配置

在设备前面板 PWR 指示灯左侧，长按“重置”键，当所有指示灯都熄灭时松开“重置”键，设备重启即可恢复出厂设置，如图 8-13 所示。

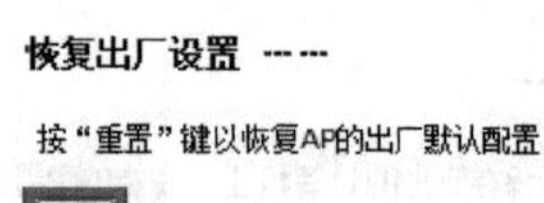

图 8-13　恢复出厂设置

3．恢复配置

选择“maintaince”→“configuration”页面上中部可以恢复配置文件。选择正确的配置文件路径，单击“恢复”按钮，即可把以前备份的配置文件恢复到 AP 本地，如图 8-14 所示。

图 8-14　还原配置文件页面

4．重启 AP

单击“maintaince”→“configuration”页面底部的“重启”按钮，即可重启 AP，如图 8-15 所示。

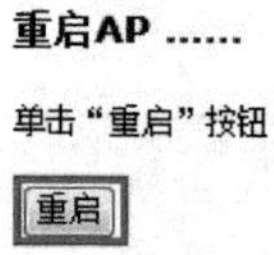

重启AP ......

单击“重启”按钮

重启

图 8-15　重启 AP

5．AP 版本升级

步骤 1：如图 8-16 所示，在主菜单中选择“Maintenance”→“Upgrade”命令，进入固件管理界面。

步骤 2：单击“浏览”按钮选择 Image 文件版本，如图 8-17 所示。

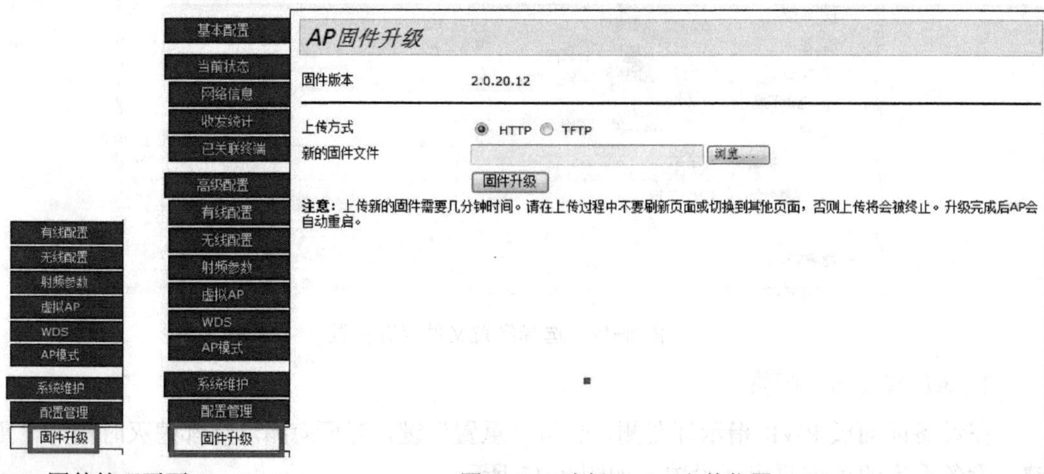

图 8-16　固件管理页面

图 8-17　选择 Image 文件位置

步骤 3：找到正确的位置和 Image 文件后，单击“打开”按钮，如图 8-18 所示。

步骤 4：单击“switch”按钮确定 image 文件启动次序，“Primary Image”为主用版本，如图 8-19 和图 8-20 所示。

至此，升级结束，点击“确定”按钮，重启 AP 即完成操作。

图 8-18　打开 Image 文件

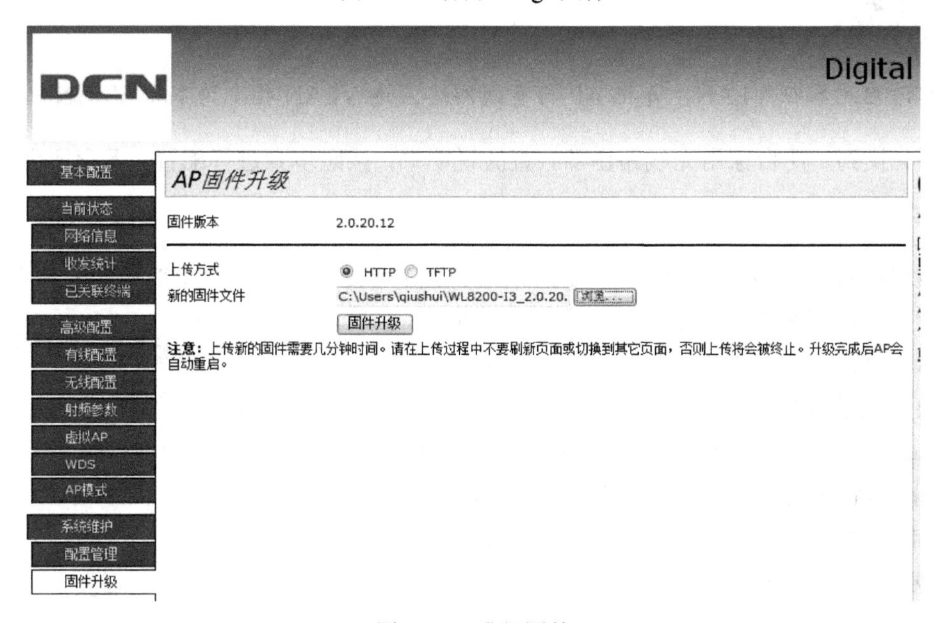

图 8-19　升级固件

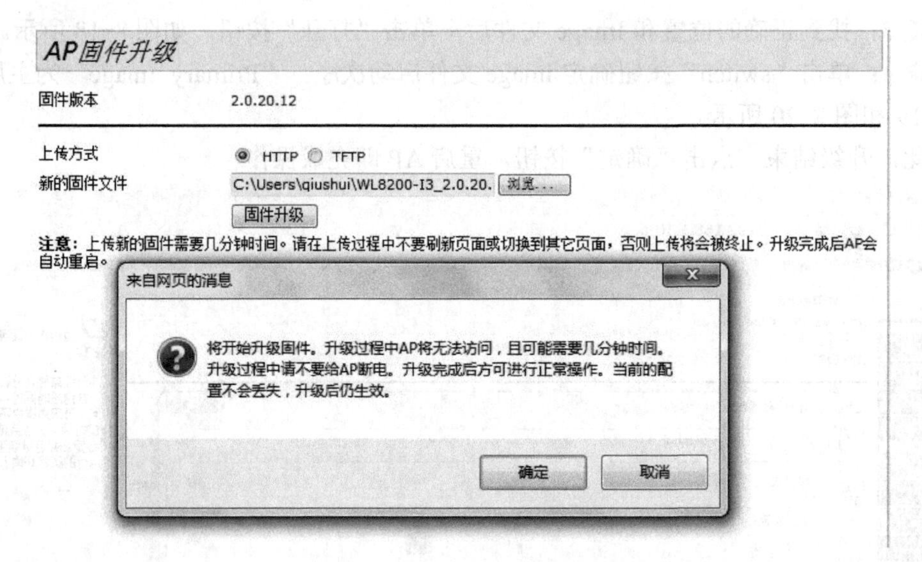

图 8-20　主配置文件升级结束

通过本次任务的实施，了解了无线 AP 的基础管理与配置，为下一步进行无线网络的配置与优化做好了准备工作，工作评价见表 8-1。

表 8-1　评价表

评 价 内 容	评 价 标 准
AP 登录	能够正确连接、设置、并登录 AP
AP 基本管理	能够了解 AP 的设备类型及状态信息，并根据需要修改 AP 的管理密码及相关参数
AP 维护与升级	能够掌握无线 AP 的配置文件备份与还原、升级与维护操作

经验分享

注意请启用本征 VLAN，并把 AP 与有线网络互连 VLAN 指定为本征 VLAN。

最后，找到一两台家用无线路由器，查阅说明书，按照步骤进行配置，保存所做的配置。

8.3.2　开放式无线接入配置

小黄已经对无线 AP 设备的基本配置和调试有了一定了解，下一步准备配置一个小型开放式无线网络，实现移动设备无需认证接入网络。

胖 AP 配置一个开放式 WLAN 非常方便，需要完成的操作包括有线和无线两部分的配置。有线部分即 Ethernet 接口的配置，保证 AP 能够接入 Internet，无线部分的配置包括关联 WLAN 与 VLAN、广播 SSID、启用虚拟 AP，若无其他 DHCP 服务器，则 AP 还需要启用 DHCP 为无线客户下发 IP 地址。

拓扑图，如图 8-21 所示。

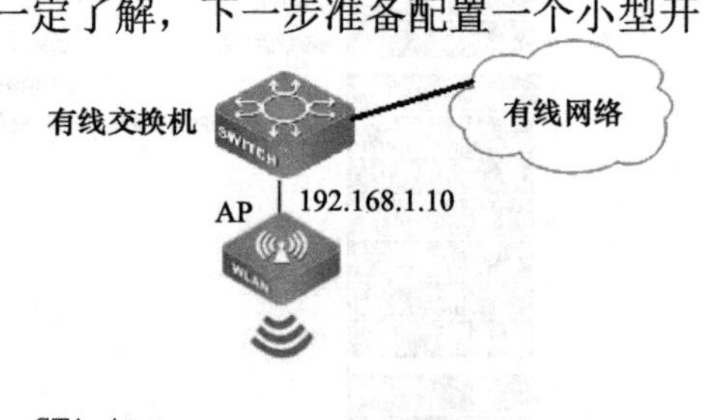

图 8-21　开放式无线网络接入

配置要求：无线用户开放式接入无线网络并能够接入互联网。无线网络的属性在 AP 上配置，无线用户的地址由有线交换机 DHCP 服务提供。

配置步骤

步骤 1：在主菜单中选择“Manage”→“Ethernet Settings”命令进入 Ethernet 接口配置界面，如图 2-22 所示。

根据网络的实际环境，配置 AP 的 IP 地址、所在 VLAN、网关地址、DNS 等参数，以保证 AP 能够与有线网络互通。配置完成后单击“保存”按钮保存，然后在图 8-22 所示的对话框中单击“确定”按钮。

基本配置
当前状态
网络信息
收发统计
已关联终端
高级配置
有线配置
无线配置
射频参数
虚拟AP
WDS
AP模式
系统维护
配置管理
固件升级

有线（以太口）配置

主机名 DCN-WLAN-AP

Internel 接口配置
MAC地址 00:03:0F:38:A4:80
管理VLAN号 1
无标记VLAN ◉ 启用 ○ 禁用
无标记VLAN号 1
IP获取方式 DHCP
IP地址 192 . 168 . 1 . 10
子网掩码 255 . 255 . 255 . 0
默认网关 192 . 168 . 1 . 254
DNS服务器 ◉ 动态获取 ○ 手工指定
IPv6管理模式 ◉ 启用 ○ 禁用
IPv6自动配置管理模式 ◉ 启用 ○ 禁用

图 8-22　有线部分配置界面

步骤 2：无线参数配置。

进入无线配置页面，启用 radio1 和 radio 2 射频口，mode、channel 配置可以保持默认值，配置完成单击“提交”按钮保存配置如图 8-23 所示。

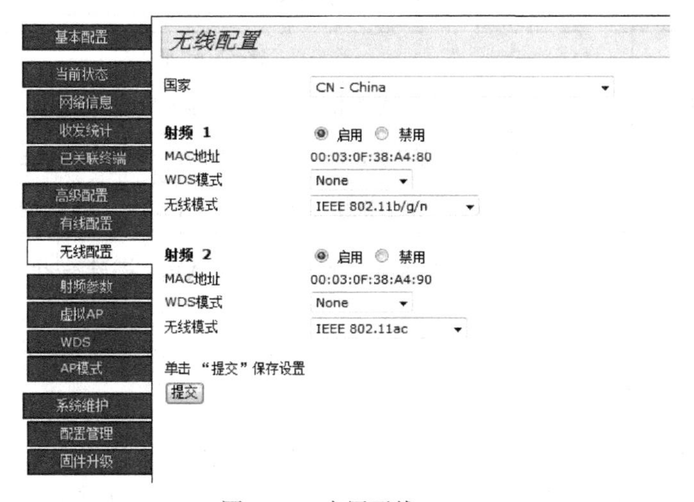

图 8-23　启用无线 radio

步骤 3：配置并启用虚拟 AP。

单击左侧主菜单中的虚拟 AP，进入虚拟 AP 配置界面，如图 8-24 所示。此处配置只广播一个 SSID，名为 DCN_VAP_2G，Broadcast SSID 处选中表示对外广播 SSID；network 对应 VAP 0，Enable 处选中启用，VLAN ID 为默认的 VLAN 1，与 AP 管理地址属于同一 VLAN。用户接入免认证，选择"None"选项。

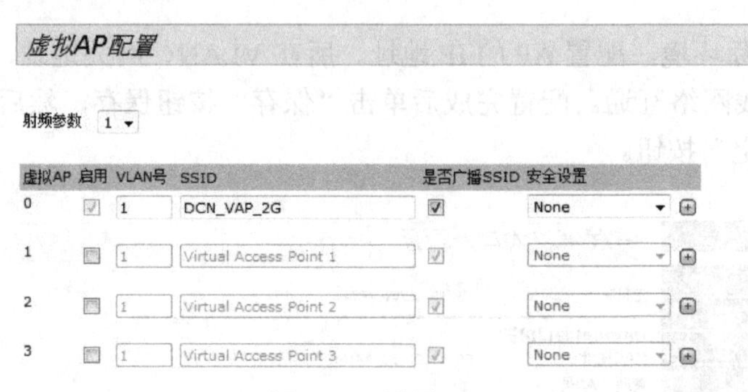

图 8-24 设置 VAP

配置完成后，单击"提交"保存配置。查看 PC 的无线连接，发现此 WLAN 信号，如图 8-25 所示。

图 8-25 验证 WLAN 信号

通过本次任务的实施，熟练掌握在 WL8200-i2 的胖模式下配置一个开放式无线局域网，并接入 Internt，评价详细见表 8-2。

表 8-2 评价表

评 价 内 容	评 价 标 准
有线网络部分配置	根据有线部分的网络环境配置无线 AP 与有线网络的互通
无线网络部分配置	掌握无线网络配置包括开启 Radio 接口、配置虚拟 AP、Network 及 SSID
理解配置原则	理解并掌握无线 AP 的配置原则，理清虚拟 AP、WLAN 及 AP 之间的对应关系及相关配置

最后，利用实验室的型号为 WL8200-i2 AP 的无线 AP，搭建一个开放的无线网络，SSID 为 TEST。

8.3.3 无线加密接入配置

开放式无线网络已经配置成功，近期来此办公室的人较多，考虑到由于没有认证，到访人员可随意接入校园网，学校管理员在咨询小黄后得知，可以为无线网络配置身份认证机制，只有通过认证的人员才能访问校园网。

已经配置成功的 WLAN，能实现开放接入，现在需要限制无线用户的接入，只须要在原来的配置上加上加密配置即可。加密前要先了解主要的加密方式，可供选择的有 WEP 和 WPA 两种加密方式。

拓扑图，如图 8-21 所示。

配置要求：对上一任务中所配置的网络进行加密，要求选择两种加密方式之一，无线用户接入时先进行身份验证。

知识链接

目前成熟的加密机制有 WEP 和 WPA 两大类。

1）WEP 概述：有线等效加密（Wired Equivalent Privacy，WEP），通用于有线和无线网络加密。因为无线网络是用无线电把信息传播出去，它特别容易被窃听。

2）WPA 全名为 Wi-Fi Protected Access，有 WPA 和 WPA2 两个标准，是一种保护无线计算机网络（Wi-Fi）安全的系统，WPA2 具备完整的准体系，WPA 或 WPA2 一定要启动并且被选来代替 WEP 才有用，但是大部分的安装指引中，WEP 标准都是默认选项。

配置步骤

1．WEP 加密方式配置

步骤 1：在 AP 管理主菜单中选择“Manage”→“VAP”命令，打开如图 8-26 所示的页面。找到需要加密的 network，这里以 VAP0 所对应的 SSID 为 TEST 的 network 为例，选择加密方式为 WEP。

步骤 2：WEP 加密下方的窗口中，选择密钥格式。可以选择 64bits 加密为 5 位 ASCII 码或者 10 位十六进制数，128bits 加密为 13 位 ASCII 码或 26 位十六进制数。

步骤 3：在“WEP Keys”中，输入使用的密码，单击“提交”按钮保存配置。

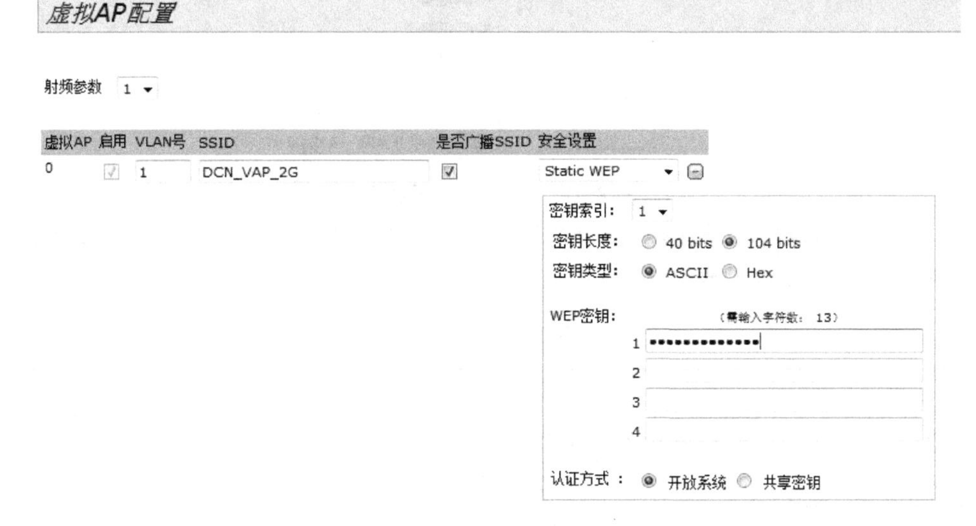

图 8-26　WEP 加密页面

2．WPA 加密方式配置

步骤 1：虚拟 AP 加密页面中也可选择配置加密方式为 WAP 个人版，如图 8-27 所示。

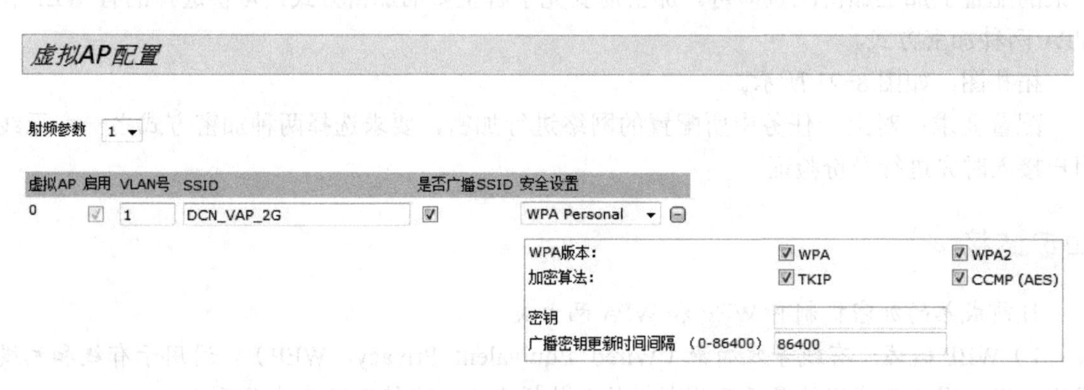

图 8-27　WPA 个人版加密

步骤 2：在图 8-28 中选择加密方式为 WAP 企业版，此方式需要 Radius 认证，在图中输入 Radius 服务器地址，单击“提交”按钮保存配置。

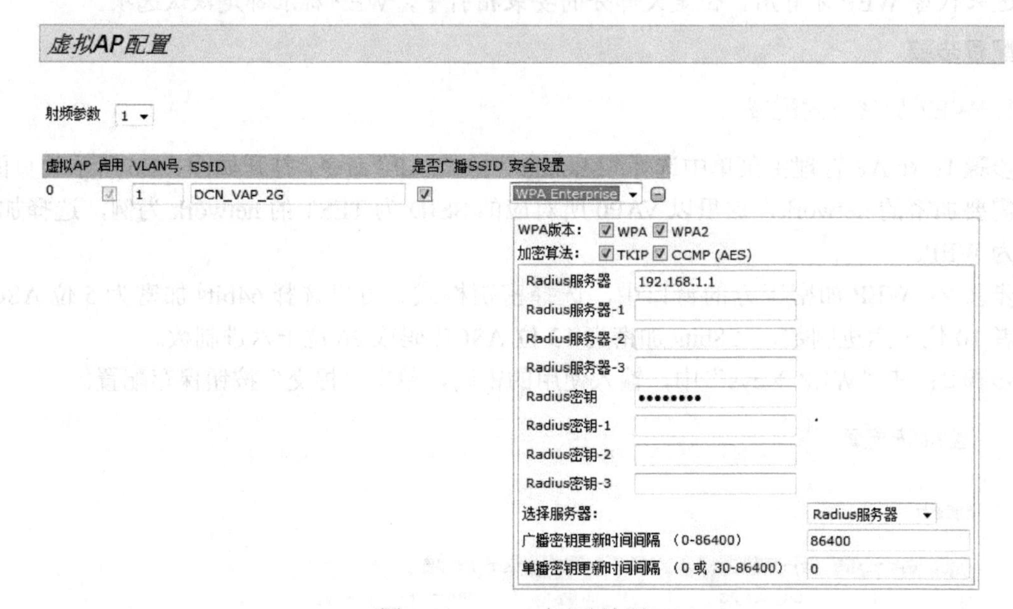

图 8-28　WPA 企业版加密

通过本次任务的实施，能够选择合适的加密方法加密 WLAN，用户可持终端输入正确密码接入网络，评价详细见表 8-3。

表 8-3　评价表

评 价 内 容	评 价 标 准
WEP 加密方式	正确配置 WEP 方式加密及密钥，了解 WEP 方式的缺点
WPA 加密方式	正确配置 WPA 加密方式，选择合适的密钥长度
802.1x 加密方式	了解 802.1x 加密方式的配置方法

最后，为前一任务中创建的开放式无线网络（SSID 为 SHIYAN）配置 WPA 加密，密码为 12345678

8.3.4　多 SSID 的无线接入配置

学校部署了无线网络认证加密，只有通过认证的人员才能够访问校园网，但实施后发现来访人员有时也需要接入网络，于是学校决定请系统集成公司来解决此问题，公司工程师和小黄获知后经过研究，决定再增加一个无线网络给访客使用，可以将现有办公人员的无线网络和访客的无线网络隔离开，两者互不影响。

在同一 AP 上配置多个 SSID，建立多个 WLAN，关联一个或多个 VLAN，VLAN 的网关配置在三层设备上，AP 的上联口必须为中继模式，才能广播多个 SSID，对应多个虚拟 AP，默认只开启一个虚拟 AP，新增的要手动开启。

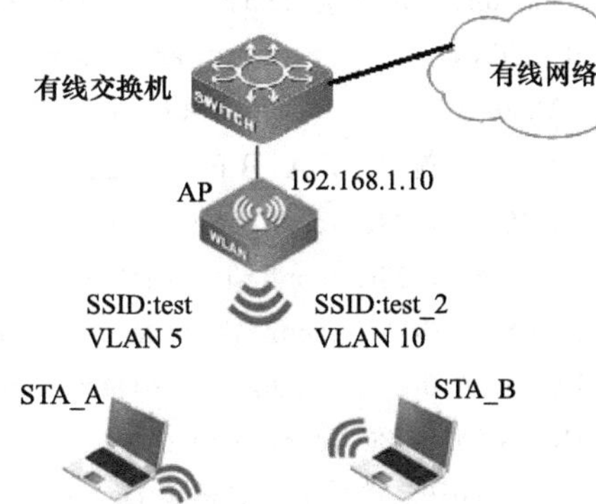

图 8-29　多 SSID 接入

拓扑图，如图 8-29 所示。

配置要求

配置同一 AP 广播两个 SSID，实现无线用户分别接入。

配置步骤

步骤 1：在 AP 网关设备上配置（图中三层交换机）实现与 AP 的通信。

```
DCRS-5650-28C (config-if-ethernet1/0/1)#switchport mode trunk
//AP 上联口需要承载多个 VLAN 数据时则需要将此链路模式更改为 Trunk 模式
DCRS-5650-28C (config-if-ethernet1/0/1)#switchport trunk native vlan 5
// 使 vlan1 通过 trunk 链路时不打 vlan  tag 标签，如果 AP 处于除 vlan1 之外的其他 vlan 就需要把本证 vlan 更改成该 vlan
```

步骤 2：配置 VLAN。创建用户 VLAN 和 AP 的管理 VLAN。

```
DCRS-5650-28C (config)#vlan 5 //AP 的管理 VLAN, STA_A 也属于这个 VLAN
DCRS-5650-28C (config-vlan)#name Dcn_ap_ac        //VLAN 5 名称是 Dcn_ap_ac
DCRS-5650-28C (config-vlan)#vlan 10               // 无线用户 _B 所在 vlan
DCRS-5650-28C (config-vlan)#name DCN_A            //VLAN 10 名称是 DCN_A
```

步骤 3：配置 AP。VLAN 和 STA –B VLAN 网关地址。

```
DCRS-5650-28C (config)#interface vlan 5  // 配置 AP 的网关
DCRS-5650-28C (config-if-vlan5)#ip address 192.168.1.254  255.255.255.0
DCRS-5650-28C (config)#interface vlan 10              // 配置 sta_a 的网关
DCRS-5650-28C (config-if-vlan10)#ip address 192.168.10.254  255.255.255.0
```

步骤 4：配置 AP 的 DHCP 服务器。

```
DCRS-5650-28C (config)#service dhcp                  // 开启 DHCP 服务
DCRS-5650-28C (config)#ip dhcp pool Dcn_ap
// 创建 DHCP 地址池，名称是 Dcn_ap
DCRS-5650-28C (dhcp-wireless_ap-config)#network 192.168.1.0  255.255.255.0
```

```
// 分配给 AP 的地址网段
DCRS-5650-28C (dhcp-wireless_sta-config)#dns-server 114.114.114.114
// 分配给 STA_A 的 DNS 地址
DCRS-5650-28C (dhcp-wireless_ap-config)#default-router 192.168.1.254
// 分配给 AP 的网关地址
DCRS-5650-28C #show ip dhcp binding
// 查看 AP 获取的地址的相关信息
Total dhcp binding items: 1, the matched: 1
IP address         Hardware address        Lease expiration            Type
192.168.1.1        00-03-0F-38-A4-80       Sun Jun 15 12:55:00 2015 Dynamic
```

步骤 5：配置 STA_B 的 DHCP 服务器。

```
DCRS-5650-28C (config)#interface vlan 5  // 配置 AP 的网关
DCRS-5650-28C (config-if-vlan1)#ip address 192.168.1.254 255.255.255.0
DCRS-5650-28C (config)#interface vlan 10              // 配置 sta_a 的网关
DCRS-5650-28C (config-if-vlan1)#ip address 192.168.10.254 255.255.255.0
DCRS-5650-28C (config)#ip dhcp pool DCN_B
// 创建 DHCP 地址池，名称是 Dcn_sta
DCRS-5650-28C (dhcp-wireless_sta-config)#network 192.168.10.0 255.255.255.0
// 分配给 STA_B 的地址网段
DCRS-5650-28C (dhcp-wireless_sta-config)#dns-server 114.114.114.114
// 分配给 STA_B 的 DNS 地址
DCRS-5650-28C (dhcp-wireless_sta-config)#default-router 192.168.10.254
// 分配给 STA_B 的网关地址
```

步骤 6：AP 有线接口的配置。

如图 8-30 所示，在"status"→"interface"页面上方，单击"Edit"按钮，按真实的 IP 地址和网关、DNS 来修改 AP 的 Ethernet 接口的状态参数。

单击"刷新"按钮更新数据

刷新

有线配置	(修改)
接口信息	
MAC地址	00:03:0F:38:A4:80
管理VLAN号	1
IP地址	192.168.1.10
子网掩码	255.255.255.0
IPv6地址	
静态IPv6地址前缀长度	0
IPv6自动配置全局地址	
IPv6链路本地地址	
IPv6 DNS 服务器 1	
IPv6 DNS 服务器 2	
IPv6默认网关	::
DNS-1	
DNS-2	
默认网关	192.168.1.254

图 8-30　修改有线接口地址

步骤 7：配置 VAP 和 SSID。

在虚拟 AP 页面根据需要配置 SSID，是否对外广播 SSID，对应虚拟 AP 所关联的

VLAN 及采用的认证方式，最后选中“VAP Enabled”复选框，如图 8-31 所示。

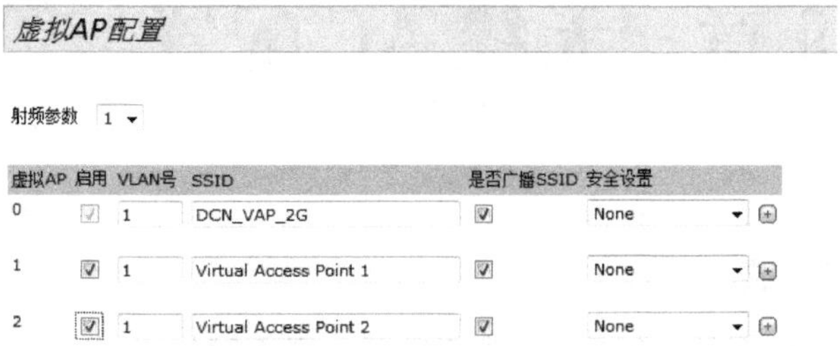

图 8-31　配置多个 SSID

步骤 8：单击页面底部的“提交”按钮，保存配置，即完成操作。

经验分享

本例中两个 SSID 对应两个 VLAN, 所以需要在有线部分的三层设备（也是充当 AP 管理 VLAN 的网关和另外一个无线用户 STA_B 的网关）上配置路由策略保证无线用户与有线网络互通，如果配置两个 SSID 都关联到 VLAN1，则可以省略掉任务实施的第一部分。

通过本次任务的实施，实现多个无线网络接入，评价详细见表 8-4。

表 8-4　评价表

评 价 内 容	评 价 标 准
多 VLAN 的 IP 配置	掌握多 WLAN 所对应的 VLAN 的 IP 地址规划及 VLAN 接口配置
多 SSID 的配置	理解 SSID 与 network、VLAN 之间的对应关系，并能够正确完成配置
Radio 与虚拟 AP 的配置	熟练配置虚拟 AP 与 network、Radio、profile 之间的对应

最后，在上一任务原有的基础上再配置一个 WLAN，SSID 为 SHIYAN2，关联到 VLAN20 采用 WEP 加密方式，密码为 xuexi。

第 9 章 无线 AC 配置与管理

9.1 项目描述

学校以前用胖 AP 部署的 WLAN 只能适用于小型 SOHO 办公环境，必须在每个 AP 上进行配置，在 AP 很多的情况下需要进行大量配置，不适合在大中型校园网使用，随着学校对信息化建设提出更高的要求，学校要求系统集成公司升级无线网络规模，实现整个校园网的无线接入和无缝的三层漫游，还需要对无线控制器启用必要的安全配置进行保护。

9.2 项目分析

根据学校的校园面积和教学楼分布等实际情况，系统集成公司给出了搭建配置无线控制器 AC+Fit AP 的部署方案。此方案可以满足大量用户通过 WLAN 接入 Internet，且可以在不同无线网络之间实现网络漫游，在 AC 上完成配置后下发给 AP 即可，无需在每个 AP 上进行单独配置，同时也减少了学校管理员后期运维的工作量，无线控制器管理所有 AP 成为了无线网络的核心，一方面要管理 AP，另一方面还需要启用安全管理策略，这对整个无线网络的安全有效地运行至关重要。

瘦模式 AP 在组网方案中零配置上线，意味着 AP 没有配置，需要注册到 AC 获取配置信息，AC 管理 AP，为 AP 下发配置，对无线用户提供 DHCP 服务，还要开启分布式转发功能以实现用户的三层漫游。AC 作为整个无线网络的运行核心，需要实时检测无线网络存在的威胁，配置安全策略、启用必要的安全手段保障无线网络的稳定高效运行。整个项目的流程如图 9-1 所示。

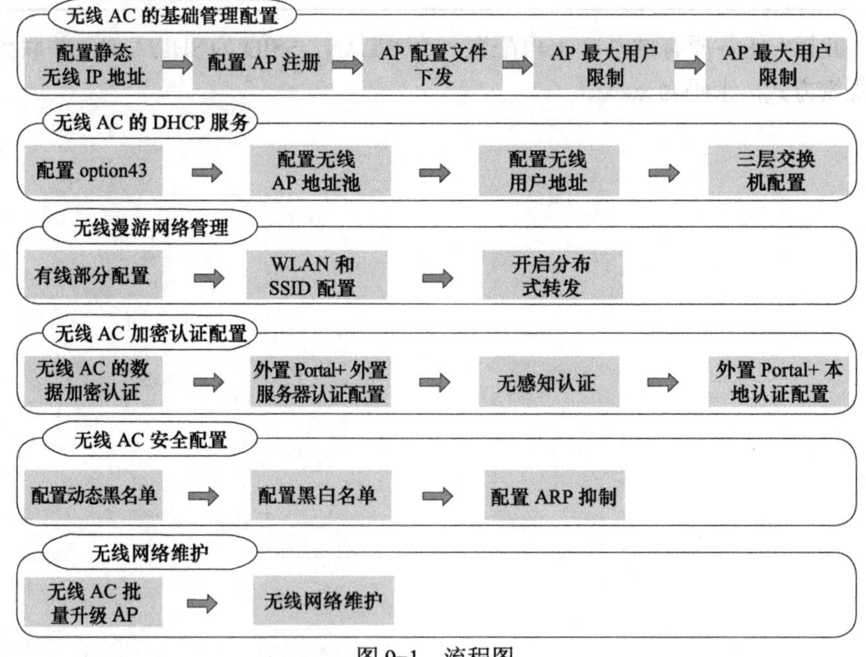

图 9-1 流程图

9.3 实训任务

9.3.1 无线 AC 基础管理配置

小黄在公司工程师的带领下参与学校无线网络部署项目，项目方案明确采用无线控制器 AC+ 瘦 AP 的部署方式，需要使用无线 AC 的基础配置来架构无线网络并优化网络性能。

瘦 AP 零配置上线，对 AP 的管理和配置都在 AC 上进行。AC 的基础管理包括 AC 的无线地址指定及无线功能开启、AP 的注册、AP 用户数管理、自动信道调整等。

使用超级终端登录 AC，波特率为 9600。

一、开启 AC 无线功能

配置步骤

步骤 1：设置静态的无线 IP 地址。

```
DCWS-6222#config
DCWS-6222(config)#wireless
DCWS-6222(config-wireless)#static-ip 10.150.0.254
DCWS-6222(config-wireless)#no auto-ip-assign
```

步骤 2：查看 AC 选取的无线 IP 地址。

```
DCWS-6222(config-wireless)#
DCWS-6222#show wireless
Administrative Mode............................ Enable
Operational Status............................ Enabled
WS IP Address................................ 10.150.0.254
WS IPv6 Address............................... -----
WS Auto IP Assign Mode ....................... Disable
WS Switch Static IP .......................... 10.150.0.254
```

步骤 3：开启无线功能。

```
DCWS-6222#config
DCWS-6222(config)#wireless
```

知识链接

1）AC 的无线 IP 地址默认是动态选取的：优先选择接口 ID 小的 loopback 接口的地址，未配置 loopback 接口时优先选择接口 ID 小的三层接口 IP 地址（注意不是 IP 地址小的接口）。但是为避免动态选取时 IP 地址变化导致无线网络中断，建议项目实施时采取静态无线 IP 地址的方式。

2）AP 上默认的无线功能是关闭，AC 能够管理 AP 的前提是开启 AC 的无线功能。开启无线功能的条件是 AC 上有 UP 的无线 IP 地址。

二、AP 注册

AP 工作在瘦模式时需要注册到 AC 上，成功注册后才能接受 AC 的统一管理，这个过程也叫 AP 上线。

知识链接

有两种注册方式：AC 发现 AP，AP 处于被动发现状态；AP 发现 AC，即在 AP 上指定 AC 的 IP 地址。

AC 主动发现 AP，有 3 种情况：

1）在 AC 上添加 AP 的 database，即 AP 的 MAC 地址。

2）如果使用三层发现，则把 AP 的 IP 地址添加到 ip-list。

3）如果使用二层发现，则把 AP 所在的 vlan id 添加到 vlan-list。

AP 主动发现 AC，需要在 AP 上添加静态的 AC 的无线地址，或者 AP 通过 DHCP 方式获取 AC 列表（利用 option 43 选项）。

项目实施时建议采用 AC 发现 AP 方式或者利用 DHCP option 43 方式让 AP 发现 AC。

1．AP 二层注册

连接拓扑，如图 9-2 所示。

图 9-2　无线 AP 二层注册

配置要求：AP 零配置，在 AC 上适当配置，实现 AP 通过二层通信与 AC 关联。

步骤 1：配置互联端口状态。

```
DCWS-6222 (config)#interface e1/0/1
DCWS-6222 (config-if-ethernet1/0/1)#switchport mode trunk
// 该链路需要承载多个 VLAN 数据时需要将此链路模式更改为 trunk 模式
DCWS(config-if-ethernet1/0/1)#switchport trunk native vlan 5
// 使 vlan1 通过 trunk 链路时不打 vlan tag 标签，如果 AP 处于除 vlan1 外的其他 vlan 就需要把本征 vlan 更改成该 vlan
```

步骤 2：配置 VLAN 创建用户 VLAN，AP 和 AC 互联 VLAN。

```
DCWS(config)#vlan 5                          //AP 和 AC 所在 VLAN
DCWS(config-vlan5)#name Dcn_ap_ac        //VLAN 5 名称是 Dcn_ap_ac
```

步骤 3：配置 AP VLAN 和 STA VLAN 网关地址。

```
DCWS(config)#interface vlan 5                                // 配置 AP 的网关
DCWS(config-if-vlan5)#ip address 10.150.0.254   255.255.192.0
```

步骤 4：配置 AP 的 DHCP 服务器。

```
DCWS(config)#service dhcp                              // 开启 DHCP 服务
DCWS(config)#ip dhcp pool Dcn_ap                     // 创建 DHCP 地址池 Dcn_ap
DCWS(dhcp-wireless_ap-config)#network 10.150.0.0 255.255.192.0
// 分配给 AP 的地址网段
```

```
DCWS(dhcp-wireless_ap-config)#default-router 10.150.0.254
// 分配给 AP 的网关
DCWS#show ip dhcp binding                    // 查看 AP 获取的地址的相关信息
Total dhcp binding items: 1, the matched: 1
IP address          Hardware address         Lease expiration           Type
10.150.0.24         00-03-0F-38-A4-80        Sat Jan 20 08:16:00 2001 Dynamic
```

经验分享

1）如果发现 AP 没有注册上来，则用命令 show wireless ap failure status 查看 AP 是否在 failure 表里，根据出错原因进行检查。

2）大规模部署建议取消 AP 认证，此时如果 AC 上没有添加 AP-database，经过自动发现，则 AC 会自动添加与之建立连接的 AP 的 database。

2. AP 三层注册

拓扑图如图 9-3 所示。

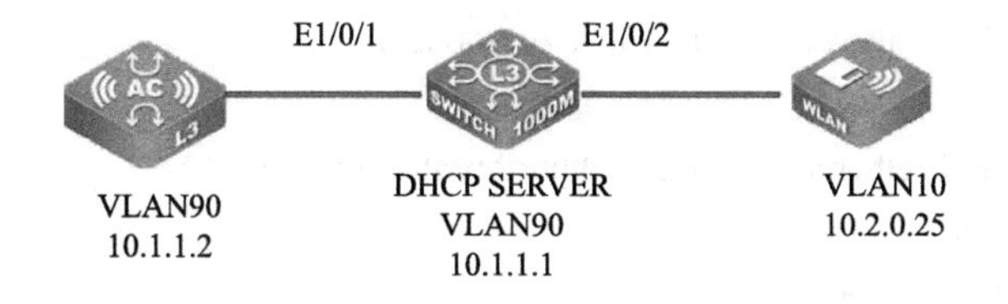

图 9-3　无线 AP 三层注册

配置要求：AP 零配置，在 AC 上正确配置，实现 AP 通过三层通信与 AC 关联。

配置步骤

步骤 1：AC 的配置。

```
DCWS-6222(config)#vlan 10   // 定义 vlan10
DCWS-6222(config-vlan10)#int vlan 10 // 打开 vlan10 接口
DCWS-6222(config-if-vlan10)#int vlan 90
DCWS-6222(config-if-vlan90)#ip add 10.1.1.2 255.255.255.0 // 配置 vlan90 地址
DCWS-6222(config)#interface loopback 1
DCWS-6222(config-if-loopback1)#ip add 1.1.1.1 255.255.255.255
DCWS-6222(config)# ip route 0.0.0.0 0.0.0.0 10.1.1.1// 配置默认路由指向三层交换机
DCWS-6222(config)#int e 1/0/1  // 与三层交换机相连的接口
DCWS-6222(config-if-ethernet1/0/1)#switch mode trunk // 开通上联口的中继模式
DCWS-6222(config)#wireless          // 开启无线功能
DCWS-6222(config-wireless)#enable
DCWS-6222(config-wireless)#ap database 00-03-0F-38-A4-80   // 进入 AP 配置
```

步骤 2：三层交换机的配置。

```
DCRS-5650-28C#config
DCRS-5650-28C(config)# l3          // 开启交换机三层功能
DCRS-5650-28C(config)#service dhcp        // 开启 DHCP 服务
```

```
DCRS-5650-28C(config)#ip dhcp pool ap          //定义AP地址池
DCRS-5650-28C(dhcp-ap-config)#network 10.2.0.0  255.255.192.0
//定义AP网段地址
DCRS-5650-28C(dhcp-ap-config)#default 10.2.0.1  //AP网关
DCRS-5650-28C (dhcp-ap-config)#option 43  ip 10.1.1.2  //要联系的AC的地址
DCRS-5650-28C(dhcp-ap-config)#exit
DCRS-5650-28C(config)#vlan 10   //定义VLAN10
DCRS-5650-28C(config-vlan10)#int vlan 10
DCRS-5650-28C(config-if-vlan10)#ip add 10.2.0.1  255.255.192.0
//配置VLAN 10网关地址
DCRS-5650-28C(config-if-vlan10)#int vlan 90       //开启VLAN 90，与AC通信
DCRS-5650-28C(config-if-vlan90)#ip add 10.1.1.1 255.255.192.0
DCRS-5650-28C(config-if-vlan1)#exit
DCRS-5650-28C(config-if-ethernet1/0/1)#switchport mode trunk
 //与AC相连的接口
DCRS-5650-28C(config-if-ethernet1/0/1)#int  eth  1/0/2
DCRS-5650-28C(config-if-ethernet1/0/2)#switchport mode trunk
//与AP相连的接口
DCRS-5650-28C(config-if-ethernet1/0/2)#switchport trunk native vlan 10
//AP接口加本征VLAN
DCRS-5650-28C(config-if-ethernet1/0/2)#quit
DCRS-5650-28C(config)#ip route 1.1.1.1 255.255.255.255 10.1.1.2
//配置到达AC的路由
```

经验分享

如果注册失败，请尝试检查：

1）AC和AP之间是否可以ping通，注意AC在ping AP的时候，要以无线IP作为源地址，如果不能ping通，需要检查AC的路由以及AP的网关。

2）AC是否正确开启了自动发现功能。

3）采用三层发现时，AP的IP地址是否存在于三层发现的ip-list中。

4）采用二层发现时，AP所在的vlan id是否存在于二层发现的vlan-list中。

5）AP上面是否正确指定了AC的无线IP地址。

6）登录AP，通过get-managed-ap命令，查看mode一项的值是否为up。

7）在AC上面打开自动发现的debug wireless discovery packet all来监控AC和AP之间的报文交互是否正常。

三、AP配置下发

瘦AP的配置由AC进行下发，所有功能在AC上面配置。每个AP关联一个profile，默认关联到profile上。

步骤 1：把 AP 与某个 profile 绑定（需要重启 AP）。

```
DCWS-6222#config    // 进入全局配置模式
DCWS-6222(config)#wireless                    // 进入无线配置模式
DCWS-6222(config-wireless0#ap database 00-03-0f-58-80-00 // 绑定 AP 的 MAC 地址
DCWS-6222(config-wireless0#exit
DCWS-6222(config-ap)#ap profile 1             // 绑定配置文件
Configured profile is not valid to apply for AP:00-03-0f-19-71-e0, due to hardware type mismatch!!
// AP 的硬件类型与 profile 里配置的不一致，此时会导致配置下发失败
```

经验分享

每次 AP 注册到 AC 上时，AC 会自动下发 profile 配置。每款 AP 对应一个硬件类型，绑定 AP 到 profile 时，需要设置 profile 对应的硬件类型。

步骤 2：设置 profile 对应的硬件类型：

```
DCWS-6222(config-wireless)#ap profile 1   // 进入 profile 配置模式
DCWS-6222(config-ap-profile)#hwtype 1   // 修改硬件类型
DCWS-6222#wireless ap profile apply 1   // 配置完成后最终下发 profile 文件
```

知识链接

对于 AP 而言，每个虚拟 AP 都唯一对应一个 network，AC 上面默认有 16 个 network（1 ～ 16），与虚拟 AP 的 0 ～ 15 对应。

Radio 1 对应 AP 上 2.4GHz 工作频段，radio 2 对应 AP 上 5GHz 工作频段。

四、限制 AP 连接用户数

场景：当无线网络中无线终端数量众多而且 AP 性能较差时，或者网速较慢时，就需要对 AP 用户数量进行限制，避免 AP 带用户数过多影响性能及用户体验。单个 AP 限制多少用户需要根据客户需求确定。

拓扑图如图 9-4 所示。

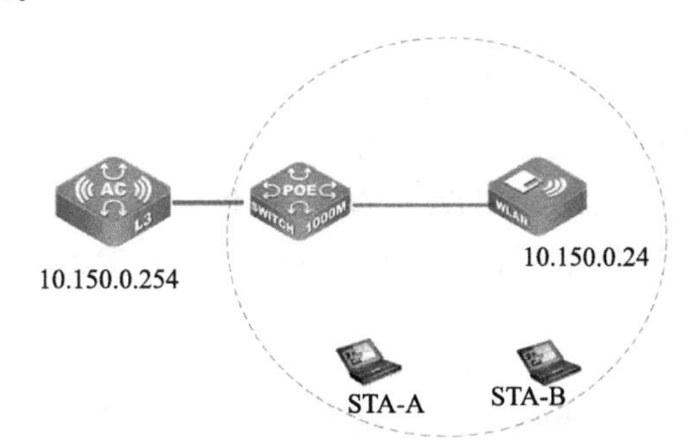

图 9-4　改变 AP 用户数配置拓扑图

配置要求：要求限制 AP 连接用户数不能超过 10 个。

配置步骤

步骤 1：进入 network 配置模式。

```
DCWS(config)# wireless
DCWS(config-wireless)#network 1
DCWS(config-network)# max-clients 10
// 更改最大客户端数，默认 25 个（取值 0 ～ 200）
```

步骤 2：进入 Radio 配置模式。

```
DCWS(config-wireless)#ap profile 1
DCWS(config-ap-profile)# radio 1
DCWS(config-ap-profile-radio)# max-clients 10
// 更改最大客户端数，默认 25 个（取值 0 ～ 200）
```

通过本次任务的实施，掌握了无线 AC 的基本管理配置，包括 AC 的静态无线 IP 设置、无线信道的自动调整、无线桥接 WDS 的配置、本地转发的配置和集中转发的配置方法，评价具体见表 9-1。

表 9-1 评价表

评价内容	评价标准
配置静态无线地址	掌握动态无线地址的选取和配置静态无线 IP 地址的方法
配置 AP 二 / 三层注册	掌握实现 AP 的二层、三层发现及注册方法和故障处理
下发 AP 配置文件	掌握 profile 的配置方法及与 AP 关联的注意事项
调整 AP 最大用户数	调整 AP 连接的无线用户个数以保证无线网络质量

AP 注册有两种发现方式，一种为 AC 主动发现 AP，另一种是 AP 主动发现 AC。请分析本次任务中二层注册和三层注册分别是用的哪种发现方式。查阅相关资料，实现本次任务之外的其他发现方式。

9.3.2 无线 AC 的 DHCP 服务管理

在无线局域网部署时，需要配置 AC 为 AP、无线用户所在的数据 VLAN 提供通过 DHCP 分发 IP 地址，以保障 AP 与 AC 的通信及无线用户的数据转发。

DHCP 功能的典型应用有两个：

1）配置 DHCP option 43 功能，在 AP 三层注册时能够让 AP 跨越三层设备找到 IP 不在同一网段的 AC，此时要求网络的三层是相通的。

2）配置 WLAN 时为无线 AP 及 STA 分配 IP 地址。这种应用需要先开启 AC 的 DHCP 服务，再分别为各个 VLAN 定义地址池和网关地址，推送 DNS 服务地址。

拓扑图如图 9-5 所示。

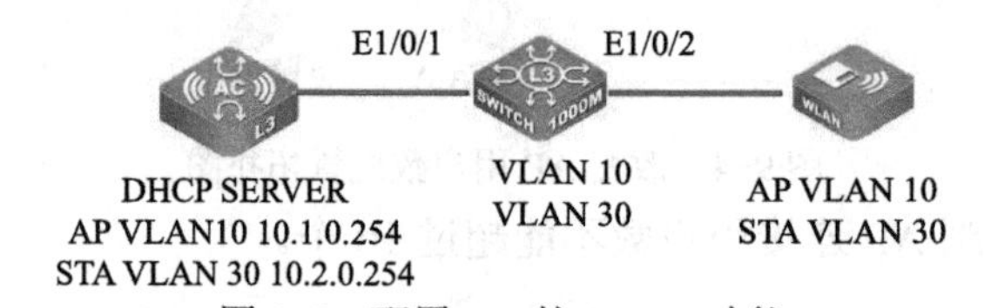

图 9-5 配置 AC 的 DHCP 功能

配置要求：要求在 AC 上配置 DHCP 服务功能，给无线 AP 和无线用户提供 IP 地址。

配置步骤

步骤 1：设置 option 43 的值，让 AP 主动与 AC 联系。

```
DCWS-6222(config)#service dhcp              // 开启 DHCP 服务器
DCWS-6222 (config)#ip dhcp pool Wireless_ap
// 创建 DHCP 地址池，名称为 Wireless_ap
DCWS-6222 (dhcp-wireless_ap-config)#network 10.1.0.0  255.255.192.0
// 分配给 AP 的地址网段
DCWS-6222 (dhcp-wireless_ap-config)#option 43 ip 10.1.0.254
//dhcp option43 是告知 AP 寻找 AC 用的 AC 的地址，要保证网络的三层可达。
DCWS(dhcp-wireless_ap-config)#default-router 10.1.0.254  // 分配 AP 的网关
```

步骤 2：配置无线用户的地址池。

```
DCWS(config)#ip dhcp pool Wireless_sta
// 创建 DHCP 地址池，名称为 Wireless_sta
DCWS(dhcp-wireless_sta-config)#network 10.2.0.0  255.255.192.0
// 配置给无线用户的地址网段
DCWS(dhcp-wireless_sta-config)#dns-server 114.114.114.114 114.114.115.115
// 分配给无线用户的 DNS 地址
DCWS(dhcp-wireless_sta-config)#default-router 10.2.0.254
// 分配给 sta 的默认网关地址
```

步骤 3：定义 AP 及无线用户的 VLAN 及网关。

```
DCWS-6222 (config)#vlan 10                // 定义 VLAN 10
DCWS-6222 (config-vlan10)#int vlan 10           //vlan 10 的网关
DCWS-6222 (config-if-vlan10)#ip add 10.1.0.254  255.255.192.0
DCWS-6222 (config-if-vlan10)#no shut
DCWS-6222 (config-if-vlan10)#vlan 30           // 定义 VLAN30
DCWS-6222 (config-vlan30)#int vlan 30           //VLAN30 的网关
DCWS-6222 (config-if-vlan30)#ip add 10.2.0.254  255.255.192.0
DCWS-6222 (config-if-vlan30)#no shut
DCWS-6222 (config-if-vlan30)#int vlan 1
//VLAN1 用于跟三层有线设备通信
DCWS-6222 (config-if-vlan1)#ip add 10.12.0.254  255.255.192.0
DCWS-6222 (config-if-vlan1)#exit
DCWS-6222(config)#int e1/0/1
 // 与三层交换机相连的接口
DCWS-6222(config-if-ethernet1/0/1)#switch mode trunk
DCWS-6222(config-if-ethernet1/0/1)#exit
DCWS-6222(config)#ip router 0.0.0.0  0.0.0.0  10.12.0.1
// 配置默认网关，指向有线网络设备
```

步骤 4：三层交换机的配置。

```
DCRS-5650-28C (config)#l3        // 开启三层功能
DCRS-5650-28C (config1)#in vlan 1
```

```
DCRS-5650-28C (config-if-vlan1)#ip add 10.12.0.1 255.255.192.0
// 配置 VLAN1 地址与 AC 通信
DCRS-5650-28C (config)#vlan 10                    // 定义 VLAN10
DCRS-5650-28C (config)#vlan 30                    // 定义 VLAN30
DCRS-5650-28C (config)#in vlan 10                 // 打开 VLAN10 数据通道
DCRS-5650-28C (config)#in vlan 30                 // 打开 VLAN30 数据通道
DCRS-5650-28C (config)#in e1/0/1                  //AC 互联接口
DCRS-5650-28C (config)#sw mode trunk              // 开户中继模式
DCRS-5650-28C (config)#in e1/0/2                  //AP 互联接口
DCRS-5650-28C (config)#sw mode trunk
DCWS-6222(config-if-ethernet1/0/2)#sw trunk native vlan 10    // 加入本征 VLAN
DCRS-5650-28C(config)#ip route 1.1.1.1 255.255.255.255 10.12.0.254
// 配置到达 AC 的路由
```

经验分享

1）无线部分的配置与前一任务相同。

2）无线部分配置完成后不要忘记下发配置给 AP。

通过本次任务的实施，学会配置 AC 的 DHCP 功能，评价具体见表 9-2。

表 9-2 评价表

评价内容	评价标准
配置 option 43	正确配置 option43 功能让 AP 能够三层发现 AC
配置 AP 的地址池	正确配置无线 AP 所分配的地址池及网关
配置 STA 的地址池	正确配置无线用户的地址池及网关、DNS 服务器地址。正确配置 option43 功让 AP 能够三层发现 AC

最后，利用实验室的设备（一台无线控制器，型号为 DCWS-6222，一台 AP，型号为 WL8200-I2AP(R3)，一台三层交换机）搭建一个开放的无线网络，SSID 为 TEST，要求 AP 注册方式为三层注册，使用 option 43 功能使 AP 主动发现 AC。

9.3.3 无线漫游网络配置

无线局域网的基本配置完成后还需要开启 WLAN 漫游功能，以保证移动用户在跨越不同无线网络时不会断开连接。

无线漫游就是指 STA（Station，无线工作站）在移动到两个 AP 覆盖范围的临界区域时，STA 与新的 AP 进行关联并与原有 AP 断开关联，且在此过程用户的 IP 地址不变，网络连接不间断，漫游过程完全是由无线客户端设备驱动而不是由 AP 驱动的。

漫游分为二层漫游和三层漫游，还可分为同 AC 漫游和跨 AC 漫游。二层漫游是建立在本地转发的基础上，三层漫游是基于分布式转发实现的。同 AC 漫游和跨 AC 漫游则是在 AP 或 AC 间建立隧道、传送数据。漫游虽然发生，但是数据还是通过隧道送回到漫游前的

AP 或 AC 上，转发到无线终端。

由于二层漫游是基于本地转发的，全部在 AP 上发生数据转发，不利于数据集中控制，建议实现无线网的三层漫游服务。

拓扑图如图 9-6 所示。

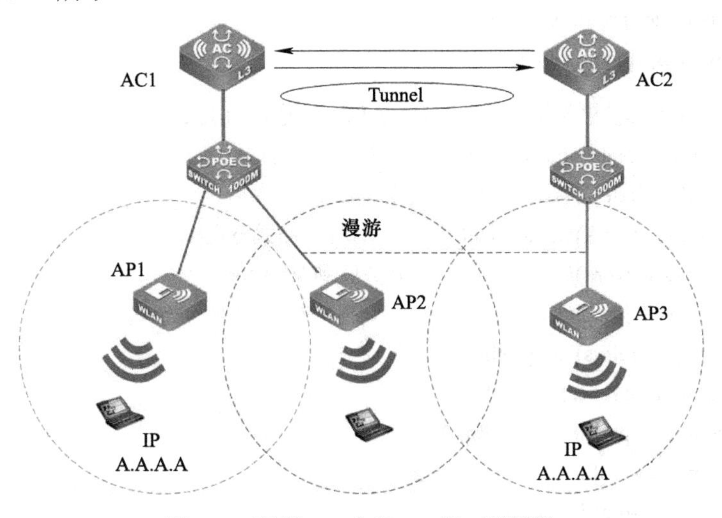

图 9-6　配置 AC 内和 AC 间三层漫游

知识链接

原关联 AC（Home-AC）：一个无线终端（STA）首次向漫游组内的某个无线控制器进行关联，该无线控制器即为该无线终端（STA）的漫出 AC。

后关联 AC（Assoc-AC）：与无线终端（STA）正在连接，且不是 Home-AC 的无线控制器，该无线控制器即为该无线终端（STA）的漫入 AC。

AC 内漫游：一个无线终端（STA）从无线控制器的一个 AP 漫游到同一个无线控制器内的另一个 AP 中，即称为 AC 内漫游。

AC 间漫游：一个无线终端（STA）从无线控制器的 AP 漫游到另一个无线控制器内的 AP 中，即称为 AC 间漫游。

配置步骤

步骤 1：基础配置。

基础配置部分包括 VLAN 定义及地址池配置，要求能够实现 VLAN 正常转发，与前一节内容相同，此处不再赘述。

步骤 2：AC1 上配置网络和 SSID ap1，AP1 应用 profile 1。

```
DCWS-6222(config)#wireless
DCWS-6222(config-wireless)#network 1 //配置第一个无线网络
DCWS-6222(config-wireless)#ssid ap1 //名称为 Wireless_ap
DCWS-6222(config-network)#dist-tunnel          //打开分布式隧道
DCWS-6222(config-network)#vlan 11              //关联 VLAN11
DCWS-6222(config-network)#exit
DCWS-6222(config-wireless)#ap profile 1        //配置 AP1 的 profile
```

```
DCWS-6222(config-ap-profile)#radio 1
DCWS-6222(config-ap-profile-radio)#vap 1
DCWS-6222(config-ap-profile-vap)#network 1
DCWS-6222(config-ap-profile-vap)#enable
DCWS-6222(config-ap-profile-vap)#end
DCWS-6222#wireless ap profile apply 1
```

步骤 3：AC1 上配置网络和 SSID ap2，AP2 应用 profile 2。

```
DCWS-6222(config-wireless)#network 2 // 配置第二个网络
DCWS-6222(config-wireless)#ssid  ap2 // 名称为 ap2
DCWS-6222(config-network)#dist-tunnel          // 打开分布式隧道
DCWS-6222(config-network)#vlan 12            // 关联到 VLAN 12
DCWS-6222(config-network)#exit
DCWS-6222(config-wireless)#ap profile 2
DCWS-6222(config-ap-profile)#radio 1
DCWS-6222(config-ap-profile-radio)#vap 2
DCWS-6222(config-ap-profile-vap)#network 2
DCWS-6222(config-ap-profile-vap)#enable
DCWS-6222(config-ap-profile-vap)#end
DCWS-6222#wireless ap profile apply 2
// 配置要点：保证 VLAN 转发正常的基础上，打开分布式转发的开关。
```

步骤 4：AC2 上配置网络和 SSID ap3，AP3 应用于 profile 1，命令同 AC1 和 AC2。

通过本次任务的实施，学会配置 AC 间三层漫游功能，评价具体见表 9-3。

表 9-3　评价表

评 价 内 容	评 价 标 准
漫游概念	了解漫游的概念和发生过程
漫游分类	了解二层漫游、三层漫游、AC 内漫游与 AC 间漫游的不同情景
漫游配置	学会在 AC 上配置无线网络漫游

最后，利用一台无线控制器（型号为 DCWS-6222），两台 AP（型号为 WL8200-i2 AP），在两个实验室搭建一个开放的无线网络，能够实现三层漫游。

9.3.4　无线 AC 的数据加密认证

无线局域网的基本配置完成后还需要开启数据加密和认证功能，以保障无线网络的安全。

1）用户身份验证，防止未经授权访问网络资源。

2）数据私密，以保护数据完整性和数据传输私密性。

拓扑图如图 9-7 所示。

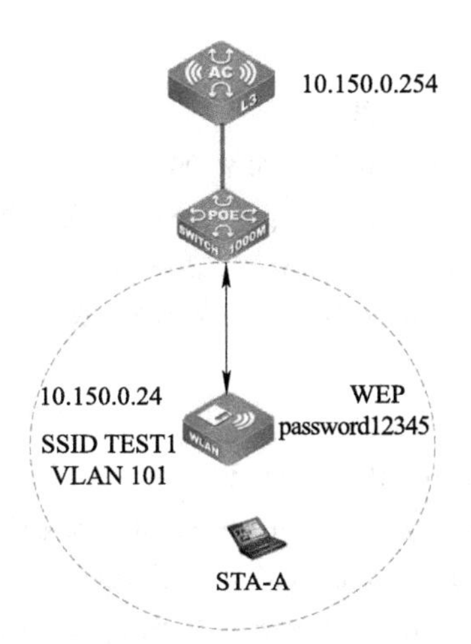

图 9-7　无线 AC 的数据加密认证

一、WEP 加密

步骤 1：WEP 开放式系统认证配置方法。

```
DCWS-6222(config-wireless)#network 1001 // 网络 1001
DCWS-6222(config-network)#security mode static-wep // 安全模式设置为静态 WEP
DCWS-6222(config-network)#wep authentication open-system // WEP 加密方式为开放式
DCWS-6222(config-network)#wep key type ascii // WEP 密码方式为 ascii
DCWS-6222(config-network)#wep key 1 password12345 // 密码是 password12345
```

步骤 2：WEP 共享式系统认证配置方法。

```
DCWS-6222(config-wireless)#network 1002 // 设置网络 1002
DCWS-6222(config-network)#security mode static-wep // 安全模式设置为静态 WEP
DCWS-6222(config-network)#wep authentication shared-key // WEP 加密方式为共享式
DCWS-6222(config-network)#wep key type ascii // WEP 密码方式为 ascii
DCWS-6222(config-network)#wep key 1 password12345 // 密码是 password12345
```

二、WPA、WPA2 加密

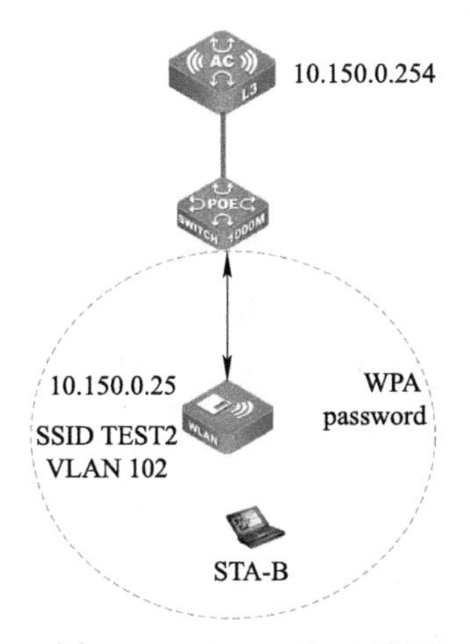

图 9-8　WPA、WPA2 认证

步骤 1：WPA 配置方法。

```
DCWS-6222(config)#wireless // 开启无线
DCWS-6222(config-wireless)#network 1003  // 网络 1003
DCWS-6222(config-network)#security  mode  wpa-personal // 安全模式设置为 wpa-personal
DCWS-6222(config-network)#wpa  versions wpa  // 选用 wpa
DCWS-6222(config-network)#wpa  key  password  // 密码为 password
```

步骤 2：WPA2 配置方法。

```
DCWS-6222(config)#wireless // 开启无线
DCWS-6222(config-wireless)#network 1004  // 网络 1004
DCWS-6222(config-network)#security  mode  wpa-personal // 安全模式设置为 wpa-personal
DCWS-6222(config-network)#wpa  versions wpa2  // 选用 wpa2
DCWS-6222(config-network)#wpa  key  password  // 密码为 password
```

步骤 3：WPA/WPA2 混合配置方法。

```
DCWS-6222(config)#wireless // 开启无线
DCWS-6222(config-wireless)#network 1005  // 网络 1005
DCWS-6222(config-network)#security  mode  wpa-personal // 安全模式设置为 wpa-personal
DCWS-6222(config-network)#wpa  versions  // 选用混合模式
DCWS-6222(config-network)#wpa  key  password  // 密码为 password
```

三、WPA-Enterprise 配置方法

拓扑图如图 9-9 所示。

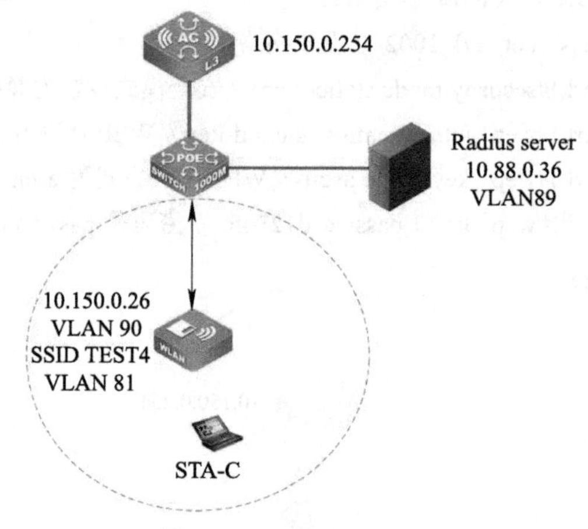

图 9-9　WPA-Enterprise

步骤 1：AC 上面先进行 radius 相关的配置。

```
DCWS-6222(config)#radius-server authentication host 10.88.0.36
// radius 服务器主机地址 10.88.0.36
DCWS-6222(config)#radius-server key 0 test  //AC 与 radius 服务器通信的秘钥是 test
DCWS-6222(config)#radius nas-ipv4 10.150.0.254 //radius 认证 nas ip 地址是 10.150.0.254
DCWS-6222(config)#radius  source-ipv4  10.150.0.254
// 配置 AC 发送 radius 报文使用的源地址
```

```
DCWS-6222(config)#aaa enable // 使能 AAA
DCWS-6222(config)#aaa group server  radius  wlan // 配置 AAA group
DCWS-6222(config-sg-radius)#server  10.88.0.36 // 关联之前配置的 radius 服务器
```

步骤 2：在 network 下，进行 security mode 设置。

```
DCWS-6222(config)#wireless   // 进入无线
DCWS-6222(config-wireless)#network 1006 // 网络 1006
DCWS-6222(config-network)#security mode  wpa-enterprise
// security mode 设置为 wpa-enterprise
DCWS-6222(config-network)#wpa versions  // wpa version 设置为 wpa、wpa2 或者混合模式
DCWS-6222(config-network)#radius server-name auth wlan  // 配置 Radius 认证服务器名称
```

通过本次任务的实施，学会配置 WEP、WPA、wap2 加密，学会配置 WPA+Radius 认证，评价具体见表 9-4。

表 9-4　评价表

评 价 内 容	评 价 标 准
WEP 配置	了解并正确配置 WEP
WPA、WPA2 配置	正确配置 WPA、WPA2
WAP+Radius 配置	学会 WAP+Radius 配置

最后，为学校实验室无线网络配置 WEP、WPA、WAP2 加密，配置 WPA+Radius 认证。

9.3.5　外置 Portal+ 外置服务器认证配置

随着无线局域网得到越来越广泛的应用，为了有效地保护用户的数据和用户接入控制，Portal 认证应运而生。Portal 认证通常也称为 Web 认证，顾名思义是用户通过登录 Web 页面来进行认证，达到接入应用系统的目的，是目前主流的认证方式之一。

Portal 认证需要在网络中的某台关键设备上启用，从这台设备接入网络的所有用户都必须通过认证。可以在汇聚层或核心层设备上旁挂 Portal 网关，因此对用户接入网络的控制非常灵活。同时 Portal 认证可以直接在 Web 页面中进行，免去了安装认证客户端的工作，省时省力。除此之外，Portal 还能够为运营商提供方便的增值业务，如门户网站可以开展广告、社区服务、个性化的业务等，使宽带运营商、设备提供商和内容服务提供商形成一个产业生态系统。正是这些优点，使得 Portal 认证在网络中得到广泛应用。

为了便于使用外置 Portal 功能进行测试，在此对基本的外置 Portal 认证案例配置现场进行举例说明。同时，采用零配置对无线 AC Captive Portal 认证的配置进行说明，包括配置 VLAN、开启 DHCP、配置网络、配置 AC 自动发现 AP 机制、以及进行 Portal 认证所做的 Captive Portal 相关配置等进行详细说明。

这里分 3 个部分来说明：AC 配置，用来保证 AC 能够正常管理 AP，搭建正确的无线环境；AAA 配置，配置 Radius 认证相关配置，用来保证与指定的 RADIUS 服务器进行正

确认证；Captive Portal 认证，配置 Portal 认证相关的配置，来完成 Portal 认证。

在本例中，为了在已有拓扑结构中尽可能地复杂化网络环境，将 AP 管理 VLAN 和 client 数据 VLAN 以及服务器地址划分到不同的 VLAN，即划分到不同的网段。

本文档对使用 E-Portal 服务器进行 Portal 认证联调时做配置案例说明，详细说明在无线 AC 上正常进行外置 Portal 认证需要做的基本配置，此后会在本案例现场的基础上增加一些其他功能的配置说明。

E-Portal 服务器只是作为案例进行举例说明，仅作为配置举例并不是服务器的限制，只要符合 AC Portal 协议标准的服务器均可进行联调来完成 Portal 认证。

拓扑图如图 9-10 所示。

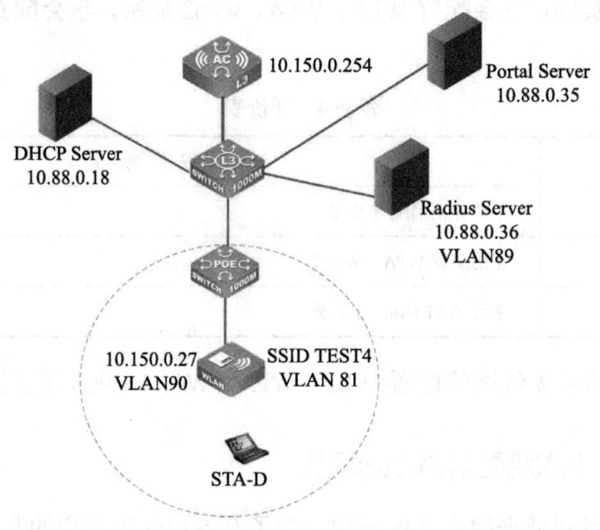

图 9-10　Portal 认证

为了完成 AC 上的外置 Portal 认证的功能，建立如图 3-10 所示的网络拓扑，包括 1 个 AC、1 个 AP、1 个 client、一台城市热点 Radius Server、一台城市热点 Portal Server。AP 接入到 AC，被 AC 管理。client 接入到 AP 的网络上。AC 与 Portal Server 和 RADIUS Server 之间相通。

Portal Server 和 Radius Server 并不在一个主机上，它们是分开的两个服务器。

在介绍配置 AC 上相关 Portal 配置之前，首先需要保证 AC 和 Portal Server、AC 和 Radius Server 是相通的，AP 与 AC 关联，STA 为一个无线的用户，关联上 AP 上的 SSID 之后能通过 DHCP 获取到 IP 地址，同时需要保证，在 AC 未开启 Portal 的情况下，STA 与 AC、AP、Portal Server 是相通的。

（1）无线网络数据规划

明确了网络的部署方式后，还需进行详细的数据规划，具体包括无线 AP、无线用户和服务器的数据规划，见表 9-5。在实际的网络部署中，可能会包含若干个无线 AP 管理 VLAN 与若干个无线用户 VLAN，以用来区分不同地理位置或不同功能划分的无线用户。在本例中，网络拓扑中只有一个 AP、一个 Client，这里将 AP 管理 VLAN、用户 VLAN 以及 Server 所在 VLAN 进行分开。

表 9-5　外置 Portal 服务器认证案例现场数据规划

设　备	网关设备	所在 VLAN	网段 IP	DHCP 服务器
AC		VLAN90	10.150.0.254	无
AP	AC	VLAN90	10.150.0.27	AC
STA	AC	VLAN81	10.47.0.0/18	AC
Portal 服务器	AC	VLAN89	10.88.0.35	无
Radius 服务器	AC	VLAN89	10.88.0.36	无

（2）AC 配置

在 AC 上进行以下配置：AC 无线特性的配置、VLAN 的配置、DHCP Server 的配置、network 的配置、ap profile 的配置、管理 AP 的基本配置等。通过这些配置成功布好拓扑，AC 成功管理 AP。

（3）创建和配置 vlan

由无线网络数据规划，需要创建管理 VLAN90、数据 VLAN81 以及与 Server 通信的 VLAN89，同时需要并配置 VLAN 接口的 IP 地址。

```
DCWS-6222(config)#vlan 81    // 创建并进入 VLAN 配置模式
DCWS-6222(config)#vlan 89    // 创建并进入 VLAN 配置模式
DCWS-6222(config)#vlan 90   // 创建并进入 VLAN 配置模式
DCWS-6222(config)#interface vlan 81   // 进入 VLAN 接口配置模式
DCWS-6222(config-if-vlan81)#ip address 10.47.0.1 255.255.192.0
// 配置 Vlan81 接口地址
DCWS-6222(config)#interface vlan 90   // 进入 VLAN 接口配置模式
SXWS-6222(config-if-vlan90)#ip address 10.150.0.254 255.255.192.0
// 配置 Vlan90 接口地址
DCWS-6222(config)#interface vlan 89  // 进入 VLAN 接口配置模式
DCWS-6222(config-if-vlan89)#ip address 10.88.0.37 255.255.192.0
// 配置 Vlan89 接口地址
```

（4）配置 DHCP 服务

本例中 AC 作为 DHCP 服务器分别给 AP 和 client 自动分配地址，因此需要在 AC 上配置相关 DHCP 服务信息，包括开启 DHCP 服务、创建 DHCP 地址池等。

```
DCWS-6222(config)#service dhcp           // 启动 dhcp 服务
DCWS-6222(config)#ip dhcp pool client_pool     // 创建并配置 client 的 IP 地址池
DCWS-6222(dhcp-client_pool-config)# network-address 10.47.0.0  255.255.192.0
DCWS-6222(dhcp-client_pool-config)# default-router 10.47.0.1 // 配置 client 的默认路由
DCWS-6222(dhcp-client_pool-config)#exit
DCWS-6222(config)#ip dhcp pool ap_pool
 // 创建并配置 AP 的 IP 地址池
DCWS-6222(dhcp-ap_pool-config)# network-address 10.150.0.0 255.255.192.0
DCWS-6222(dhcp-ap_pool-config)#default-router 10.150.0.1
```

（5）配置 network

```
DCWS-6222(config-wireless)#network 1001          // 进入 network 配置模式
DCWS-6222(config-network)#ssid TEST4      // 配置 network 1001 的 SSID
DCWS-6222(config-network)#vlan 81           // 配置 network 1001 的默认 VLAN ID
```

（6）配置 AP profile

配置 AP profile1001，并下发给 AP。

```
DCWS-6222(config-wireless)#ap profile 1001        // 进入 ap profile 配置模式
DCWS-6222(config-ap-profile)#hwtype 1        // 配置 AP 的 hwtype 值
DCWS-6222(config-ap-profile)#radio 1          // 进入 ap profile 的 radio 配置模式
DCWS-6222(config-ap-profile-radio)#vap 0      // 进入 VAP 0 配置模式
DCWS-6222(config-ap-profile-vap)#network 1001    // 指定 VAP 0 属于 network 1001
DCWS-6222(config-ap-profile-vap)#enable      // 开启 radio 1 上的 VAP 0
```

（7）AC 无线特性配置

无线功能默认是关闭的，因此在配置完上述配置后，还要开启无线功能。

设置 AC 无线地址为静态地址，设置为 10.150.0.254。

```
DCWS-6222#config                              // 进入全局配置模式
DCWS-6222(config)#wireless                      // 进入无线配置模式
DCWS-6222(config-wireless)#enable                  // 打开交换机无线特性功能
DCWS-6222(config-wireless)#no auto-ip-assign         // 关闭自动分配 IP 地址
DCWS-6222(config-wireless)#ap authentication none     // 使用 AP 免认证方式
DCWS-6222(config-wireless)#static-ip 10.150.0.254       // 为 AC 指定静态 IP 地址
DCWS-6222(config-wireless)#discovery vlan-list 90
// AC 通过广播方在 vlan90 中发现 AP
```

启动无线，等待 AP 上线。等看到 AC 上有 Interface capwaptnl1, changed state to administratively UP 提示时，查看 AP 的状态，若状态为 managed，配置状态为 success，则表明 AP 成功上线。通过命令 show wireless ap status 查看 AP 上线状态。

（8）AAA 配置

进行 Portal 认证时，还需要配置 AAA 相关的信息，保证 Portal 用户能正常进行 Radius 认证。该部分的配置包括：开启 AAA 认证和计费，配置 Radius 认证相关的服务器信息，共享密钥，NAS-IP 等。

（9）开启 AAA 模式和计费模式

```
DCWS-6222(config)#aaa-accounting enable    // 开启 aaa 计费
DCWS-6222(config)#aaa enable          // 开启 aaa 模式
DCWS-6222(config)# radius nas-ipv4 10.150.0.254 // 配置 radius nas-ip
```

（10）配置 Radius 服务器

```
DCWS-6222(config)#radius-server authentication host 10.88.0.36 key 0 test
// 配置 RADIUS 认证服务器，共享密钥为“test”的明文密钥
DCWS-6222(config)#radius-server accounting host 10.88.0.36 key 0 test
// 配置 RADIUS 计费服务器，共享密钥为“test”的明文密钥
DCWS-6222(config)#aaa group server radius   radius
```

```
// 创建 AAA 服务器群组 radius( 可任意取名 )
DCWS-6222(config-sg-radius)# server 10.88.0.36
// 群组中指定一个 radius 服务器
```

（11）Captive Portal 配置

Portal 配置中，需要开启 Portal 功能、配置 Portal Server 服务器信息以及 Free Resource 信息等。

```
DCWS-6222(config)#captive-portal            // 进入 captive portal 配置模式
DCWS-6222(config-cp)#enable                 // 开启全局 portal 功能
DCWS-6222(config-cp)#external portal-server server-name e_poral ipv4 10.88.0.35 port 2000
// 配置 portal 服务器
DCWS-6222(config-cp)#free-resource 1 destination ipv4 10.88.0.35/32 source any
// 配置到 portal server 的 free resource
```

注：全局配置 Portal Server 服务器时，如 external portal-server server-name e_portal ipv4 10.88.0.35 port 2000，这里 port 2000，配置的是 Portal Server 在接收报文时监听的端口，需要根据实际 Portal Server 在接收报文时规定的监听端口来设定。

（12）CP Instance 配置

```
创建 CP instance 来完成 Portal 认证。
DCWS-6222(config)#captive-portal            // 进入 captive portal 配置模式
DCWS-6222(config-cp)#configuration 1
// 创建一个 cp instance，并进入该模式
DCWS-6222(config-cp-instance)#enable         // 开启 configuration portal 功能
DCWS-6222(config-cp-instance)#radius accounting        // 开启 Radius 计费功能
DCWS-6222(config-cp-instance)#radius-acct-server radius radius
// 绑定 Radius 计费服务器
DCWS-6222(config-cp-instance)#radius-auth-server radius    // 绑定 Radius 认证服务器
DCWS-6222(config-cp-instance)#redirect attribute ssid enable
// 重定向地址中携带 ssid 属性
DCWS-6222(config-cp-instance)#redirect attribute nas-ip enable
// 重定向地址中携带 nas-ip 属性
DCWS-6222(config-cp-instance)#ac-name 0100.0010.010.00  // 配置 ac name
DCWS-6222(config-cp-instance)#redirect url-head http://10.88.0.35/control
// 配置重定向地址头部
DCWS-6222(config-cp-instance)#portal-server ipv4 e_portal
// 绑定 portal 服务器
DCWS-6222(config-cp-instance)# free-resource 1
// 绑定一条到 portal 服务器的 free resource
DCWS-6222(config-cp-instance)#interface ws-network 1          // 绑定 network 1
```

注：与 E-portal 进行联调时，E-portal 服务器要求的重定向 URL 头部的形式为 http://10.88.0.35/control，当 AC 推出这种形式的重定向 URL 给用户时，用户访问该重定向 URL，AP 并不放行访问 10.88.0.35 端口为 80 端口的地址（放行访问 10.88.0.35 端口为 8443 端口的地址），这样就要求配置一条到 Portal Server 服务器的 free resource，让用户在获取

到重定向地址时，能够正常访问到 Portal 服务器，得到重定向页面。

通过本次任务的实施，学会配置 Portal 服务器、创建用户、配置 Portal 服务器等，评价具体见表 9-6。

表 9-6 评价表

评价内容	评价标准
Captive Portal 配置	了解并正确配置 Portal
配置本地认证用户数据	正确配置本地用户数据
CP Instance 配置	学会配置 CP Instance

最后，为学校实验室无线网络配置外置 Portal+ 外置认证。

9.3.6 无感知认证

目前 Portal 认证是 WLAN 网络的主流接入认证方式之一。当采用 Portal 认证时，用户每次接入 WLAN 网络时都需要在 Portal 页面中输入用户账号、密码信息，操作较为不便。特别是当前使用 Wi-Fi 网络的 iPad、智能手机等终端设备越来越多时，此类终端受到屏幕、浏览器等资源限制，在 Portal 页面中输入用户名 / 密码等信息时极为不便，使得用户上网体验大打折扣。针对此问题，提出基于 Portal 无感知认证方案，大大简化 Portal 接入流程，提升用户的接入体验。

基于 Portal 无感知认证方案具备"一次认证，多次使用"用户体验。如果开通了 Portal 无感知认证，用户首次登录 Portal 页面成功认证后，后续只要关联 WLAN SSID 就可以轻松实现认证上网。

该功能是在外置 Portal+ 外置 Radius 认证方式的基础上实现的。

对无线 Portal 无感知认证使用的场景进行描述，通过场景分析，对 Portal 无感知认证的配置进行详细说明。

拓扑图如图 9-11 所示。

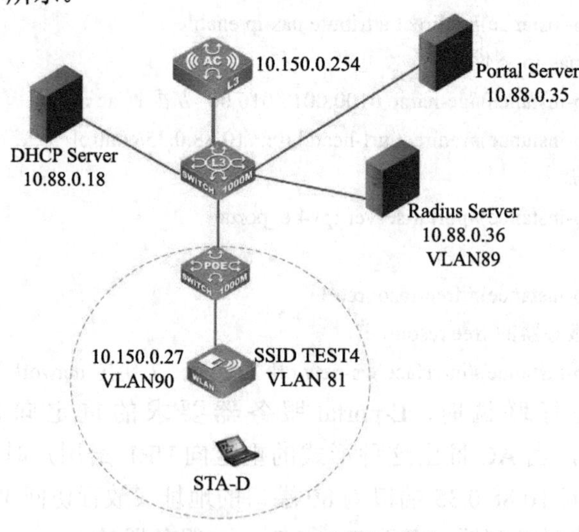

图 9-11 Portal 无感知认证

（1）Portal 全局配置

```
DCWS-6222(config)#captive-portal                // 进入 captive portal 配置模式
DCWS-6222(config-cp)#enable             // 开启全局 portal 功能
DCWS-6222(config-cp)#external portal-server server-name e_portal ipv4 10.88.0.35 port 2000
// 配置 portal 服务器
DCWS-6222(config-cp)#free-resource 1 destination ipv4 10.88.0.35/32 source any
// 配置到 portal server 的 free resource
```

（2）CP Instance 配置

创建 CP instance 来完成 Portal 认证。

```
DCWS-6222(config)#captive-portal             // 进入 captive portal 配置模式
DCWS-6222(config-cp)#configuration 1          // 创建一个 cp instance，并进入该模式
DCWS-6222(config-cp-instance)#enable          // 开启 configuration portal 功能
DCWS-6222(config-cp-instance)#radius accounting          // 开启 Radius 计费功能
DCWS-6222(config-cp-instance)#radius-acct-server radius radius
 // 绑定 Radius 计费服务器
DCWS-6222(config-cp-instance)#radius-auth-server radius     // 绑定 Radius 认证服务器
DCWS-6222(config-cp-instance)#redirect attribute ssid enable
// 重定向地址中携带 ssid 属性
DCWS-6222(config-cp-instance)#redirect attribute nas-ip enable
// 重定向地址中携带 nas-ip 属性
DCWS-6222(config-cp-instance)#ac-name 0100.0010.010.00  // 配置 ac name
DCWS-6222(config-cp-instance)#redirect url-head http://10.88.0.35/control
// 配置重定向地址头部
DCWS-6222 (config-cp-instance)# fast-mac-auth            // 开启无感知认证功能
DCWS-6222(config-cp-instance)#portal-server ipv4 e_portal        // 绑定 portal 服务器
DCWS-6222(config-cp-instance)# free-resource 1
// 绑定一条到 portal 服务器的 free resource
DCWS-6222(config-cp-instance)#interface ws-network 1           // 绑定 network 1
```

通过本次任务的实施，学会配置 Portal 服务器、创建用户、配置 Portal 服务器等，评价具体见表 9-7。

表 9-7　评价表

评 价 内 容	评 价 标 准
Captive Portal 配置	了解并正确配置 Portal
配置本地认证用户数据	正确配置本地用户数据
CP Instance 配置	学会配置 CP Instance

最后，为学校实验室无线网络配置外置 Portal 无感知认证。

9.3.7　外置 Portal+ 本地认证配置

对无线 Portal 认证使用的场景进行描述，通过场景分析，对 Portal 的配置进行详细说明。

此次场景是外置 Portal+ 本地认证配置。

拓扑图如图 9-12 所示。

配置要求：在组网中，AC 设备担任认证服务器的角色，完成用户认证检验的工作。在 AC 上配置 Portal 服务，配置本地认证用户数据，配置 Portal Server。

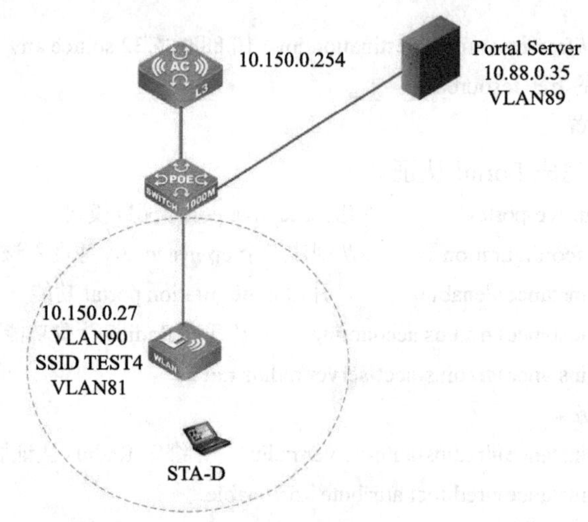

图 9-12　外置 Portal+ 本地认证

步骤 1：Captive Portal 配置。

```
DCWS-6222(config)#captive-portal  // 进入 captive portal 配置模式
DCWS-6222(config-cp)#enable  // 开启全局 portal 功能
DCWS-6222(config-cp)#external portal-server server-name e_portal ipv4 10.88.0.35  port 2000
// 配置 portal 服务器
DCWS-6222(config-cp)#free-resource 1 destination ipv4 10.88.0.35/32 source any
// 配置 portal 服务器的 free-resource
```

步骤 2：配置本地认证用户。

```
DCWS-6222(config-cp)#user aaa // 创建本地用户，用户名为 aaa
DCWS-6222(config-cp-local-user)#password  123456 // 用户 aaa 的密码是 123456
DCWS-6222(config-cp-local-user)#group test1  // 用户 aaa 所属的群组是 test1
```

步骤 3：CP Instance 配置。

```
DCWS-6222(config)#captive-portal // 创建一个 cp instance
DCWS-6222(config-cp)#configuration 1 // 开启 configuration portal 功能
DCWS-6222(config-cp-instance)#enable // 开启 configuration portal 功能
DCWS-6222(config-cp-instance)#verification local  // 开启本地认证方式
DCWS-6222(config-cp-instance)#group test1 // 设置比所属群组为’test1’
DCWS-6222(config-cp-instance)#redirect attribute ssid enable
// 重定向地址中携带 ssid 属性
DCWS-6222(config-cp-instance)#redirect attribute nas-ip enable
// 重定向地址中携带 nas-ip 属性
DCWS-6222(config-cp-instance)#ac-name 0100.0010.010.00 // 配置 ac name
DCWS-6222(config-cp-instance)#redirect url-head http://10.88.0.35/control
```

```
//配置重定向地址头部
DCWS-6222(config-cp-instance)#portal-server ipv4 e_portal  //绑定 Portal 服务器
DCWS-6222(config-cp-instance)#free-resource 1
//绑定一条到 portal 服务器的 free resource
DCWS-6222(config-cp-instance)#interface ws-network 1
//绑定 network 1
```

需要设置一个群组，这样该群组下的用户才能在该 configuration 下认证通过。

通过本次任务的实施，学会配置 Portal 服务器、创建用户等，评价具体见表 9-8。

表 9-8　评价表

评 价 内 容	评 价 标 准
Captive Portal 配置	了解并正确配置 Portal
配置本地认证用户数据	正确配置本地用户数据
CP Instance 配置	学会配置 CP Instance

最后，为学校实验室无线网络配置外置 Portal 本地认证。

9.3.8　无线 AC 的安全控制

无线网络的基本功能配置完成，可以满足用户通过无线网络接入 Internet 的需求。AC 作为无线网络的配置核心，不仅需要满足接入需求，还需要检测网络中的威胁、建立安全策略保护无线网络的安全。

无线网络中的威胁包括 AP 威胁、Client 威胁，可以采取的安全策略包括动态黑名单、黑名单 / 白名单、ARP 抑制等手段。

拓扑图如图 9-13 所示。

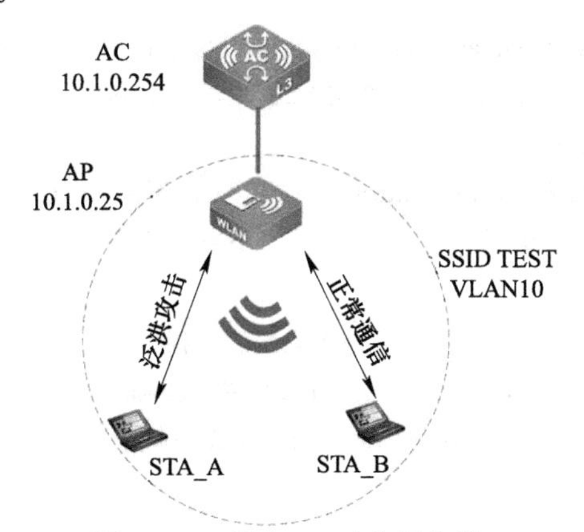

图 9-13　配置 AC 动态黑名单

配置要求：

1）配置动态黑名单，即检测到某个终端设备发送泛洪报文超过安全阈值，将该终端设备添加到黑名单列表。AP 使用该列表，丢弃该名单中的终端设备发送的数据帧。

2）根据熟悉的无线终端的 MAC 地址，分别设置白名单和黑名单，分别控制无线终端的允许和禁止接入。

经验分享

动态黑名单（Dynamic Blacklist）属于无线安全功能模块中防 DoS 攻击的部分。动态黑名单列表包含将被丢弃帧的终端设备的 MAC 地址。AP 使用该列表，丢弃该名单中的终端设备发送的数据帧。当检测到某个终端设备发送泛洪报文超过安全阈值时，将该终端设备添加到黑名单列表。

步骤 1：配置动态黑名单。

```
DCWS-6222 (config)# wireless
DCWS-6222 (config-wireless)# no wids-security client threshold-interval-auth
DCWS-6222(config-wireless)# wids-security client threshold-value-auth 6000
DCWS-6222 (config-wireless)# wids-security client configured-auth-rate
DCWS-6222 (config-wireless)#dynamic-blacklist        //开启动态黑名单功能
DCWS-6222 (config-wireless)#dynamic-blacklist lifetime 600
DCWS-6222 (config-wireless)#network 100
DCWS-6222 (config-network)#mac authentication local  //本地 MAC 认证功能
```

步骤 2：配置黑名单 / 白名单。

允许无线终端接入列表。

```
DCWS-6222 (config-wireless)#mac-authentication-mode white-list
//白名单列表
DCWS-6222 (config-wireless)#known-client 00-11-11-11-11-11 action global-action
DCWS-6222 (config-wireless)#network 1
DCWS-6222 (config-network)#mac authentication local      //开启 MAC 本地认证
```

拒绝无线终端接入列表。

```
DCWS-6222(config-wireless)#mac-authentication-mode black-list //黑名单列表
DCWS-6222(config-wireless)#known-client 00-22-22-22-22-22 action global-action
DCWS-6222(config-wireless)#network 1
DCWS-6222(config-network)#mac authentication local      //开启 MAC 本地认证
DCWS-6222#wireless ap profile apply 1                  //下发配置生效
```

步骤 3：配置 ARP 抑制。

```
DCWS-6222(config)# wireless               //进入无线配置模式
DCWS-6222(config-wireless)#network 1 //进入无线网络 network1
DCWS-6222(config-network)# arp-suppression //开启 ARP 抑制
```

知识链接

ARP 抑制的应用场景：Client1、Client2 和 Client3 都通过 AP1 连接网络，现假设 Client1 想与 Client3 连接，但不知道 Client3 的 MAC 地址。假如此时开启的 ARP 抑制模式为 ARP 代理，则 AP1 接到 Client1 的 ARP request 信号后，AP 会将映射表中 Client3 的 MAC 地址返回 ARP-Reply，而不必再将 ARP-Request 广播给所有的 Client。为了达到这样的目的，需要使用 ARP 代理功能并进行相应的配置。

通过本次任务的实施，学会配置动态黑名单、白名单 / 黑名单、ARP 抑制等安全功能，评价具体见表 9-9。

表 9-9　评价表

评 价 内 容	评 价 标 准
动态黑名单	了解并正确配置动态黑名单
白名单 / 黑名单	正确配置无线 AP 所分配的地址池及网关
ARP 抑制	了解 ARP 抑制的原理，并学会配置 ARP 抑制功能

最后，为学校实验室无线网络配置动态黑名单和 ARP 抑制功能。

9.3.9　无线 AC 批量升级 AP

在管理无线网络的过程中，由于期望管理功能不断提高，经常会需要更新软件版本。由于 AP 设备数量比较多，且位置分散，升级软件版本工作往往比较烦琐，希望能够在线进行批量升级。

新的版本文件可以从设备厂家官网的软件发布得到。下载到本地后，可以使用多种办法升级。AP 可以单独升级，具体方法在胖模式 AP 升级中有详细描述。在 FIT AP+AC 模式下，AP 零配置，可以通过 AC 的管理功能批量升级。AC 上批量升级分为手动升级和自动升级两种。手动升级需要搭建 TFTP 服务器，自动升级则需要把版本文件放在 AC 本地。

一、手动升级方式

拓扑图如图 9-14 所示。

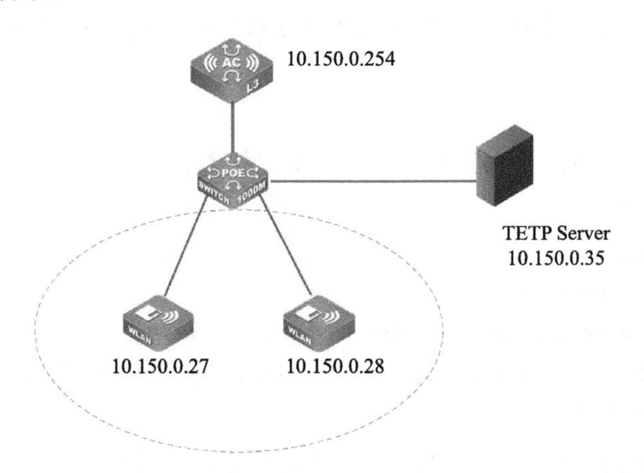

图 9-14　使用手动方式升级 AP

配置要求：AP 的软件系统文件在 TFTP 服务器，通过 AC 配置，完成所有 AP 的系统升级。

配置步骤

步骤 1：确认所有 AP 与 AC 正常关联，工作状态正常。

步骤 2：确认 TFTP 服务器与 AC 通信正常，三层可达。需要升级的系统文件存放在 TFTP 服务的默认路径下。

步骤 3：AC 配置。

```
DCWS-6222#config
DCWS-6222(config)#wireless
6028(config-wireless)#wireless ap download image-type 1
tftp://10.150.0.35/ WL8200-I2_2.1.2.15.tar // image-type 为 AP 的硬件类型
```

二、自动升级方式

拓扑图如图 9-15 所示。

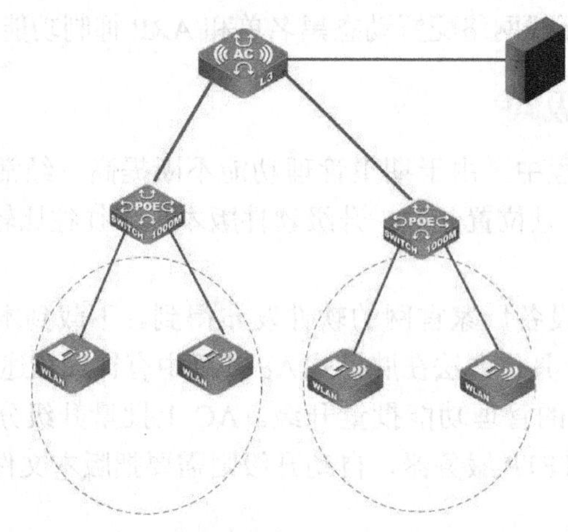

图 9-15　AC 批量升级 AP（自动方式）

配置要求：AC 上存放一个 AP 的 image 文件，启用自动升级功能后，当 AP 上线时，AC 会比较当前 AP 的软件版本与本地存放的版本是否一致，如果不一致，就会将本地存放的版本下发给 AP。

配置步骤

步骤 1：确认所有 AP 与 AC 正常关联，工作状态正常。

步骤 2：AC 配置。

```
DCWS-6222#config
DCWS-6222(config)#wireless
DCWS-6222(config-wireless)#ap auto-upgrade // 开启自动升级功能
DCWS-6222(config-wireless)#wireless ap integrated image-type 1  flash:/WL8200-I2_2.1.2.15.tar
DCWS-6222#show flash
```

通过本次任务的实施，学会在线升级 AP 软件版本，评价具体见表 9-10。

表 9-10　评价表

评 价 内 容	评 价 标 准
手动升级 AP	学会配置 TFTP 服务器和无线 AC 设备，实现批量升级 AP
自动升级 AP	正确配置 AC 实现批量 AP 自动升级

最后，关注神州数码公司网站发布的最新版本软件，查看学校的 AP 软件版本，使用在线批量升级的方法升级 AP 到最新版本。

9.3.10 无线网络维护

无线网络在使用中会出现一些问题，导致网络不好用或者不能使用，这时需要网管人员对无线网络进行维护和管理。

对无线网络使用的场景进行描述，通过场景分析，对无线网络维护的配置进行详细说明。AP 下线，导致部分用户接入受限。

拓扑图如图 9-16 所示。

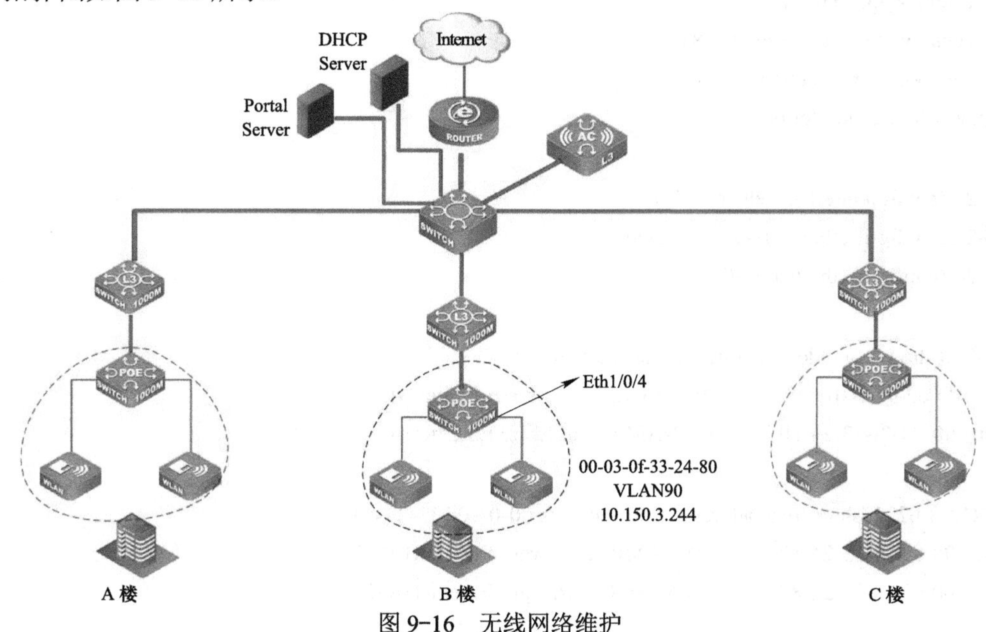

图 9-16 无线网络维护

步骤 1：在 AC 上查看在线 AP 状态，发现 00-03-0f-33-24-80 不在线。

```
DCWS-6222# show wireless ap status
00-03-0f-33-24-40 10.150.3.120  4  Managed Success   0d:00:00:07
00-03-0f-33-24-80 10.150.3.244  4  Failed Not Config  0d:00:01:38
00-03-0f-33-24-a0 10.150.3.225  4  Managed Success   0d:00:00:03
```

步骤 2：通过工程记录查找，此 AP 安装的位置、所处交换机的地址和接口情况，发现是在 10.21.2.89 这台交换机的第 4 口。

```
6-2-2#show interface ethernet status
Interface Link/Protocol Speed  Duplex Vlan  Type       Alias Name
1/1      UP/UP        a-100M a-FULL trunk FE
1/2      UP/UP        a-100M a-FULL trunk FE
1/3      UP/UP        a-100M a-FULL trunk FE
1/4      A-DOWN/DOWN   auto   auto trunk FE
```

步骤 3：在交换机上查看接口和 POE 供电情况，发现 POE 供电状态正常，检查网线情况。

```
6-2-2#show interface ethernet 1/4
6-2-2#show power inline interface ethernet 1/4
Interface    Status Oper Power(mW) Max(mW) Current(mA) Volt(V) Priority Class
Ethernet1/4  enable on   5902   20000      119    50   low    4
```

步骤 4：检查网线，发现网线正常，检查交换机全局，发现 1/4 口关闭，更改后，网络恢复正常。

```
6-2-2#show  running-config
Interface Ethernet1/4
 storm-control broadcast 63
 shutdown
 switchport mode trunk
 switchport trunk allowed vlan 81;90
 switchport trunk native vlan 90
 power inline monitor on
```

```
6-2-2(config)#interface  ethernet 1/4
6-2-2(config-if-ethernet1/4)#no  shutdown
6-2-2(config-if-ethernet1/4)#
```

```
6-2-2#show mac-address-table  interface ethernet 1/4
81   fc-e9-98-f1-bb-48          DYNAMIC Hardware Ethernet1/4
90   00-03-0f-33-24-80          DYNAMIC Hardware Ethernet1/4
```

```
DCWS-6222#show  mac-address-table   address 00-03-0f-33-24-80
81   00-03-0f-33-24-80          DYNAMIC Hardware Ethernet1/0/22
90   00-03-0f-33-24-80          DYNAMIC Hardware Ethernet1/0/22
```

```
DCWS-6222#show  wireless ap  status
00-03-0f-33-24-40 10.150.3.120    4      Managed Success       0d:00:00:01
00-03-0f-33-24-80 10.150.3.244    4      Managed Success       0d:00:00:05
00-03-0f-33-24-a0 10.150.3.225    4      Managed Success       0d:00:00:06
```

通过本次任务的实施，学会查找 AP 的 MAC，维护 AP 的上下线，评价具体见表 9-11。

表 9-11　评价表

评 价 内 容	评 价 标 准
查看 AP 状态	学会使用 show wireless ap st
寻找 AP 所在位置	
查看交换机 POE 及接口状态	Show power inline interface

最后在学校实验室，模拟 AP 掉线，查找并解决问题。